大腦 增訂版

MAPPING THE MIND

的祕密檔案

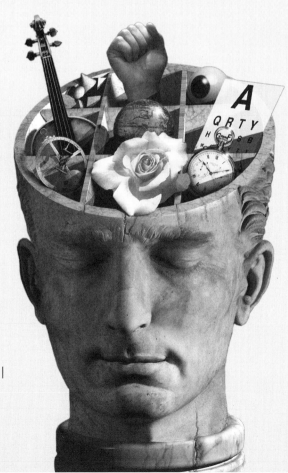

Rita Carter |著|

Christopher Frith |審訂|

洪蘭 |譯|

迎接二十一世紀的生物科技挑戰

民國八年，五四運動的知識份子將「賽先生」（科學）與「德先生」（民主）並列，期能提升中國的科學水準。這近一百年來我們每天都在努力「迎頭趕上」，但是趕了快一百年，我們仍在追趕。在這個世紀末的今天，我們應該靜下來全盤檢討我們在科學（技）領域的優缺點，究竟該如何去迎接二十一世紀的科技挑戰，只有這樣的反省才能使我們跳離追趕的模式，創造出自己的前途。

二十一世紀是個生物科技的世紀，腦與心智的關係將是二十一世紀研究的主流，而基因工程的進步已經改變了我們對生命的定義及對生存的看法。翻開報紙，我們每天都看到有關生物科技的消息，但是我們對這方面的知識卻知道的不多，比如說，不久以前，全世界的報紙都以頭版的位置來發布科學家已經解讀出人體第二十二號染色體的新聞。這則新聞是什麼意思？人類基因圖譜有什麼重要性？為什麼要上頭版新聞？美國為什麼要花三十三億美金來破解基因圖譜？為什麼科學家認為完成這個基因圖譜是人類最重要的科學成就之一？它與你我的日常生活有什麼關係？市場上賣著「改良」的肉雞、水果，「改良」了什麼？與我們的健康有關嗎？

生物科技與基因工程已經靜悄悄地進入我們的生活中了，這些高科技知識已經逐漸從實驗室中的專業知識地位慢

慢變成尋常百姓家的普通常識了。二十二號染色體上的基因與免疫功能、精神分裂症、心臟缺陷、智能不足（所謂的Cat-eye徵候群）及好幾種癌症（血癌、腦癌、骨癌、神經纖維癌）有關。我們都知道基因異常會引發疾病，部分與基因有關的疾病會惡化，包括癌症、關節炎、糖尿病、高血壓、老年癡呆症和多發性硬化症，我們在生活周遭隨便一看都會發現有得這些病的親友，這個知識對我們而言怎能說不重要呢？如果重要，為何我們回答不出上面的問題來？

　　台灣是個海島，幅地不大，但是二十一世紀國家的競爭力不在天然的物質資源而在人腦的知識資源上，人腦所開發出來的知識會是二十一世紀經濟的主要動力。我們看到在人類的進化史上，獸力代替人力，機械又替代了獸力，科技的創新造成了二十世紀的經濟繁榮，我們把台灣稱為科技島，但是政府對知識並未真正的重視，每次刪減預算都先從教育經費開刀，其實知識的研發才是科技創新的源頭，人腦創造出電腦，電腦現在掌控了我們生活的大部分，我們只要看全世界對二千年千禧蟲的來臨如臨大敵一般就知道了。

　　在下個世紀中我們想要利用電腦去解開人腦之謎，去對所謂的「智慧」重新下定義，所以資訊和生命科學的結合

將會是二十一世紀的主要科技與經濟力量，這個「生物資訊學」（bioinfomatic）是一個最新的領域，它正結合資訊學家與生命科學家在重新創造這個世界，再過幾年，我們對生命的定義與生存的意義可能就會改變，因為科學家已開始從基因的層次來重組生命，但是我們的國民對世界潮流的走向，對最新科技的知識還不能掌握得很好，既然國民的素質就是國家的財富，國力的指標，如何提升全民的知識水準就顯得刻不容緩了。我是個教育者，我看到了我們國民的基本知識不足以應付二十一世紀的要求，但是一個老師的力量有限，再怎麼上課，影響的學生人數對整體來說，還是杯水車薪，有限的很，我要的是一個可以快速將最新知識傳送到所有人手上的管道。就這方面來說，引介質優的科普書籍似乎是唯一的路，因為書籍是唯一不受時空限制的知識傳遞工具。因此，我決定與遠流出版公司合作開闢一個生命科學的路線，專門介紹國內外相關的優秀科普著作，與一般讀者共享。我挑書的方法很簡單，任何可以使我在書店站著看十五分鐘以上不換腳的書就值得買回家細看。我不考慮市場，因為我認為真金不怕火煉，一本好書常常不是暢銷書（因為既不煽情，又沒有暴力），但是它會是長銷書，因為它帶給人們知識。

　　背景知識就像一個篩網，網越細密，新知識越不會流失，比如說，同樣去聽一場演講，有人獲益良多，有人一無所穫，最主要的原因是語音像一陣風，只有綿密的網才可以兜住它。背景知識又像一個架構，有了架子，新進來的知識才知道往哪兒放，當每個格子都放滿了，一個完整的圖形就會顯現出來，一個新的概念於是誕生。心理學上曾有一個著名的實驗告訴我們背景知識的重要性。這個實驗是把一盤殘棋給西洋棋的生手看二分鐘，然後要他把這盤

棋重新排出來，他無法做到；但是給西洋棋的大師看同樣長的時間，他就能正確無誤地將棋子重新排出來。是大師的記憶比較好嗎？當然不是，因為當我們把一盤隨機安放的棋子給大師看，請他重排時，他的表現就跟生手一樣了。大師和生手唯一的差別就在大師有背景知識，使得殘棋變得有意義，意義度就減輕了記憶的負擔。這個背景知識所建構出來的基模（schema）會主動去搜尋有用的資訊將它放在適當的位置上，組合成有意義的東西，一個沒有意義的東西會很快就淡出我們的知覺系統。所以在生物科技即將引領風潮的關鍵時刻，引介這方面的知識來滿足廣大讀者的需求，使它變成我們的背景知識而有能力去解讀和累積更多的新知識，是我們開闢生命科學館的最大動力之一。

台灣能從過去替人加工的社會走入了科技發展的社會，人力資源是我國最寶貴，也是唯一的資源利器。人力資源的開發一向是先進科技國家最重大的投資，知識又是人力資源的基本，因此我衷心期望「生命科學館」的書能夠豐富我們的生技知識，可以讓我們滿懷信心地去面對二十一世紀的生物科技挑戰。

【策劃者簡介】

洪蘭，福建省同安縣人，一九六九年台灣大學畢業後，即赴美留學，取得加州大學實驗心理學博士學位，並獲NSF博士後研究獎金。曾在加州大學醫學院神經科從事研究，後進入聖地牙哥沙克生物研究所任研究員，並於加州大學擔任研究教授。一九九二年回台任教於中正大學；現任陽明大學認知神經科學實驗室教授。

更多的了解，更好的決策

　　從老布希總統說「這是腦的十年」之後，匆匆已過了二十年。這二十年間腦科學的進步非常大，但是「只緣身在此山中」，我竟然沒感覺到，直到這次遠流要增訂《大腦的祕密檔案》，來問我能否抽出時間翻譯，我才驚覺到知識又累積到可以出增訂版的時候了。我雖然剛開完刀，學校又在學期中，體力和時間都不允許，但是還是把這個工作接下來了，因為讓別人補譯，那個感覺就像我的身體接了一隻別人的手一樣，很不自然。每個譯者翻譯的風格不同，我自己非常不能忍受坊間有些出版社為省時間和稿費，請好幾位譯者，一人譯一章，再合起來出版，那種讀起來前言不對後語的感覺會抵消獲知的快樂。

　　在翻譯的過程中，一方面很高興有這麼多新的科學知識被發現，可以幫助妥瑞氏症、過動症等孩子的父母了解自己孩子行為異常的原因，另一方面暗自決定一定要抽時間去運動，好活到人腦的解碼。1963年美國總統甘迺迪遇刺後，有個調查暗殺事件的華倫報告（Warren Report）出來，但因涉及當時還活著的人，所以五十年後才將報告公諸於世。我當時在北一女念高二，我們對英俊有為的美國總統被刺都有很大的好奇心，同學們互相約定要活到這份報告解密；現在華倫報告馬上要解密了，我反而希望能活到看到大腦的解碼。

大腦實在是一個非常有趣的東西，它主宰著我們的一舉一動，而且影響一生一世。比如說，有些孩子有自制力，有些沒有，這差別除了基因的關係之外，竟然是小時候父母有沒有好好的教孩子控制情緒。實驗發現從小被鼓勵自我控制的孩子，比亂發脾氣沒人管的孩子情緒成熟得多，因為不斷刺激大腦中抑制杏仁核這個情緒中心的細胞時，這些細胞會變得更敏感，更容易激發，也更能控制杏仁核的活化；而很少活化情緒控制迴路的人，長大後變得不會控制情緒，因為他們的神經迴路在發展的關鍵期沒有得到適當的營養和照顧。

　　單是這個發現就足以改變台灣教養孩子的方式，父母不能再把孩子交給傭人帶了，因為孩子不會聽傭人的話。小時候沒有教好情緒控制，長大後會任性、不遵守秩序。任性不是個性，自私也不是自信，父母當然了解一個任性、自私的孩子在現代講究團隊精神的社會是找不到工作的。書中像這種新知不勝枚舉，值得一讀再讀。

　　為人父母不可不知大腦的發展情形，教學的老師更要知道學生學習時大腦的機制，才能事半功倍。大腦是這個世界最後一塊蠻荒之地（frontier），希望閱讀這本書的人都能對自己的大腦有更多的了解，做出更好的決策，過一個更有意義的人生。

掌握大腦的祕密

　　我的父親有白內障，但是就像所有老人家一樣，他猶疑著要不要開刀，每次我們遊說他時，他就以中國傳統的「一動不如一靜」來抵擋，直到有一天我母親打電話來，語氣非常憂慮，因為父親看到幻影了，尤其是晚上睡覺的時候，他看到天花板上、牆上有許多奇怪的東西，甚至看到有人在走動，令我母親驚嚇不已。我一聽就曉得是父親的大腦在作祟，因為白內障阻擋了訊息的輸入，而我們的大腦是無時無刻不在解釋外界情況的，當訊息不夠時，大腦就從過去儲存的經驗中去找出最能解釋目前訊息的理由來替代，我們的視覺系統會自動把中間缺的空白填滿，因此，父親就看到了許多不存在的東西了。果然，父親的幻覺在動完手術後便消失了。

　　在等待動手術期間，我曾經去書店尋找相關書籍，希望父親能對他自己的情形有更進一步的了解，但是並沒有找到任何一本中文書可以讓我父親解除他心中的迷惑，幸好我父親懂英文，因此，我直接將這本《大腦的祕密檔案》給他看，特別是第五章的部分。從這次經驗我感覺到台灣這方面的訊息還不夠，大腦科學是進步最快的科學，但是坊間這方面正確的知識還是非常的少。我們常說「知識是力量」，但是很少人了解「知識是力量」的意義在哪裡。當一個人不知道自己為什麼會這樣時，他心中充滿了恐懼

，他會懷疑自己是不是心智失常，為什麼他看到的都跟別人的不一樣，他在各方面測試自己的心智能力，每天惴惴不安，擔心自己的心智是否比昨天更退化了。但是一旦知道這是大腦在作用後，所有的疑慮一掃而空，那種如釋重負才真正是「知識是力量」的表現。只有知道原因才能真正免除恐懼擔心，所以我決定儘快的把這本書翻譯出來，因為裡面所談到關於左右手、自閉症、過動兒、妥瑞氏症等等大腦裡的情形，是很多父母迫切想要知道的。

我將桌子搬到家中的天窗下面，第一線曙光出現時便爬起來工作，一直做到天黑看不見為止。這本書也是少有的，不是編輯來催稿，而是譯者打電話催編輯可不可以快一點出版。感謝遠流編輯部的配合，這本書終於在交稿後五個月要出版了（讀者或許不知，除了像《哈利波特》那種暢銷書外，一般的書是要排班的，每個編輯手邊都有堆積如山、做不完的事）。

這本書的作者是個有名的科技記者，曾經做過英國晚間新聞「泰晤士河新聞」（Thames News）的主播五年，因此她掌握訊息的能力很強，可以遇到問題直搗黃龍，馬上抓到問題核心。我喜歡這本書的地方也在她陳述事情乾淨俐落，不拖泥帶水（很多人都有這種痛苦經驗，學生拿一個問題來問指導教授，從盤古開天闢地講起，三個小時以

後還未繞入主題）；但缺點是她沒有自己動手做過實驗，因此會相信「專家」（很多人都知道，最不可信的就是專家），補救的方法是用譯註，將目前還沒有定論，尚有爭議的地方指出來。

不過，瑕不掩瑜，我認為這本書是目前講大腦功能最清楚的一本科普書，也是我翻譯多年來最喜歡的一本，常迫不急待去工作，覺得是心靈的饗宴，覺得我與之心有戚戚焉，例如她對左、右手的看法我就非常贊同。慣用左手或右手是有大腦的原因在裡面，一味的改正是沒有道理的，等於強迫孩子去用他功能不是最強的腦去處理事情，實在非常不智，我們當然應該讓孩子用他最擅長的腦去學習，怎麼會因為文化因素而使孩子痛苦不堪呢？很不可思議的是，我最近去演講還聽到有教授告訴他的學生說，一定要把慣用左手的孩子改過來，因為「跟別人不一樣」。我不知道他有沒有聽過「生物多樣性」（biodiversity）這個詞，多樣性增加生存機率，更何況教育部不是大力在提倡多元智慧嗎？如果每一個人都一模一樣，就不必多元智慧了。其實「左」有什麼不好呢？雖然中、外都用左來代表邪惡，如「旁門左道」，但這只是文學上的對比法，並沒有任何科學上的證據。這使我想起造成洛陽紙貴的〈三都賦〉作者左思，假如他生在現代，憑著他的名字「左思」這兩個字，就足以使他直接坐直昇機去綠島改造了。傳統的力量真是很大，唯有新的知識才能從心裡去改變觀念，打破傳統。

另一個台灣也有很大迷思的是男女性別差異。男女天生就有差異，這個差異來自荷爾蒙對大腦功能的設定，使得男女各有所長，所以，追求男女平等不是要女生去做男生的事，而是確保平等受教權與工作權，讓女生在她最擅長

的項目上去發揮，並享有同等的升遷機會。在能力上並沒有哪一個性別比較優越之事，只有做哪一種事比較擅長，因為男女的認知方式不同。這裡特別要強調的是，所謂男生的空間能力比較好，並不是說所有的男生空間能力都比較好，而是說如果你是男生，空間能力比較好的機率會增加。我常覺得我們的統計課程沒有教好，常使一般人誤解機率的意思。

過動兒和注意力缺失目前已確知是大腦的關係，並不是父母管教不當、放縱驕寵或孩子沒有禮貌的關係。知道這一點可以使很多夫妻停止吵架、責怪對方，而集中心力來補救生物機制上的缺陷。對於過動兒，目前有藥物「利他能」（Ritalin）相當有效，但是很多父母不肯接受事實，或擔心藥物有副作用而不肯給孩子吃。關於這一點，我覺父母可以參考紐約州政府高等法院的判例，因為法官判家長一定要給孩子吃藥，否則是「虐待兒童罪」（child abuse），要坐監牢的。憲法賦予了兒童受教權，父母沒有權利剝奪，沒有服藥，孩子無法專心上課，即是剝奪了他的受教權。

另外一點很重要的就是情緒發展的時間窗口很短，錯過了這個時期，情緒發展會不正常，密西根兒童醫院的柴加尼（Harry Chugani）醫生是我非常尊敬的學者，他對情緒發展的看法深獲我心。對台灣目前二十四小時托嬰、菲傭保姆等現象很讓我憂心，天下沒有什麼使孩子睡覺醒來母親就在身邊更讓他覺得有安全感的了，一個有安全感的孩子才敢去探索外面的世界，才有勇氣去征服不可能。如果父母肯聆聽孩子的心聲，他會發現，孩子要的不是山珍海味，而是爸爸回家吃晚飯。心情的空虛是許多財富填不滿的，同樣的，心情的滿足也是財富換不來的。

這本書是講大腦如何工作、如何影響我們的行為，但它何嘗不是一本講哲學的書？看到腦中風或病變會產生這麼多奇奇怪怪的行為（如他人的手、佛利戈利症候群、凱卜葛拉斯症候群、偏盲、面孔失辨認症等等），會讓我們珍惜現在所有的。我們的傳統教育太過注重目的，忽略了過程。人生固然要有目的（不然會失了方向），但是到達目的地的過程一樣的重要，因為生命是一天一天過程的累積，不應該為了天邊的彩霞而忽略了腳邊的玫瑰，如何平衡兩者是需要智慧的，而智慧的來源就是知識。希望這一本書可以使人們更了解自己的行為，從了解中去規劃最適合自己的未來。

目錄

〈策劃緣起〉　迎接二十一世紀的生物科技挑戰

〈新版譯序〉　更多的了解，更好的決策

〈譯　　序〉　掌握大腦的祕密

〈新版序〉　迎向心智的十年

〈前　　言〉　探訪神奇的新興領域

第 1 章　逐漸浮現的大腦面貌——20

第 2 章　完美的分離——58

第 3 章　在表面型態之下——88

第 4 章　可以變化的陰晴圓缺——130

第 5 章　每個人的獨特世界——176

第 6 章　跨越演化的鴻溝——226

第 7 章　記憶的心智狀態——262

第 8 章　通往意識的高地——294

參考文獻——332

迎向心智的十年

我寫本書的第一版時，因為當時——1990年代後期——沒有一本書像這本書一樣，而我認為應該有才對。在接下來的十年中，我們看到功能性大腦造影的出現，從猴子大腦正子斷層掃描（PET）的模糊影像到人類認知清晰的功能性核磁共振圖（fMRI）。第一次，我們在大腦中看到了我們主觀世界的機制。

我那個時候想（現在還是一樣），大部分人以為神祕不可理解的大腦內在世界，其實是科學史上最令人興奮的揭祕。在當時，對大腦的了解還是很零碎，《大腦的祕密檔案》則是想把這些碎片兜起來，放在心理學和演化學的架構之下，來找出它的意義。

我把這個跟早期地球的地圖來相比，十二年之後，這地圖已經詳細了很多，在這一版中，我把先前的空白填補了起來，並把經過更多探索後的輪廓描繪得更鮮明，同時重繪過去假設不對、現已被新的實驗改正過來的地方。過去因造影技術的關係，不清楚的圖片已被更清楚的所取代，包括這幾年發展出來的擴散張量磁振造影（diffusion tensor imaging, DTI）所看到的神經纖維束走向和連接。我也新

增加了鏡像神經元和大腦的預設活動這些主要的新發現。

第一版是給像我這樣對人的心智怎樣運作有著不可滿足的好奇的人所寫的，我們想要知道最先進的研究結果，因為大腦是這個世界上最有趣、最令人著迷的東西，它也可以幫助許多不同領域的學生來了解他們自己的器官，我希望這一版能像上一版一樣，被學生當作課本和科普書。

美國前總統布希（George Bush）在1989年宣布1990~2000年為「腦的十年」（Decade of the Brain）。這十年間的進步當然非常驚人，但是現在回頭看，現代神經科學其實才剛起步而已。用神經元的脈衝來找出高層次認知功能如利他行為、同理心或道德，用大腦掃描來偵測說謊，或把某人大腦電流的輸出放入電腦中，然後從電腦螢幕上看這個人心智的運作情形，就像科幻小說所描繪的一樣，今天我們可以做到這些，而且已經可以感到它的實際和商業用途了。我們要怎麼樣來運用這些新知識還待未來顯示。腦的十年可能過去了，但是「心智的十年」（Decade of the Mind）才正要開始。

探訪神奇的新興領域

　　人類大腦的神祕面紗終於慢慢地、一層層被揭開了。一直到最近，我們還無法直接檢驗這個帶給我們思考、記憶、感覺和知覺的地方，它們的本質只能靠觀察它們的效應來推論。現在，新的造影儀器和技術，使我們可以看見心智的內在世界，就像當年 X 光的發明讓我們可以看到包在肌肉裡的骨骼一樣。進入二十一世紀之際，腦功能造影技術打開了我們心智的疆野，就像當年第一艘駛向海洋的船開展了全球疆域一樣。

　　特定區域的腦部活動會創造出特定的經驗與行為反應，而畫出大腦地圖這個挑戰，目前吸引了全球最優秀的科學家日以繼夜的工作。本書的目的就是想把這些新訊息帶給大眾，包括原來不具背景知識，或對科學沒有興趣的人。

　　每一個人都應該為這些新發現感到興奮，因為它大大的增加了我們對腦與心智這個最古老、最基本的謎樣關係的了解，同時深入探討為什麼我們會做出某些異常的行為。舉例來說，精神疾病的生理原因現在已經比較清楚，如果看到有人被強迫念頭縈繞，使得大腦某些地區瘋狂地活動，或是看到憂鬱症患者黯然無光的腦後，沒有人還會認為這是心理墮落而非生理上的疾病。同樣的，如今可以觀察到憤怒、暴力和幻覺的大腦運作機制，甚至可以偵測到複雜心智行為的生理訊號，如仁慈、幽默、冷漠、無情、合

群、利他、無私、母愛以及自我意識。

　　繪製大腦地圖的知識不但在學術上有其重要性，對於醫療和社會的實用性也很重要，這使我們可以重建自己的心智，使得以前在科幻小說中才可能發生的事，現在已經可以逐漸實現了。就像人體基因研究可以讓我們操弄基本的生理歷程，大腦的地圖也可以提供導航的工具，讓我們能夠精確地控制腦部的活動。

　　不過，基因工程需要發展很多新技術才可能達到目的，但是標示大腦地圖只要改進現行技術例如藥物、外科手術、電流和磁場的操弄或是心理的介入就可以達到，只是目前受到技術的限制，仍然停留在「揮棒落空」的階段。然而，當大腦地圖完成時，將可以很精準的鎖定心智活動，使我們的心情和由心所導致的行為有很大的可塑性，甚至我們可以改變知覺，選擇住在一個虛擬實境中，幾乎完全不受到外在環境的影響。

　　當然，在歷史上，人們一直想要達到這個夢想——用藥物、尋找刺激和禪坐的方式來改變我們的意識，而現在，透過大腦地圖有可能達到這個目的，而且沒有壞的副作用。這對於個人、社會和政治上的意義非常重大，這個新世紀我們所要面對的最大道德倫理挑戰，就是要決定該怎麼應用這個新工具。

真正研究大腦地圖的人非常厭惡這種討論。這些居於科學研究頂尖地位、經常得在混亂中搶奪研究資源的人，對自己研究的應用潛力通常是三緘其口。有一個原因是，神經科學是一個新興的科際整合領域，學者來自各個不同的學門，有物理學家、放射學家、神經科學家、分子生物學家、心理學家和精神科醫生，甚至有哲學家和數學家的參與。除了眼前這個共同找出大腦功能的任務之外，他們還沒有發展出整體的意識或共識。許多神經科學家也很害怕，萬一他們的研究成果被專以煽情、聳動為訴求的小報拿去大作文章，下場就會跟那些研究基因的學者一樣。人體基因組計畫不時成為頭條新聞，被攻擊詆毀的結果，現在基因學家的一舉一動都受到嚴密的監控。大腦研究實在不需要像這樣的「關愛眼神」。在1997年的大腦地圖會議中，我是唯一與會的記者，當時有一位學者高舉《時代》雜誌的封面，上頭是有關神經心理學的報導，警告大家這就是隨便對外行人談話的後果。那份報導並不正確，太過誇張，而錯誤的訊息深入人心後，不是科學家出面澄清就可以改正過來的。

學者們三緘其口的後果是外界對這種研究產生誤解和恐懼。每次有相關訊息洩漏出去（如女性兩個大腦半球之間連接的胼胝體比男性厚，或是犯了謀殺罪的死刑犯大腦額葉有病變），都造成很多不正確的猜測和誤導。

這本書的一個目的就是引起人們重視大腦研究在社會上的應用，另一個目的則是找出那些長久以來對於腦／心智與意識之謎有貢獻的行為神經科學領域。當然，大腦地圖只是目前腦科學研究的一部分，其他研究例如單一神經細胞的功能、神經傳導物質的產生和流通、大腦各個部位的互動等，在本書中也都有所提及，但我的重點放在大腦地

圖上。

比較樂觀的學者認為，假如能夠知道每一分鐘大腦零件在做些什麼、它跟其他部位的互動又是什麼時，我們可能就會知道人類的本性和經驗了。也有人認為，這種化約主義的研究方式，永遠不可能解釋為什麼我們會有這種感覺、為什麼會這樣做，更不要說能讓我們知道意識之祕。他們認為，大腦地圖所提供的心智訊息，就好像地球儀可以告訴我們天堂和地獄一樣，是完全不可能的。

本書所敘述的研究並不能釋疑何謂存在的本質，但是可以提供解決的線索。請記住，這些研究是心智探索的初步成果，我們現在對大腦的看法可能就跟十六世紀時的世界地圖一樣，不正確且不完整。大多數此處提到的實驗都比我寫的更複雜，有些以後很可能被推翻，這是因為很多研究太新了，還沒有足夠時間接受別的實驗室複驗。還有很多事情是科學家不知道的，這本是先進科學的正常現象；每一個人都在猜測事實會是如何。很多頂尖的科學家願意把他們的想法、理論在這裡與讀者分享，你也可以從他們分歧的意見中發現，要達到最後的共識，這個領域還有長遠的路要走。

那些繪製古早時期地圖的人，為了填補未知的地方，會用中古世紀的知識來吹牛。有一位製圖師在圖上很自信地寫道：「這裡是龍住的地方。」我試著把龍排除在大腦地圖之外，但是其他人一定會看到龍形及其他誤導的路標和可疑的地標。我想，這種事情在處女地域是無法避免的，所以只喜歡走清晰路徑的人，必須等到導遊出現以後才可能展開遊覽；但是，喜歡探險的人請讀下去，我會帶你進入一個神奇的新領域。

第 1 章

逐漸浮現的大腦面貌

人的大腦是由許多部分組成的，每一部分都有特定的功能：把聲音轉成語言、處理顏色、表達恐懼、辨識面孔、區辨魚和水果的不同等。但是各部位不是靜態的組合，每一個腦都是獨一無二的，不斷在改變，並對環境非常敏感。腦的各個模組會互相協助、互相作用，它們的功能並不是僵化、固定的，有的時候某部分會越俎代庖，接替另一部分的工作，有時則因環境或基因的因素而完全失去功能。大腦活動受到電流和化學物質所控制，甚至可能受到會扭曲時間的量子效應所影響。整個大腦是因動態的系統而組合成一個整體，這個系統可以同時做一百萬件不同的事。大腦很可能太複雜而使它永遠不可能了解自己，然而它從來沒有停止作此嘗試。

骨相學初探

假如你把手指頭放在你的頸背，然後往上移，你會在頭顱底下摸到一塊鼓起來的地方，感覺一下那裡。根據骨相學開山祖師高爾（Franz Gall）的說法，這個鼓起來的地方是「戀愛中心」，也就是「引發性感覺的地方」。假如你把手指頭往外側上移三公分左右，你現在就到了「戰鬥中心」。

所以，就理論上來說，一個脾氣溫和、愛好和平的人，頭顱的第二區應該比第一區扁平才對。但是，假如你頭上鼓起來的地方與你的自我感覺不相符，請不要在意，因為高爾定義戀愛中心時，找了兩位文君新寡、很「情緒化」的少婦，測驗她們頭皮上最熱的一個地方；他的戰鬥中心則是觀察到大部分印度人和錫蘭人的那個地方都很小。即使是在十九世紀初，這種方法也是很可疑的。

摸骨是無稽之談，因為大腦組織很軟，根本不可能影響到腦殼的形狀。但是這理論也不是全錯。請再摸一下你的頭，這次摸頭頂，往前移一些靠左側的地方是高爾的「快樂中心」。加州大學醫學院的外科醫生幾年前提出報告，

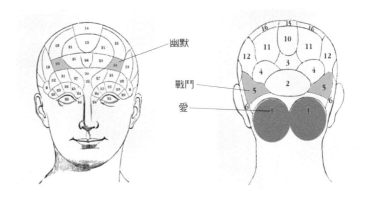

他們把一個小電極插入一位十六歲女孩左腦的這個部位。這個女孩患有癲癇，醫生要找出她腦中放電的位置，將病變地方切除。病人是清醒的，當微量的電流通過這個地方，她開始笑起來。她不只是咧嘴微笑，而是真正心情極佳地開懷大笑。當醫生問她有什麼好笑時，她回答道：「你們這些醫生一堆人排排站真是好笑。」醫生再通一次電流，這次女孩突然覺得牆上掛的一張馬的圖片非常好笑，第三次時，她又被別的理由逗笑。醫生插電極的地方是大腦製造快樂、歡樂的地方，與情境無關。高爾在兩百年前指認出這個地方無疑是碰運氣，但是他的基本理念，就是「大腦由許多具獨特功能的模組所組成」的想法，倒是有先見之明。

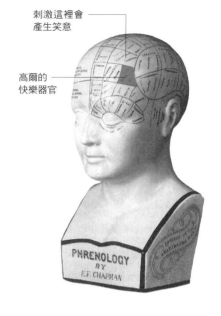

刺激這裡會產生笑意

高爾的快樂器官

在發現大腦真正的模組之後，骨相學不攻自破。十九世紀末期，歐洲的大學掀起了一股生物精神醫學的熱潮，許多神經學家開始用刺激大腦和動物實驗的方式，找出大腦各個區域的功能。有人觀察到某些行為與某些大腦部位受傷有關，許多大腦地圖的重要里程碑就是在這個時期完成

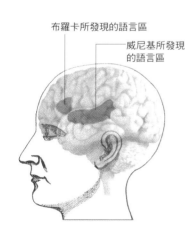

布羅卡所發現的語言區

威尼基所發現的語言區

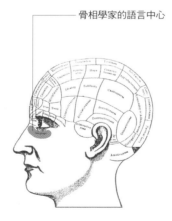

骨相學家的語言中心

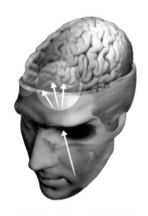

額葉切除術是把皮質區聯結潛意識腦（情緒從此處而來）的神經纖維剪斷，將表達意識的皮質與掌管情緒的皮質下區域分離開來。

的，包括神經學家布羅卡（Paul Broca, 1824-1880）和威尼基（Carl Wernicke, 1848-1950）所發現的語言中心。令骨相學家很不好意思的是，這些區域位於腦的側邊，在耳朵的上面和旁邊，而高爾的語言中心卻定在眼睛的旁邊。

布羅卡和威尼基所發現的語言中心，到今天還冠著他們的名字。假如二十世紀初的科學家繼續尋找大腦的功能區，如今大腦會擠滿這些先進前輩的大名，而不是像主要聽覺皮質區（primary auditory cortex）、輔助運動區（SMA）或主要視覺區第一層（V1）這樣無趣的名詞了。科學家對大腦功能的興趣，隨著骨相學的衰微而消失，而大腦的模組理論也被「整體動作」理論（mass action theory）所取代，這個理論是說，複雜的行為是全部大腦細胞共同工作的結果。

從表面上看來，在二十世紀中葉，對任何想用生理方法治療心理疾病或戀態行為的人來說，都是一個很不好的時機，但在當時，心理外科醫學（Psychosurgery）倒是很興盛。1935年，葡萄牙里斯本的神經學家莫尼茲（Egas Moniz）聽說有一些實驗把黑猩猩的額葉（frontal lobe）切除後，原來有攻擊性、很焦慮的黑猩猩就安靜下來，變得很友善。莫尼茲把這個手術應用到人的身上，發現果然有效，這個手術後來演變成額葉切除術（frontal lobotomy），很快就變成精神病院的例行治療法。在1940年代，至少有二萬個人在美國接受了這種手術。

現在回頭去看，當時手術的輕率令人不敢相信，任何一種精神疾病，不論是憂鬱症、精神分裂症、躁症患者，全都送去做這項手術，卻沒有人問這些病的原因是什麼，為什麼將腦切除病情就會改善。腦外科醫生從一個醫院轉到另一個醫院，手術器材就放在汽車後座，一個早上可以切

除十幾個人的額葉。有一位外科醫生形容他的技術如下：

「這一點都沒有什麼了不起，我拿一根醫用的鑿冰錐子，從眼球上方的頭骨鑽進去，把它攪一攪，切斷一些大腦神經纖維，就好了，病人一點都沒有感覺到痛。」

很不幸的是，在有些病人身上，這種「沒有感覺」一直延伸形成長期的情緒平板、冷漠。情緒的不敏感使他們覺得，他們只有一半是活的，另一半已經死了。這種手術也不能治癒攻擊傾向。莫尼茲的事業突然終止了，因為一個被他切除額葉的病人槍殺了他。

持平而論，二十世紀中葉的額葉切除術的確解除了一些人的痛苦。解除的痛苦比後來引起的痛苦來得大，但還是引起醫學界很大的不安，到今天都有人對心理外科醫學抱著懷疑的態度。到了1960年代，開始出現有效的心理藥物後，這種精神病人的外科手術就銷聲匿跡了。

現在這種操弄大腦來改變行為及解除精神痛苦的想法，又悄悄地爬回來了，但是這一次是有相當根據的，因為我們對大腦的了解增進不少。最近發展出來的技術，尤其是功能性腦部掃描，使研究者可以探索活人身上正在工作的大腦。看到大腦正在工作的情形，讓我們更深入了解心理疾病，以及我們每天的感受的本質。

舉例來說，一般人會以為大腦中一定有一個疼痛中心，與身體各個部位的感覺神經連在一起。事實上透過掃描顯示，大腦中根本沒有疼痛中心，疼痛主要是來自注意力和情緒區域的激發。看到疼痛所引起的神經活動，我們就會了解，為什麼我們在情緒不好時感到特別痛，或為什麼有更緊急的事情捉住我們的注意力時，我們常會忽略身體受了傷應該會痛。

一個看起來很簡單的大腦功能，如「痛」，其實比我

們想像的更複雜，有些看起來不可能估算的心智品質，現在也開始看到它背後的機制而了解它的本質了。道德、利他行為、心靈上和宗教上的經驗、對美的欣賞，甚至愛，這些過去被認為科學探索所觸及不到的地方，現在也可以在大腦中看到了。這些看起來不可穿透的大腦之謎，現在顯現出它心理的根源，在有些情況下，甚至可以利用放在某個部位的電極來操弄它。例如，放置大腦的節律器（pacemaker）可以把過去認為是心靈疾病的憂鬱症的無意義黑暗扭轉過來，而且可以連根拔除過去沒有辦法遏止的強迫症（compulsive and obsessive）念頭。假如用某個方法刺激大腦的某個地方用得對時，甚至可以產生靈魂出竅或昇華的超然存在感覺。你甚至可以買一頂頭盔，戴上去後，選擇「強烈的心靈經驗」，它就送電流到你的頭顱去刺激大腦中的灰質，透過電流的開和關來產生心智經驗。這頂頭盔雖然看起來很可疑，但它可是真正科學研究的成果，從1980年代開始，加拿大的神經科學家帕辛爾（Michael Persinger）在一系列的實驗中，發現中斷大腦中電流的活動，尤其在顳葉（temporal lobe）地方，會產生很奇怪的主觀心智狀態，包括靈魂出竅，感到自己身處在看不見、但可以感受到的東西之間，這情形在大多數人身上都可以複製。這表示像有趣、緊張、愛、恐懼和心智亢奮可以在沒有外在刺激的情況下經驗到，你不需要看到你喜愛的東西才會感到渴望，你也不需要被人威脅才感到恐懼，你不需要超靈異的鬼怪才感到恐怖，只要刺激得當，你的大腦便自己產生任何的經驗了。

那麼，大腦是怎麼做到的？一團團的神經元和像蛛網一樣的神經連接怎麼可能真的產生這些經驗，還可以控制我們的身體呢？我們所有的經驗都來自一種大腦細胞，叫做

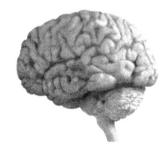

刺激這部分的顳葉，會產生宗教上靈魂出竅或昇華的超然存在感覺。

神經元的電流發射，但是一個神經元的發射是不夠引起睡眠中眼皮的跳動，更不要說有意識的印象了。只有當一個神經元興奮了它周邊的鄰居，它們再去興奮別的神經元時，這些活化的型態到達某個複雜度，而且整合到某個程度才能產生念頭、思想、感覺和知覺。

幾百萬個神經元必須同步活化，才能製造出最微小的思想。即使在最無所事事時，大腦的活動也像萬花筒一樣，不停地改變、活動。有時候當一個人在做一件很複雜的心智活動，或情緒很強烈時，整個大腦都會興奮起來。

每個輸入的感官感覺會刺激一個新的神經元活化型態，有一些會產生生理上的改變，使它們以記憶的方式重複著，大部分的神經活化型態會持續幾分之幾秒後消失。一個訊號若不能很快的被組合到已有的經驗中，就會被後來進來的訊息所掩滅。

留下來的連接型態，後來會與別的部分形成新的聯結（這就是記憶），或是互相結合而形成新的概念。理論上來說，每次某一組相互連接的神經元一起激發，應該會產生同樣的思想片段、感覺或潛意識的大腦功能，但事實上，大腦的變動性太大，以至於不可能有一模一樣的神經活動出現。真實的情況是，神經元的激發型態彼此大同小異，卻還是有細微的差異；我們從來不會經歷兩次完全相同的感覺。

當大腦對外界刺激起反應時，每次都會產生新的神經活化型態，所以內在的環境就會不停的改變，而大腦又在這改變過的基礎上，對外界繼續產生反應，這個回饋迴路就使大腦能夠應付外界持續的改變。

大腦內在環境有一部分是一直不停的在施壓，要去尋找新的刺激，去蒐集新的訊息，尤其是有關未來事件的新訊

息。這些訊息的蒐集不但對未來行動有指引作用，它本身也是一個報酬，因為它激起神經元的反應，這些反應又會產生對未來期待的愉悅感覺。這個對訊息的貪求是大腦的一個基本特質，它反映到我們最基本的反應上。一個病人掌管意識的區域可以完全被破壞掉，他的眼睛還是會去搜索房間的一切，而且會鎖定一個移動的東西，跟著它走。眼球的運動是腦幹在控制，它就跟花朵會朝向太陽一樣，是非意識性的動作，然而，即使你知道是這樣，當你被一個你知道幾乎等於已經死掉的人的眼睛所追隨時，還是會感到很不舒服。

用電腦模擬神經網路的運作方式，科學家發現，假如程式設計成重複執行對生存有利的型態、拋掉不利的部分，那麼最簡單的神經網路就可以在很短的時間內發展出很複雜的現象。大腦活動就是以這種回饋迴路的模式在演化。

這個歷程有時候被稱作神經達爾文主義（neural Darwinism），保證對有機生物體生存有利的思想（和行為）會被永遠的保存下來，而那些無用的會自動褪去。這不是一個僵化的系統，大部分的大腦活動型態與生存是無關的，

外在世界的感官刺激會影響我們對它的知覺，這個知覺的改變，又會創造出另一個造成改變的影響，這又會再度改變我們的知覺。

外來刺激

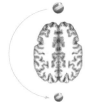

內部連接

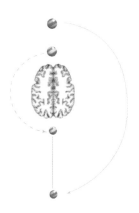

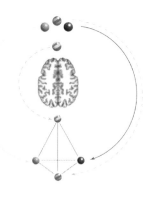

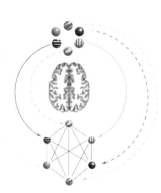

但是整體來說，重要的反應便透過這種途徑建構在人類大腦中。

有些大腦設備是建構在基因裡面。某些大腦的活動具有非常強的遺傳特性，如說話，只有極端不正常的環境才會扭曲它們。又如進行挑錯字測驗時，大腦的活動型態在一般人身上非常相似，在參與實驗的十幾個人中，腦部掃描圖像都異常的相似。這就是為什麼大腦地圖研究者有信心說「大腦如何如何」，而不會說「一個」大腦如何如何。

但這並不代表每個人的思想都一樣。感謝先天和後天那些複雜且精緻的交互作用，沒有任何兩個腦是相同的。即使是同卵雙胞胎，即使是複製人，在他們出生時，大腦就已經有所不同，因為在胚胎環境中的一點點差異，就足以影響他們後來的發展。剛出生的同卵雙胞胎，大腦皮質就有不同，而結構的差異一定會影響功能的發展。的確，同卵雙胞胎的大腦在出生時比後來的差異性大，顯示基因對生命的後來比剛開始的影響更強。所以雙胞胎在他們長大時的行為會更像而不是更不像。

胚胎發育的時候，大腦是神經管（neural tube）上端的一個像植物球根的東西。約七個禮拜時，就可以看到大腦的主要區塊，包括大腦皮質。孩子生下來時，已經有十兆個之多的神經細胞，這就是他長大以後所有的神經細胞。這些神經細胞尚未成熟，軸突外面還沒有包上髓鞘，髓鞘是一層絕緣體，使信號可以快速、正確地傳導；另外，神經之間的連接也還很稀疏。所以，此時大部分嬰兒的腦還沒有功能，尤其是大腦皮質。新生嬰兒的腦造影研究顯示，只有與身體調節（腦幹）、感覺（視丘）和動作（小腦內部）有關的地區才有活動。

子宮環境對嬰兒大腦功能的設定有重要影響。有毒癮的

大腦是從後面往前發展的，後面是有關感覺和動作的部分，前面主管決策、判斷和計畫。大腦在成熟後，灰質變得比較薄，因為多餘的神經元已經被修剪掉了，但是留下來的神經元的連接變得更密了，也更有效了，因為它們外面包了一層髓磷脂，叫髓鞘。

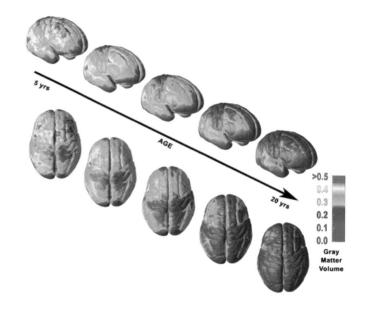

母親所生下的嬰兒，通常一出生就有毒癮，而母親在懷孕時常吃咖哩等辛辣食物，她們的嬰兒也比別的嬰兒容易接受刺激性食物。這些研究顯示，嬰兒的味覺在子宮裡就受到母親血液中殘留食物氣味的影響。

　　子宮中的生活提供了一個研究基因和環境密切合作的好例子。一個男性胚胎的基因會激發母親身體在某個特定時間製造很多的荷爾蒙，包括睪固酮（testosterone）在內；這些荷爾蒙在生理上就改變了男胚胎的大腦，使某些區域的生長速度減慢、某些地方則加快。這個作用使男胚胎的腦部男性化，使胚胎產生男性性徵。同時，我們常看到的性別差異也因此產生，如女生在語言方面比較好，男生在空間能力方面比較好。假如男性胚胎沒有得到恰當的荷爾蒙，大腦會停留在女性腦的狀態；而假如女性胚胎接觸到大量男性荷爾蒙，她會非常的男性化。

　　在發展中的大腦內部，神經元彼此比賽尋找伙伴，希望

與之連接形成團隊。每個神經細胞必須在大腦中找到預定的位置，假如沒找到，就會死於無情的神經修剪歷程，叫作細胞凋亡（apoptosis）或計畫性細胞死亡（programmed cell death）。這種修剪的目的是要加強已經形成連接的神經網路，使大腦不會被自己的細胞所塞滿。

這個塑身的過程雖然很重要，但也可能會付代價，有些被修掉的神經連接，很可能是我們後來認為是「天才」的一些直覺技能。例如，照相機記憶（eidetic memory）在幼童身上很常見，但是經過幾年時間的大腦修剪後就不見了。不完全的細胞凋亡被認為是感覺相連症（synaesthesia）發生的原因。感覺相連症是一種感覺經驗（例如紅色）被錯接到另一個感覺經驗上（如聽到一個聲音），所以當一個人經驗到某一個感覺時，另一個感官感覺也出現了。相反的，這些計畫要死亡的細胞跑得太遠伸入太多的神經迴路中時，被認為是唐氏症（Down's syndrome）和自閉症（autism）智能不足的原因。至少，唐氏症的智力受損被認為是神經過度修剪、細胞大規模凋亡所造成的，這也是為什麼唐氏症孩子長大後比其他人易得阿茲海默症（

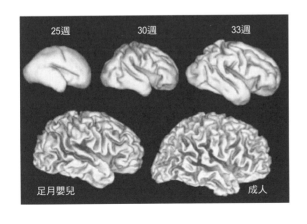

25週　30週　33週

足月嬰兒　成人

當大腦成熟後，它的密度越大，而且發展出複雜的腦迴（gyri）和腦溝（sulci）。

Alzheimer's disease）的原因（譯註：唐氏症的孩子如果活到三十歲以上，常會發展出阿茲海默症的症狀，這是因為患者細胞內多了一個第二十一號染色體，而「早發型阿茲海默症」也是第二十一號染色體發生問題所致，因此事實上可能是第二十一號染色體的因素，使他們發展出阿茲海默症的症狀來，而不是神經修剪的關係）。

攀上意識高峰

嬰兒的情緒常很劇烈，但由於初生嬰兒從情緒中心連接到意識經驗的迴路還沒有完成，所以這種情緒表現是無意識的。

「無意識的情緒」聽起來像自相矛盾的名詞，假如沒有意識的感知，怎麼叫情緒呢？事實上在生存機制的系統中，情緒的意識成分逐漸變成微不足道、非必要的東西，即使在大人身上，生存機制都是在無意識層次上運作。

不過，這並不表示早期的創傷經驗不重要。無意識的情緒是無法體驗的，但一樣可以放在大腦中。我們不會記得

在剛出生時，神經元連接是很稀疏的（左圖）。但是在嬰兒期，新的連接快速的成長，到六歲時，到達最高峰。從那以後，開始修剪，沒有用到的連接會被修剪掉，只留下有用神經連接。

成人也可以透過學習新的東西來增加他的神經連接。但是假如大腦沒有用到這些連接，它會再被修剪掉。人終其一生都在長新的神經細胞，這叫神經再生（neurogenesis）。有些新的細胞會被納入已有網路中，尤其是有關記憶和學習的神經網路。

新生兒　　　　　　六個月　　　　　　兩歲

三歲以前發生的事情，因為大腦中掌管意識長期記憶的海馬迴（hippocampus）還沒有成熟，然而情緒的記憶可能儲存在杏仁核（amygdala）中，這是一個很小、像杏仁形狀的東西，深埋在組織下面；杏仁核可能在一出生時就有功能了。在記憶還沒形成的頭幾年，嬰兒被對待的方式甚至可以改變他們基因的功能，有被良好照顧的幼鼠行為與被忽略的同胞幼鼠大不相同，這個行為上的不同會引發大腦的改變，使被照顧的那一組幼鼠比較不焦慮。從小時候曾被虐待、長大後去自殺的成人大腦中所取的切片顯示，同樣情況也發生在人身上。

當嬰兒逐漸長大，包在神經外面的髓鞘也逐漸形成，可以讓大腦中越來越多地方連接起來，「上線」運作。頂葉（parietal cortex）很早就開始工作，使嬰兒直覺感受到外界環境的基本空間性質。一旦這部分的大腦可以作用了，peek-a-boo遊戲（手遮住臉，再突然放開讓臉露出來，即一下看到、一下沒看到的遊戲）讓嬰兒一直玩都不會厭倦，這是因為，嬰兒此時已經知道臉不會在手後面消失，但是讓他們了解為何如此的模組卻還沒有成熟。

額葉大約在嬰兒六個月大的時候開始參與工作，帶來了認知的第一線曙光。到一歲時，他們就逐漸掌握邊緣系統的控制權，假如你同時給嬰兒兩個玩具，這時他們只會選擇一個，而不會像以前一樣兩個都要。直到一歲以前，根據一位發展心理學家的說法，嬰兒像是「機器人一樣的機器」，他們的注意力會被任何視覺刺激所吸引，但是到一歲以後，他們自己開始有主見，不會總是受人左右了。

語言中心在十八個月左右開始活動，掌管理解的威尼基區比掌管說話的布羅卡區早熟，因此有段時間裡，孩子懂的比能夠說出來的多，這種有口難言的挫折感，對常常亂

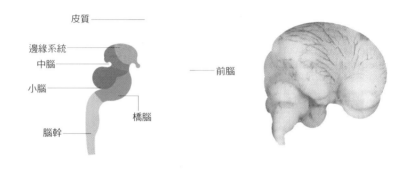

皮質

邊緣系統

中腦

小腦

前腦

橋腦

腦幹

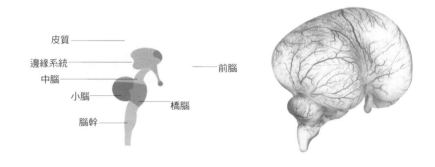

皮質

邊緣系統

中腦

小腦

前腦

橋腦

腦幹

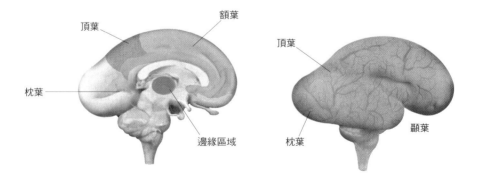

頂葉

額葉

頂葉

枕葉

邊緣區域

枕葉

顳葉

發脾氣、處於「可怕的兩歲」（Terrible Twos）的小孩來說，可能是火上加油，越發難以管教。

　　大約在語言區開始活動的同時，前額葉（prefrontal lobe）的髓鞘也開始包圍神經。現在孩子有自我意識了，他們不再以為鏡子中的人是另外一個孩子，假如把一些胭脂抹在他臉上，他會伸手把它擦掉，不再像小小孩那樣去擦鏡中孩子的臉。這樣的自我意識顯示，內在的總裁，也就是「我」，已經開始出現了。

　　某些大腦區域要過很久才成熟，如維持我們注意力的網狀結構（reticular formation），就要到青春期左右才全部包完髓鞘，這便是青春期前孩子的注意力無法持續很久的原因。額葉一直要到成年期才包好髓鞘，這部分的大腦是負責推理、判斷、抑制情緒。直到大腦成熟前，人受到情緒的騷動比理智的騷動強。因此年輕人比年長者衝動，比較情緒化，比較敢去冒不必要的險，犯衝動性的罪。

　　人類的大腦在嬰兒期時是最有可塑性的，你可以把整個大腦皮質半邊拿走，剩下的一邊會重新組織它自己，把失

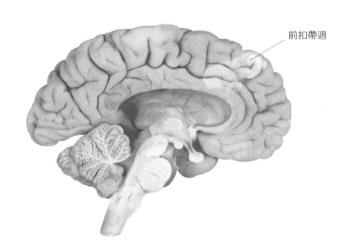

前扣帶迴

大腦的前扣帶迴這個部分，在執行自由意志時會亮起來，這是每一個人感受到內在所謂「我」的地方。

心智的搜尋

　　現在所知最早的大腦地圖，是埃及的草紙卷，大約在紀元前3000年到2500年之間寫的。而「模組」的概念，在中古世紀隨著「細胞理論」（cell theory）再度興起，它把各種人類的屬性——思考、脾氣等——放在腦室，也就是大腦中間的空洞、腦脊髓液分泌的地方。到了17世紀初期，法國哲學家笛卡兒認為，心智存在於一個獨立的空間，與物質是分離的。這個「心物二元論」的看法到現在仍存在。在他的看法中，大腦好像是一個雷達接收器，透過松果體（pineal gland）接收心智訊息，因為他發現，松果體是大腦中唯一左右不對稱的器官。

　　笛卡兒的二元論主宰了好幾世紀的思維，一直到現在仍然滲透到我們的思想中。但是總有科學家認為，心智和腦的功能是一體的兩面。在19世紀及20世紀初葉，很多科學家努力想找出一個合理的大腦地圖，他們受到歷史上幾個大事件的幫助：法國大革命提供了很多新鮮的人頭供解剖，第一次世界大戰製造了很多腦傷的士兵病人可供觀察。但是，當美國神經學家賴胥利（Karl Lashley）說服大部分的同事，認為高層皮質認知功能來自於「神經元整體的活動」，不可能有「功能定位說」後，大腦地圖就被打入冷宮，不再受人注意。現在，大腦掃描技術讓人發現，找出大腦的功能部位是可能的，甚至最複雜、最精密的大腦作用機制都可以原形畢露。

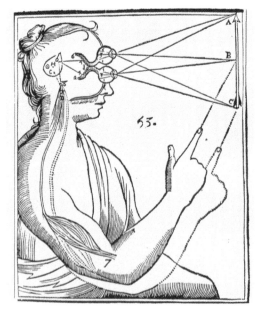

本圖取自笛卡兒1664年之《*Traité de l'Homme*》，在書中他認為，像梨子形狀的松果體是意識和靈魂的所在地。

去那邊的功能彌補過來，甚至會發展出原來只有缺失的那一邊才有的功能。當我們的年齡逐漸增長，大腦的功能會逐漸定型，比較有獨特性。成年人的心智景象已經非常個別化，以致沒有任何兩個人對同一個東西會得到同樣的結論。兩個人同時看一場電影，大腦活動的型態可能完全不一樣，因為兩個人都有自己的看法，劇情跟他個人經驗的結合方式也不相同。她可能會想，劇中人什麼時候才會和好，使她有心情吃晚飯，而他可能覺得女主角翹翹的嘴唇像極了他的前任女朋友。

這正是為什麼想探討大腦的什麼地方在處理什麼事情的實驗設計必須是固定的、沒有彈性的作業。受試者躺在正子斷層掃描儀器中，兩個小時不能動，只能手指按鍵表示接收到信號，他們一定在想，哪一種大腦知識可以從這種無聊的操作中得到呢？

事實上，這些無聊的作業帶給我們相當多的訊息。佛利斯（Chris Frith）的手指按鍵實驗，就讓我們了解「自我決定」的來源；不久以前，你可能終身都不可能知道自我決定到底在哪裡。他們先設計實驗，把受試者大腦中可能發生的事件縮減到最少，只剩下由以前實驗已經知道的腦部活動。他們先讓受試者在聽到提示時動某一根特定的指頭，接著他們不告訴受試者要動哪一根手指，讓受試者自己來作決定，然後觀察大腦在做這個動作時，跟先前依指示按鍵時的不同。

不同之處相當清楚，當受試者自己決定動哪一根手指時，先前那些沉寂的腦部區域就亮起來了。這個實驗設計各種受到控制的情況，以確定這種新近觀察到的大腦活動不是由其他因素造成，而是受試者自己的意志造成的。後來的研究發現這個區域的活動跟人們在考慮該做什麼決定而

這張非常早期的相片被認為是蓋吉本人。多年來，它的主人，管理影像圖書館的傑克和比佛利・威格斯（Jack and Beverly Wilgus）都以為這是一個捕鯨人與憤怒的鯨搏鬥時被魚叉刺過去所留下來的相片。在2008年，一位歷史學家在網路上看到了這張相片，懷疑它可能是蓋吉唯一留下來的相片，威格斯後來的研究發現它果然是蓋吉的相片。

不是已經決定要去做了的情況有關。

那麼，指認出大腦決定動用哪一根手指的作用區域，真的能幫助我們了解，在做決策時或處理外界無數更複雜的事情時，腦部也跟實驗室觀察到的情形一樣嗎？

間接了解是可以的。運作自我意志的腦部區域位於前額葉皮質，就是額頭後面那塊地方，這個地方受傷通常會造成人格改變，包括優柔寡斷、嚴重喪失自我決定的能力。一個典型的例子是19世紀美國的鐵路工人蓋吉（Phineas Gage），他在施工時，因為意外爆炸，一根鐵棍穿過他的頭顱，他很幸運的沒有死，但是這個意外使他從一個做事有目的、有條理、勤勉的工頭，變成一個酗酒的無賴漢。哈洛（John Harlow）是當時治療他的醫生，形容這個新的蓋吉是頑固、執拗又反覆無常、猶疑不決、做了很多未來計畫，才剛安排好就放棄了……他的智力像個孩子，但是又像個強壯的男人有著動物般的熱情，女性都被警告不要靠近他身邊。新蓋吉最顯著的特徵是他完全不能控制他自己。

假如自我決定是在某一個特定地方產生的，那麼沒有這塊地方的人真是很不幸，他是「大腦不完整」的受害者，我們是否應該因為那些不入流的行為而責怪今天的蓋吉呢？還是我們應該毫不同情地對待那些無法克服毒癮的人，或是重重懲罰那些累犯呢？

目前大腦的新發現為這個老問題帶來新的生命。有些種類的反社會行為很清楚的跟大腦受傷或功能出了問題有關

。或許我們應該從大腦著手來改進，而不是像現在一樣處罰他們或用勸導、強迫、恐嚇的方式來改變他們的行為。假如這個想法使你背脊發涼，想想我們現在對這些人所做的事。用人工方式所引發的心智改變真的會比在監獄中伸懶腰更差嗎？

偷窺心智的窗口

一卷教導如何安全使用核磁共振儀的錄影帶顯示，有個人手中拿一隻鐵製扳手走向核磁共振儀，當他走到幾公尺之內時，突然間他的手伸起來，手臂與地保持水平，手中的鐵器直指著掃描器，下面幾秒就看到這個人雙手拉著鐵器，人往後仰，想把鐵器拉離機器的吸力，但是他顯然無法抵抗磁場，只見工具從他手中飛出直奔掃描器，擊中放在掃描器前保護機器的磚頭，力量大到磚頭當場粉碎。

這錄影帶是要說明攜帶金屬靠近核磁共振儀的危險性。這部機器基本上是個很大的、圓形的磁場，磁場大小是地心引力的十四萬倍。你可以想像帶著心律調整器走近儀器的危險。但是如果你身上沒有任何鐵金屬，接受核磁共振儀掃描是非常安全的，到現在為止還沒有任何不好的生理後果出現。

像功能性核磁共振這種非常強有力的掃描器，可以「打開」大腦讓我們檢視，這是三十年前所不敢想像的。但是標示大腦地圖的工作，遠在這些精密儀器發明之前就已經開始了。

人類的兩個主要語言中心，在一百多年前就由布羅卡和威尼基指認出來了，到現在還是大腦地圖最重要的地標。他們只是觀察到有同樣語言缺失狀況的人，大腦的受傷部位都很相似；布羅卡發現，某個地方受傷的病人（通常是

上圖為蓋吉死後所製作的臉部面具模型，顯示頭顱的巨大傷口。下圖為重建圖，顯示鐵棒穿過蓋吉額葉的情形。

大腦掃描技術

神經科學的革命是受到一直在進步中的腦造影技術的驅動，尤其是既可以顯示大腦的活動又可以標示出大腦部位的機器。下面的每一種技術都有它的長處和短處，現在越來越普遍的做法是研究者把兩個或兩個以上的技術綜合在一起，創造出一張比較完整的影片。

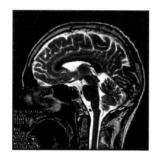

核磁共振（MRI, Magnetic Resonance Imaging，有時也稱為NMR, Nuclear Magnetic resonance Imaging），是用磁場把身體組織中的原子分子排列起來，然後用無線電打散它們，並使這些原子分子釋放出無線電信號，這些信號會因細胞組織不同而有所差異。之後再用一種精密的軟體系統叫作「電腦斷層掃描」（CT, Computerized Tomogcaphy）把這些訊息轉換成三度空間的影像，利用這種方式，我們便可以看到大腦的組織結構。

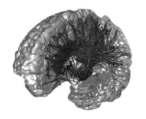

擴散張量磁振造影（Diffusion Tensor Imaging）是核磁共振的一種，它是測量水分子在神經纖維中的擴散，它在顯示不同大腦區域神經連接上非常有用，因此在探究大腦不同模組的互動上貢獻很大。

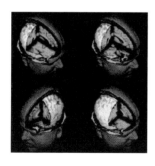

功能性核磁共振（fMRI）是把由上所得的基本解剖構造影像，加上大腦最頻繁活動區域的標示。神經元的激發需要用到葡萄糖和氧，這些物質靠血液來運送。當大腦某一區的神經受到激發時，物質會流往那個區域，功能性核磁共振就可以顯示出這個耗用最多氧氣的地方。最近的技術是每一秒可以掃描四次。大腦需要半秒的時間對刺激作出反應，所以這個快速的掃描技術可以看到大腦不同區域的活動情形。功能性核磁共振是最有用處的掃描技術，但是它相當昂貴，通常學術研究者必須與醫院一起共用儀器，因為醫院對它比較有迫切的需要。所以，很多實驗仍然用比較舊的技術在做，如「正子斷層掃描」。

正子斷層掃描（PET, Positron Emission Topography）可以得到跟功能性核磁共振相似的結果，找出大腦正在工作的部位。正子斷層掃描影像非常清晰漂亮，但是解析度不及功能性核磁共振。另外還有一個缺點：需要注射放射性的標記物進入血管。雖然注入的放射物劑量很少，但是為了安全起見，一個人每年只能做一次。

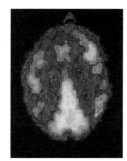

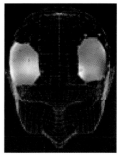

近紅外光光譜儀（NIRS, Near-Infra-red Spectroscopy）也是依據大腦燃料的消耗量而得出影像。它是把低階的光波打進大腦，然後測量不同部位反射出的光量。近紅外光光譜儀比功能性核磁共振便宜，而且不需要放射性標記物，但目前還不能得到清楚的圖片來說明大腦深層區域的狀況。

腦波（EEG, Electroencephalography）是測量神經細胞規律性振動的電流型態。這些腦波會因為大腦活動的情形而有不同的特性改變。腦波的測量是在頭皮上貼電極，蒐集頭殼下細胞活動的情形。最新的腦波技術是比較幾十個不同點的腦波，用來建構一個大腦剖面各種不同活動的圖；建構大腦地圖通常是用「事件關聯電位波」（ERP, Event-Related Potentials），亦即比較一個電波高峰與某個特定刺激（如字彙或觸覺）之間的關係。

腦磁波（MEG, Magnetoencephalography）與腦波很相似，都是蒐集神經細胞的活動，但腦磁波是找出細胞所放出的極微量的磁波。這種方法還是有一些困難，它的訊號很弱，很容易被干擾而看不見，但是具有很大的潛力，因為腦磁波比其他的掃描方法都快，所以它所記錄的大腦活動比功能性核磁共振或正子斷層掃描正確。

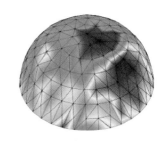

使用功能性核磁共振，可以
找出大腦處理特殊心智作業
的地區。

語言

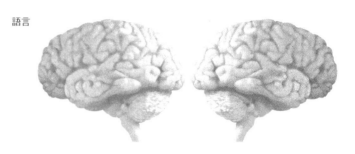

運動、感覺

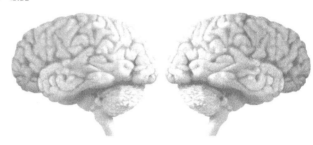

視覺處理

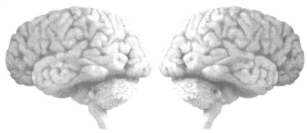

思考

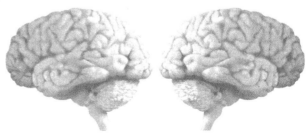

中風）很難把話說出來，典型案例是一個叫作唐（Tan）的病人。

之所以叫作「唐」，是因為這是他中風以後唯一可以說出來的字，不論你問他名字、住在哪裡、生日是何時，雖然他可以了解你所問的問題，但是他都回答你「唐」。

布羅卡必須等到唐過世以後才能看見他的大腦，才會知道他是哪裡受傷。如今，掃描器可以讓神經科學家看到活人的受傷部位，我們了解受傷區域對正常大腦影響的速度也大大的加快了。

另一個經得起時間考驗的技術，是直接刺激大腦不同的部位看會有什麼效果，也就是用這個方法，美國加州的外科醫生在癲癇患者身上有許多新發現，而且似乎找到與「幽默」有關的迴路。

直接刺激大腦是開始於1950年代加拿大的神經外科醫生潘菲爾（Wilder Penfield），他將電極插入幾百位癲癇病人的大腦各個部位，找出皮質上很多不同區域的功能。他用這種方法顯示，整個身體的表面都在大腦中有相應的表徵，而且相對位置也是一樣，即影響左臂的皮質就位在影響手肘的部位旁邊，而影響上臂的部位又位在手肘的旁邊。最有名的是，他刺激顳葉時，病人會引發生動的童年記憶，或唱起一首久已遺忘的歌。

大部分的病人描述說，這些回憶就像夢一樣，但是像水晶一樣的透明清晰，「我就好像站在我高中的校門邊」，一個二十一歲的男性述說：「我聽到我媽媽在講電話，叫我阿姨今晚過來……」另一個人則說：「我的姪兒和姪女來我家玩，他們正預備要回家，穿上他們的大衣、戴上帽子……在餐廳，我媽媽在跟他們講話，她很匆忙，在趕著要做什麼事。」

流動在心智中的河流

不同種的神經細胞分泌不同的神經傳導物質（neurotransmitter）。訊息在神經通道上遊走，這些通道上的神經細胞分泌相同的神經傳導物質，相互激發，使訊息傳下去。所以它們把大腦的各個區域串聯起來就像火車把這一條線上的各個車站串聯起來一樣，使它們接續性的亮起來（或關閉）。每一種大腦的神經傳導物質工作的地方分散得很開，但是都是有特定的區域。有些是興奮的神經傳導物質——也就是說，它們鼓勵所接觸到的細胞去發射。有些是關掉神經細胞的活動。目前找出來的神經傳導物質已經有幾百種，但是最重要的為下列幾種：

血清張素（Serotonin）：這個神經傳導物質會受到百憂解（Prozac）藥物所強化，所以被認為是「產生快感」的化學物質。血清張素的確對心情和焦慮感有很大的影響，太多（或對它太敏感）會使人非常樂觀、不憂慮。它在很多其他方面都有作用，如睡眠、疼痛、食慾和血壓等。

乙醯膽鹼（Ach, Acetylcholine）：控制大腦裡面與注意力、學習和記憶有關地區的活動。通常在阿茲海默症患者的大腦皮質中，乙醯膽鹼的濃度很低，而能增加它活性的藥物，就能增進記憶力。

正腎上腺素（Noradrenaline）：主要是興奮性化學物質，會引起生理和心理的警覺性，並且增進情緒。正腎上腺素主要是由藍核（locus coeruleus）分泌，這是大腦的「快樂中心」之一。

麩胺酸（Glutamate）：這是大腦最主要的興奮性神經傳導物質，在負責學習與長期記憶的神經元之間，麩胺酸具有不可或缺的關鍵性作用。

腦啡（Enkephalins）**和腦內啡**（Endorphins）：這是大腦所分泌的嗎啡，可以調節痛苦、減低壓力，使人得到飄飄欲仙，像大海一樣平靜的感覺。它們同時也會抑制某些生理功能，例如呼吸，而且會使人上癮。

催產素（或**激乳素**，Oxytocin）：可以幫助心理銳角的磨平，跟別人產生溫暖和互信的聯結，尤其是母子聯結或情侶的心心相印，母親在生產時，身體會產生大量的激乳素，性交達到高潮時也會。

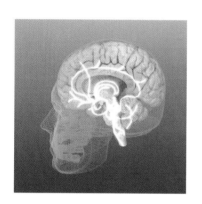

血清張素作用途徑。

潘菲爾的發現被解釋為記憶是儲存在抽象的地方（就是印象）等待復甦，但是最近的研究顯示，記憶比這種說法複雜得多。英國的羅思（Steven Rose）認為，記憶複製了很多份，每一份儲存在大腦不同的感覺區，例如視覺、聽覺等。刺激其中一份複製品也會使其他的激發，使你得到一個整體的、多重管道的經驗。潘菲爾可能只刺激了一個感覺管道的記憶，但是引發了許多的反應（譯註：讀者可以參考2000年諾貝爾生醫獎得主、哥倫比亞大學講座教授肯戴爾的《透視記憶》一書〔遠流出版〕，該書對此的討論比較精闢，對記憶的儲存有詳盡的解釋）。

　　潘菲爾的發現在當時是被解釋為記憶是被儲存在獨特的小口袋中（這就是新創出來的名詞叫engrams），等待著被喚醒，從那以後，比較複雜的說法就出來了，長期記憶分佈在大腦的各個區域中，登錄著原始經驗的同樣部件，童年在晴朗的夏天在鄉下聽著鳥唱歌、吃冰淇淋的回憶會儲存在好幾個感覺區，冰淇淋的滋味是儲存在大腦處理味覺的地方，感到太陽照在你皮膚上的溫暖的是身體感覺區，聽到鳥叫的聲音是在聽覺皮質，看到樹是在視覺皮質等等。因為它們開始時是同時一起感受到的，所以當記憶的一個部分被提取時，其他的部分也會被帶動，各個不同的部件湊成了一個整個的記憶。潘非爾可能是刺激了這個記憶的一個感覺層面，但是其他的反應都被激發出來了。

　　發笑病人大腦被刺激的地方也是同樣因為一個神經節被活化了，這個神經節所在的模組中其他在大腦最原始部分也被帶動了。許多目前找到具有特殊功能的小點，可能只是埋在底下那些神經團塊的一個突出點而已，好像冰山的一角一樣。

　　當然，這些在某個心智工作中亮起來的地方，其實很可

能並不是真正掌管這項工作，只是將訊息經過它傳送到真正工作的地方去。有個故事是這樣的：一位科學家宣稱，他發現青蛙是用腿來聽。他訓練了一隻會聽命令而跳的青蛙，當他展示給人看，顯示這隻青蛙的確會聽到命令就跳後，他把青蛙抓起，把腿砍掉，然後再命令青蛙跳，當然這回青蛙就不跳了。於是他很得意的向挑戰他理論的人說，你看，腿切掉以後牠聽不見了，果然就不跳了！

另一個問題是大腦中所看到的一些明顯的神經活動可能是系統的干擾，隨機的發出訊號。一個研究者在發展功能性核磁共振的實驗流程時發現了它。這個流程是預備用來檢視人在社會互動時神經元的活動，他沒有讓受試者去躺在核磁共振儀中忍受冗長的測驗，這位研究者用了一個被動的受試者───一條死的魚。這條漂亮的大西洋鮭魚是從當地的魚攤子上買來的，是毫無疑問的死透了。因此，牠對實驗者呈現給牠看的一序列人類在社交情境的相片當然沒有任何反應，然而，當研究者檢視大腦造影的圖片時，魚那個小小的大腦跟人類相呼應的那個地方活化起來，顯示這條魚在思考牠所看到的這些相片。

大腦地圖的研究者很努力避免掉入像這樣的陷阱，但是有的時候還是會。有些學者太急著成名，部分新發現沒有等到能夠重複實驗就急著發表。不過這個情況已經改善很多，最近這兩年來，掃描的基本流程已經發展出來，減少了很多不負責任的「發現」。這些「新興的骨相學者」下定決心，他們的發現絕不能像高爾的結論一樣，而是必須能經得起時間的考驗！

多巴胺的連接

多巴胺（dopamine）跟報酬的預期有關，在得到後會使我們覺得輕快，在處理的過程中會產生渴望、期待和興奮的感覺。

多巴胺的通道在大腦中蜿蜒，在不同的區域有不同的作用。在腦幹的深處，產生多巴胺的神經元叫黑質（substantia nigra），這些多巴胺使我們身心健康，假如這裡的神經元退化或萎縮死亡了，這個人就會失去身和心邁大步向前走的能力，如巴金森症的病人就是這裡出了問題。

另一套多巴胺迴路是大腦「回饋報酬迴路」（reward circuit），從腹側蓋膜區（Ventral Tegmental area）通往杏仁核、伏隔核（nucleus accumbens）、隔膜（septum）、再到前額葉皮質，這條迴路整體被稱為內側前腦神經束（medial forebrain bundle, MFB）。當這條迴路被多巴胺刺激時，伏隔核會使我們的身體準備起來去獲取我們想要的東西，杏仁核登錄它的價值，產生興奮的有意識感覺，前額葉皮質和隔膜則把我們的注意力鎖在這個目標上。它們一起合作的結果就是我們產生愉悅的高潮。但是它們不能產生永久性滿足感，除非還有別的神經傳導物質介入。所以多巴胺的分泌會使我們產生還要、還要、還要……的感覺，這就是心理上癮的基本機制。

多巴胺也跟意義有關，那種覺得世界是合理的感覺，如果多巴胺不足，會有大禍臨頭、世界要崩潰的感覺，或是相反的，覺得每一件事都超好，所有的一切都完美無比。

雖然多巴胺的不正常帶來功能上的缺失，我們卻不能說他們所看到的世界比我們有著正常多巴胺功能的人更不真實。這是演化所設定的「最佳層次」——足以使我們去追逐我們所需要的東西，如食物和交配的機會，但是又不會使我們把致命的敵人看成偉大可愛的超意識物體。不過，這並不表示最佳層次是反映真實的外界。

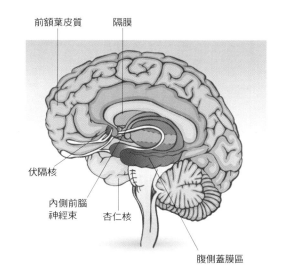

前額葉皮質　　隔膜

伏隔核

內側前腦
神經束　　杏仁核

腹側蓋膜區

導覽大腦

人的大腦有一顆椰子那麼大，形狀像核桃，顏色像生的豬肝，質地像果凍，它有兩個腦半球，上面覆蓋著一層薄薄的有皺紋的灰質叫大腦皮質，凹下去的部分叫腦溝，凸起來的叫腦迴。每一個人的大腦表面形狀都有一點不同，但是主要的皺紋——像老人臉上口鼻周圍的紋路和眼角的魚尾紋——則是每一個人都有的，而且被用來做地標。在大腦的最後端，一部分塞在大腦底下並有一部分和大腦連在一起的是小腦，很早很早以前，它就是我們哺乳類祖先主要的腦，但是現在已被比較大面積的大腦超越了。

每一個腦半球又分成四個腦葉，區隔它們的是各個腦褶，最後面的是枕葉（occipital lobe），低一點、在耳朵附近的是顳葉，上面的是頂葉，最前面的是額葉，每一個腦葉都有它自己專司的責任，頂葉主要是處理跟動作、方位、計算和某些辨識有關的功能；顳葉跟聲音、語言的理解（這通常在左腦）及記憶的一些層面有關；額葉主掌綜合的功能：思考、計畫、形成概念。它也在有意識的情緒上扮演重要角色。

假如你從中線把大腦切開，使兩個腦半球分離，你會看到在皮質下有許多複雜的模組：團塊、管子和小的空腔。有一些可以依形狀

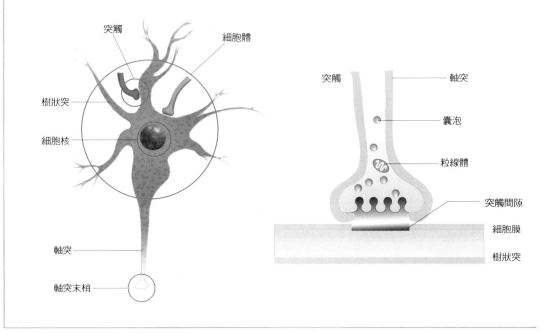

使你聯想到堅果、葡萄和昆蟲，但是大部分對你沒什麼意義。每一個模組都有自己的功能，而且都靠著神經的軸突，彼此緊密的連接。大部分的模組都是灰色的──因為是密度很高的細胞體集合。但是連接的管束顏色就淡一點，因為它們外面包了一層白色的物質叫髓鞘。髓鞘的作用是絕緣，使電流能快速的通過並且不會短路。

松果體是大腦唯一不成對的模組，它位在大腦的中央。在本書中，當我談到模組時，我都是用單數，但是事實上它們都有兩個，左右對稱，假如有必要時，我會特別指出我講的是左腦還是右腦的模組。

從旁邊來看這塊切開來的大腦時，你會先注意到有一個彎彎的白色帶子，它區分出皮質和底下的模組。胼胝體聯結兩個腦半球，作用像一座橋一樣，不停把訊息往返兩邊輸送，絕大多數時間都是非常有效率的。它下面便是邊緣系統，這個地方在演化上比皮質老，又被稱作哺乳類的腦，因為在哺乳類身上第一次出現。這一部分的腦──以及它下方更古老的腦──是沒有意識的，但是跟我們的經驗有重大的關係，因為它與上面意識的大腦皮質有緊密的連接，不停的把訊息往上送。

情緒在邊緣系統產生，伴隨著許多（通常）驅使我們維持生命的行為動力。但是邊緣模組還有很多其他的功能：視丘（thalamus）是個中途站，把進來的訊息分送到大腦的各區去做進一步的處理。在視丘下面是下視丘（hypothalamus），它與腦下垂體不停的調整身體維持著適應環境的最佳狀態。海馬迴（因為形狀像隻海馬，這個比喻只有在它被橫切並運用很多想像力才會看得出來）對長期記憶很重要，在海馬迴前端的杏仁核是恐懼產生的地方。

再往下走，你會進入腦幹。這是最古老的腦──大約在五億年前就演化出來了，它很像現代爬蟲類的腦，所以被稱為爬蟲類的腦。腦幹是由許多從身體經過脊椎往上送的神經所組成的，它負責將身體的訊息送到大腦。腦幹中各種不同的神經細胞決定大腦一般的警覺程度，調節呼吸、心跳和血壓。

假如你將大腦的某一區放大來看，你會看到綿密的神經網路。大部分是結構比較簡單的膠質細胞，主要的功能是支撐大腦的架構，將整個構造黏在一起成為整體。

膠質細胞也在大腦放大電流活動或使電流的活動同步進行中扮演重要角色──例如它用激發傳遞痛訊息的神經元的方式來加強神經痛，使你的坐骨神經痛更痛。

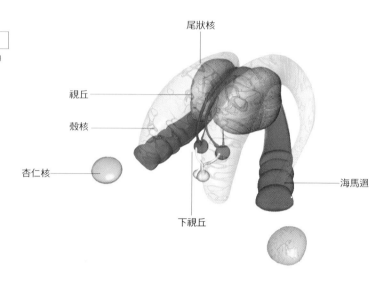

尾狀核

視丘

殼核

杏仁核

海馬迴

下視丘

　　真正創造大腦活動的細胞是神經元，它們只占大腦細胞總數的十分之一。神經元可以傳送電流：細長型的神經元可以一直通達身體軀幹，星形的神經元往四面八方傳送訊息，更有的神經元有濃密的分枝叢生在一起，活像長得太茂盛的鹿角。每一個神經元可以跟大約一萬個鄰居相連接，彼此以分支相連。神經元的分支有兩種：軸突將訊息從細胞核往外傳送，而樹狀突則用來接受傳入神經元的訊息。

　　假如更進一步觀察，你會注意到，每一個軸突和樹狀突交接的地方有一個很小的間隙，這個小空隙叫作突觸。為了要讓電流通過這個空隙，軸突必須分泌化學物質，叫作神經傳導物質；當神經元準備發射訊息時，神經傳導物質會釋放到突觸，這些化學物質再啟動附近的神經細胞發射訊息，這樣的連環效應就會引發幾百萬個彼此連接的細胞進行同步活動。

　　神經元和分子之間發生的這些活動，建構了我們心智生活的基礎，而如果能控制這些活動，對生理性的精神治療會很有效。舉例來說，抗憂鬱症的藥物作用在神經傳導物質上，主要是強化血清張素的作用。這方面的研究發展出很多新的藥物，可以幫助老人失智症（dementia）、巴金森症及中風的病人。有些科學家認為，意識的祕密就在於此，或甚至在更基本的量子歷程上，即腦細胞內最微小的深層活動。

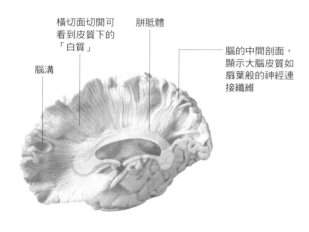

横切面切開可
看到皮質下的
「白質」

胼胝體

腦的中間剖面，
顯示大腦皮質如
扇葉般的神經連
接纖維

腦溝

大腦皮質的左半腦

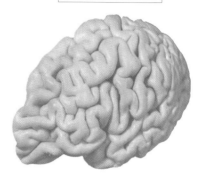

杏仁核

視丘

下視丘

海馬迴

邊緣系統

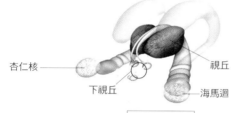

中腦

橋腦

小腦

延腦

脊髓

脊髓

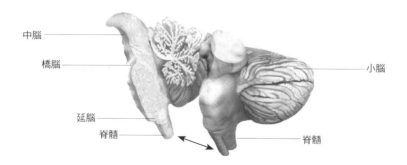

腦的演化

魚類的腦

爬蟲類的腦

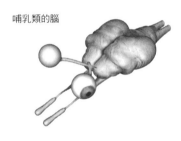

哺乳類的腦

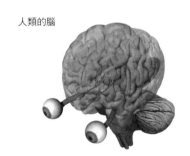

人類的腦

透過解剖，人的大腦顯示出它自己的演化歷史。人從水裡而來，魚類發展出一根管子，把神經從身體遠端帶回中央控制點。剛開始只是脊椎終端突起一點，然後神經把它們自己分類成各有特殊性質的模組：有些對分子敏感，形成我們今天的嗅腦；有些對光敏感，形成眼睛。這些全都連接到控制運動的一團神經，也就是小腦。這些部分聚集在一起形成腦幹，又稱「爬蟲類的腦」，純粹是機械性的、無意識的過程；其中最基本的部分仍然沒有變，並形成後來發展出來三層系統的最下面一層。

在這層系統之上，更多的模組逐漸發展出來：視丘使得視覺、聽覺和嗅覺可以一起使用；杏仁核和海馬迴創造出一個粗略的記憶系統；下視丘使得有機體能對更多的刺激產生反應。這就是「哺乳類的腦」，也稱為邊緣系統，情緒是在這裡產生，但是它的意識的名稱，我們叫做憤怒，或是恐懼，是在邊緣系統把這個資訊傳送到比較近代才演化出來的皮質時，我們才會知道我們所感受到的情緒究竟是憤怒，還是恐懼。

大腦皮質是在哺乳類演化的過程中出現的，感覺模組觸發了一層薄薄的細胞基質的發展，它的基質形式使得許多神經可以彼此連接起來，但是大小只增加一點點。這一薄層就變成了皮質，由此，意識就出現了。在哺乳類演化成人的時候，皮質變得越來越大，將小腦推擠到現在的位置上。三百萬年前的南方猿人（Australopithecus Africanus）有個十分像人類的腦，但是只有現在人類的三分之一大。一百五十萬年以前，類人猿的腦突然增大，如此突然使得腦殼被往前推而鼓了出來，造成高而平的前額及圓形的頭頂，使我們與其他的靈長類不一樣。這個擴張最大的區域，與思考、計畫、組織和溝通能力有關。

很多理論都被提出來解釋人類這個「大躍進」（great leap forward），但是它發生的原因很可能是這些理論綜合起來的結果。

雙足站立

類人猿類大約在四百萬年前站起來了，即可能是因為住在沼澤中和水邊，常需要涉水，也有可能是住在非洲大草原，後腳站起來看得比較遠。

兩隻腳站起來後，手就空出來了。這可能導致工具的製作。站起來也可能使喉頭下降，所以可以發聲。能夠清楚的發音是語言發展的一個必要的條件。

但是，這也帶來麻煩，就是生產（請見延長的嬰兒期）。

水生的生活型態

早期的人類可能經過了一個很長的半水生（semi-aquatic）時期，使他們發展出光滑的皮膚、被蓋住有保護的鼻子、皮膚下的分泌油脂囊，及其他現代人類所特有的器官。根據這個理論，大腦的發展加快了，因為吃海產的關係，因為魚類富有建構大腦所需的脂肪酸，又同時也使人類站了起來，因為需要在沼澤中涉水而過。

工具的使用

工具的製作大約是兩百五十萬年前的事，即製造的過程可能強化了手眼的協調。這動手的操作也可能使大腦開始用手勢，使遠處的人也可以相互溝通，這又促進了打獵，幫助部落的人溝通而更團結。手勢是語言的前身。左腦原來用來處理手勢的地方後來慢慢發展成語言區，而語言是人類所獨有的。

打獵

有效的工具和比較好的部落溝通使得打獵更成功，而富有蛋白質的飲食使得身體可以負擔比較大的腦。因此，比較好的工具和溝通方式使得大腦變大，而大腦變大又使工具可以做得更精良，成為一個正回饋。

延長的嬰兒期

大腦的變大加上雙足行走，這表示嬰兒必須還未成熟就出生，假如懷孕再久一點，嬰兒的大腦就會長得更大一點，女性的骨盆就必須大到讓嬰兒能夠出生，但是這樣她就不能跑了。

人類嬰兒的無助及嬰兒期和童年期的延長是因為嬰兒必須提早出生的緣故。而這使得母親必須依賴團體中的其他人；因此那些最有社交大腦的人就占了演化的便宜而繁殖得最好，延長的童年也給人類額外的時間去學習大人的行為，大腦可以保持著它的可塑性，因此就可以接受改變和發展得久一點。

語言

有人認為語言是在八萬年前因為文化的發展而突然產生的。語言替抽象的思考提供了一個架構，這個架構又促進了自我反思的發展和能夠去想像未來及遙遠世界的能力，因此人類可以計畫未來並能創新。

社會團體

人類群居而活，所以有了解操弄和跟別人溝通的壓力，因此演化就發展出社交技術、語言和抽象思考的能力。

皮質與新皮質（人類）　　　邊緣系統（哺乳類）　　　腦幹及小腦（爬蟲類）

看得見的心智

很多人對現在大腦造影技術可以顯現出某些心智活動感到驚奇，例如看見紅色或聽到某個聲音，大腦某個特定地方就會活化，兩者有很高的相關。事實上，造影技術顯現的遠不只這些。過去認為不可能客觀觀察到的東西，現在已有很多實驗成功的完成了。例如恐懼、對報酬的期待，還有愛和美的體驗，這些都被認為是不易驗證、不可能看到的主觀經驗，現在都可以找出它的神經機制（或是跟它有高相關的神經活動）。例如，要確定某人是否戀愛了，我只要給他看情人的相片，然後看他大腦中跟戀愛感覺有關的地方有沒有活化起來就可以知道。2004年，川畑秀明（Hideaki Kawabata）和我發表了一篇論文，顯示美的感覺跟眼眶皮質（orbitofrontal cortex）的活動有高度相關，這個部位的大腦是跟報酬有關的。

所以主觀的經驗可以在大腦中找到它的位置，也可以被量化。我們的論文並不是唯一顯示某個主觀的經驗可以量化到大腦某些部位活動的研究，至少有兩打的研究在不同的主觀經驗上都得到相同的結果。這對我來說，是大腦造影研究的重大成就。它堅定的把主觀經驗帶進了可以測量的科學領域。

本文作者

翟基（Semir Zeki）

英國倫敦大學學院神經美學（Neuroesthetics）教授。他認為美的感覺似乎是最主觀、最不能量化的東西，然而，現在可以在腦的掃描中看見。

一個大腦、一個心智、一個生命

我們沒有辦法想像完全的虛無。我們的心智機器是為了在大自然中生存而設定的，「不存在」超越了我們的能力範圍。這些對相信有來生的人是沒有關係的，這個有意識的人格只是在別處飄浮而已。大多數有這種奇怪信念的人並不只是宗教上的原因，靈與肉的分離是一個原始的直覺，它從我們演化成社會性動物開始出現，一直茁壯到最後進入中樞神經系統的硬體中，人類是天生的靈魂製造者，可以從觀察別人的行為中抽取出看不見的心智，假如心靈和肉體是可以看成兩個分開的個體，那麼就很容易看到肉體死亡後，心智生命可以繼續存在的可能性。

這讓我提出布洛克斯的矛盾（Broks's paradox）：我們傾向於相信心物二元論，即使已知它是錯的，我們還是會如此。神經科學家也不例外。請看一下下面這個想像的實驗，是哲學家帕菲特（Derek Parfit）所設計的：很多很多年以後，你去火星出差，那時的

本文作者

布洛克斯（Paul Broks）

英國普利茅斯大學資深臨床講師。他提出雖然我們在理智上會承認當我們死了，生命就終結了，但是認為我們的心智可以在沒有大腦的情況下自由飄浮、在肉體消失後仍然生存的看法一直持續存在人們的心中，於是他檢驗這個幻覺背後的原因。

交通工具已是用電子傳送的方式了，一部掃描器記錄你身體裡原子的細節，數位化後，把這訊息用電波傳送出去，你的身體在處理的過程中摧毀，但是在火星上可以用當地的材料再建構一個你，而且速度很快，只要無線電的訊號一被解碼就可以馬上做一個你出來。這個複製品是一模一樣的：同樣的身體、同樣的大腦、同樣的記憶、同樣的心智活動型態。這就是「你」，你完全沒有懷疑。大部分的神經科學家說他們願意接受這種輸送歷程。他們何必擔心摧毀和重新建構肉體？作為一個好的物質主義者，他們知道「自我」即靈魂的俗稱不過就是一堆經驗的型態靠著中樞神經系統的運作把它們綁在一起罷了。現在，請想像這個。有一部電子輸送機壞掉出了毛病，你被掃描了，訊息也送出去了，但是這次，你的身體並沒有像往常一樣蒸發掉。你的複製品已經自動建構完成了，開始去做應該做的事了，更糟的是，這部出了毛病的機器使你的心臟壞了，你在幾天之內就會死亡。現在，你會選擇做火星上的那個你，還是在地球上等死的你？這個問題對真正的物質主義來說不是問題，在第二個情境中，蒸發消失的過程被延緩了，只是如此而已。投射到火星上的那個人在這兩個情境中都是同樣的人。心理上的延續並沒有中斷，它還是維持著，就好像我們從今天睡到明天，心理上還是連續著。但是大部分人會為第二種情境感到不安。它打破了我們對電子輸送不會出問題的信心（因此也對物質主義有了懷疑）；假如那個替身（複製品）不是我的話……

你可以把它掃到一邊去不理，說這是「針頭上的天使」（angels on the pinhead）（譯註：這是十六世紀天主教的一個辯論），但是其實它很重要：相信死後還有另外的生命會把這個世界瓜分開來。與其相信意識在死亡之後還存在，不如把握現在，珍惜當下。

青少年期社會大腦的發展

本文作者

布萊克摩爾
（Sarah-Jayne Blakemore）
英國皇家學院大學研究員以及倫敦大學學院認知神經科學系副教授。

幾十年前，許多人會覺得大腦在童年過後還會巨大改變是件不可思議的事。現在，因為腦造影技術，科學家發現大腦在童年期之後還是繼續不斷的改變。有些大腦區域，尤其是前額葉區一直不停的在發展，甚至過了青春期之後仍然繼續。前額葉皮質跟很多的認知能力都有關係，包括計畫、做決定。它也是社會大腦（Social Brain）的一部分──也就是說，這個部分的神經網路跟了解別人的心智

和行為有關。

處理感官感覺大腦這塊的神經突觸數量，在童年的中期就到達頂點，但是在前額葉皮質的神經突觸還一直在增加，到了青春期才下降。

青春期是生命中改變最多的一個人生週期，在這期間，生理、心理都在轉變，從童年進入青少年。在青少年期的初開始，荷爾蒙濃度有劇烈的改變，它的後果就是孩子外貌的改變。這個時期的另外一個特徵就是心理的轉變，尤其是情緒、自我意識、自我認同，及跟別人的關係。最近神經科學的研究顯示荷爾蒙本身並不能解釋這些心理的變化，還有別的原因。

要了解別人必須能解讀他行為背後的心智狀態，如意圖和欲望，這個歷程叫做心智化（mentalising）。有一些最近的腦造影研究發現，從青春期開始一直到成年期的初期，內側前額葉皮質在做心智化作業時，大腦活化是降低的。例如最近有一個功能性核磁共振的研究用反諷理解作業（irony-comprehension task）探討青少年溝通的意圖。它的前提是，要了解別人的心智狀態需要有區分信仰與真實的能力，了解反諷需要區分字的表面意義與說話背後真正的含意。兒童在做這個作業時，內側前額葉活化得比成人同一區更多。研究者解釋這個現象為：兒童內側前額葉皮質活化的增加是反映了他們需要綜合好幾個線索來解決字義和字背後意思之間的差異。

最近另外一個功能性核磁共振的研究也發現，兒童在思考自己的意圖時，內側前額葉皮質也活化得比成人多。思考自己或別人的意圖以做出反應是需要了解人的意圖和欲望的。讓一組青少年和一組婦女看同樣兩組有關意圖和反應的情境句子，例如：你想要知道電影院在演什麼電影，你會去看報紙來找這訊息嗎？結果青少年的內側前額葉皮質活化得比大人多，顯現思考意圖時，需要動用到內側前額葉皮質。

在青春期時，內側前額葉皮質的活化有可能減低，因為青春期是額葉皮質在修剪突觸、去蕪存菁的時候，所以減少活化是為了執行所要求的作業。另一個可能的解釋是認知策略的改變，他們引進大腦其他區域來作思考別人意圖和反應的作業。

這個研究顯示，人類大腦持續被塑造，而且這個過程可以持續幾十年之久。青少年期在神經的改變上尤其重要。青春期大腦顯著的改變顯示只有荷爾蒙並不能解釋典型的青少年行為。

她的研究著重在青少年期心智意圖、了解別人的行為，以及執行功能的發展，她用各種行為作業和大腦造影來研究這些行為。

第 2 章

完美的分離

人類的大腦是兩個心智的結合。一邊腦半球便是另一邊的鏡影，假如一個腦半球在年紀很小的時候就失去了，另一個可以接收它全部的工作，頂替它的功能。一般來說，這兩個腦半球是用厚厚的纖維束聯結在一起，可以持續不斷地對話。傳到一個腦半球的訊息幾乎立刻就傳到另一個半球去，使兩邊幾乎同時接獲訊息。它們的反應如此一致，使大腦製造出一個天衣無縫的外界知覺及單一意識流動。然而，如果你將這兩個腦半球分開，它們的差異就顯現出來了。每一個腦半球都有它自己的長處和弱點，有它自己處理訊息的方式，及它自己特別的技能。每個半球甚至有它自己的意識王國：兩個人，很有效率的住在一個頭顱裡面。

兩邊腦各有所長

邪惡的（sinister），形容詞
1. 威脅或建議別人做邪惡、傷天害理的事；
2. 邪惡、背叛的（源自拉丁文sinister，原字為左邊之意）。
──以上出自於《柯林斯英語辭典》（*Collins English Dictionary*）第三版。

左腦是使現代人類成為成功種族的背後功臣。它善於計算、溝通、構思、設計複雜的計畫且能執行。但是左腦總是揹著名聲不好的黑鍋，西方社會總是用「左」來代表最不好的東西，如物質主義、控制狂、冷漠無情。而右邊的腦則被看成溫和、情緒化、與外界天人合一──通常是與東方印象連結在一起。

由於有這種看法，使得一些出版自助書籍及專門訓練右腦開發的小企業大發利市。有的書教你如何用右腦畫畫、用右腦騎馬，甚至用右腦做愛。你可以去上課學習如何與右腦接觸，有的大公司甚至僱請所謂的專家來測驗員工屬於左腦還是右腦傾向，然後依此分派工作。

這些都是無稽之談，腦科學家會告訴你，將左、右腦功能作固定的劃分根本就是神話。他們用一個字專門形容相信上述謬論的人：「dichotomania」（意為相信二分法的瘋子）。就像「現代骨相學」一樣，這個字有輕蔑之意，意指真正的情形實在太複雜，不可能這麼簡單就下結論。

大腦的確非常複雜，而且兩個腦半球間不停互動，這使科學家難以確定每一個腦半球在做什麼。即使是「語言」這種最顯著有「側化」（lateralization）現象的能力，都還有5%的人是例外。大腦同時也有很大的可塑性，它的神經路線受到外在環境各種因素的影響。即使是一個很正常的腦，在很特殊的環境之下，也會組織得很不一樣。不過，腦造影研究顯示，兩個腦半球的確有它們個別的特殊技能，而且是天生就設定好的，如果環境正常，某個技能一定會在那個特定的腦半球發展出來。

例如要找出一個聽到的句子的意義，左腦就到記憶堆中

去翻，看看這些字可能是要講什麼，然後找出這個人最期待要聽的。右腦則正好相反，它傾向於就這個訊息進來的情境去解釋這些字最正確的意義是什麼，而不是預設立場判斷這個字應該是什麼。這使得左腦在了解訊息的意義上非常有效率，但不是最聰明的方法；有的時候字裡行間的意思就沒有看出來（比如說，一個人在道歉，但是他的嘴角卻是鄙視的表情，左腦就會只聽到字表面的意思而忽略背後真正的意思）。右腦可以清楚的了解這訊息的意思，但是它沒有辦法告訴你它是怎麼知道的，右腦沒有辦法說出它的知識，表示它是靠直覺而不是清晰的思考。這是對的，因為右腦比左腦情緒化，尤其它專門處理恐懼和悲傷的感覺，一般來說，右腦比較悲觀。這是為什麼左腦嚴重中風的人，一般來說，都會表現出大難臨頭的行為，雖然他們的失功能只是中風的後果，並沒有他們以為的那麼嚴重，這是因為左腦受傷後，沒有辦法再去制衡右腦，所以右腦就把它自己強烈的情緒反應灌進意識中，病人就覺得他沒救了。

右腦受傷的病人正好相反，他們非常樂觀，覺得天塌下來總有別人頂，跟自己一點關係都沒有。美國有一位很資深的法官，在右腦中風之後堅持不肯退休，但是他已經不

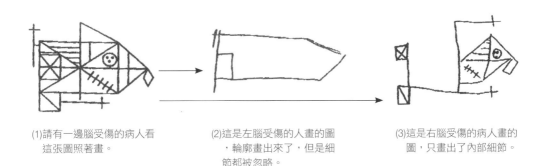

(1)請有一邊腦受傷的病人看　(2)這是左腦受傷的人畫的圖　(3)這是右腦受傷的病人畫的
　這張圖照著畫。　　　　　，輪廓畫出來了，但是細　　圖，只畫出了內部細節。
　　　　　　　　　　　　　節都被忽略。

能衡量證據、判斷是非了。他的法庭氣氛都很快樂，他讓重罪犯當庭開釋、殺人犯無罪走出法庭，但偷竊的青少年卻被判終身監禁不得假釋，引起司法界很大的風波。由於右腦受傷，他每天都很快樂，覺得自己一點錯都沒有，既然他喜歡他的工作、又沒有做錯事，為什麼要退休呢？有時候右腦受傷的人不肯承認自己身體半身不遂或眼睛看不見，這個情況叫作病覺缺失症（anosognosia），病人不覺得自己有病。

雖然右腦受傷的人很快樂，但如果要正確的了解一個笑話或是有幽默感，卻是要兩邊的腦共同合作。例如有個笑話說，一隻袋鼠走進酒吧坐下來，要了一品脫的啤酒，酒保很驚訝，但什麼話都沒說就端了一杯酒給袋鼠。袋鼠喝完後，起身問道：「多少錢？」酒保決定測試一下，看袋鼠是否像別人說的那麼聰明，於是他隨便講了一個天價。袋鼠二話不說，掏出錢就付了帳，酒保鬆了一口氣，他確定人類還是比袋鼠聰明，自言自語道：並不是常有袋鼠送上門來。

現在，這個笑話有三個可能的答案：(1)袋鼠聽到就拔出槍來把酒保射死了；(2)坐在旁邊椅子上的人承認他會腹語術，是他訓練這隻袋鼠喝啤酒；(3)袋鼠回答道：「啤酒有這種價錢，我一點都不驚訝。」

很明顯的，答案是(3)，但是右腦受傷的人會選(2)，沒有幽默感的人也會選(2)。左腦受傷的人則選(1)，因為這是最令人驚訝的結局。

這樣的差異很可能是因為左腦會產生趣味感，所以有任何一點可笑的線索出現，就會預備好要發笑，有點像前面提過那個左腦半球接受刺激的癲癇女孩，因此，一般的情況原本沒什麼好笑的，她也會笑。右腦平常負責「懂」笑

話，因為它會注意到笑話缺乏邏輯性，而這正是笑話為什麼好笑的原因。這可說是輕微地警覺到：「事情有點不對勁」；事實上，這也是一種輕微的恐懼，因為有一點不對勁。只有右腦能力的人可能會認為任何令人驚訝的結局都是好笑的。

只是，右腦的警覺性和左腦的快樂兩者結合，仍然不足以了解笑話。幽默還需要「有意義」才會好笑。於是，看

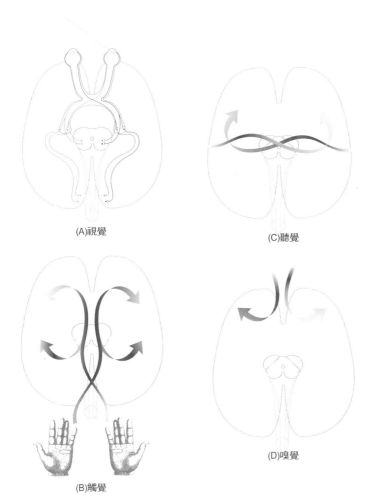

(A)視覺

(C)聽覺

(B)觸覺

(D)嗅覺

大部分進入大腦的感覺輸入，都是從進來的一邊橫跨傳到對面的半球去。一旦訊息進入一個腦半球，也就立刻透過胼胝體送往另一邊去。(A)從兩個眼睛的左邊視野傳進來的視覺訊息，會傳送到右腦去，而右視野的訊息進入左腦。(B)除了某些臉部神經以外，從某一邊身體傳上來的神經路徑都傳到另一邊的大腦。(C)大部分的聽覺是在訊息輸入那個耳朵的對面大腦進行處理。(D)嗅覺是這個「對方處理」原則的例外，味覺是在輸入鼻孔的同一邊腦處理。

到一個英俊的人踩到香蕉皮滑跤並不好笑，但是看到一個壞蛋摔跤就大快人心。意義來自把所有的笑話線索蒐集在一起，包括情境、假設，以及來自我們自己偏見的知識。

幽默是一種具有擴散性、邊界不清楚的東西，它代表一種品味，即使是最高明的電腦也很難被教會了解幽默；這也是需要兩邊腦通力合作才行的最顯著例子。但相反的，特殊的功能通常會被側化到某一邊腦半球去，如空間能力就是非常顯著的右腦專長，假如右邊的海馬迴和頂葉受損，一個人會在他自己的家中迷路。有個病人就找不到他家的大門，當他要出門時，他需要花五分鐘打開所有的門，才知道哪一個門是通往外面的。

大部分一邊腦受傷的人，在一段時間過去後，情況都有改善。有的時候是沒有受傷的一邊接替做原來的工作，它可能無法以原來的方式去做或做得一樣好。例如找不到門出去的人，他的左腦可能把這項工作接過來做，用左腦的特長去處理這個問題，透過順序記憶和推論，記住大門是從廚房門算過去第三個門。同樣的，辨識一張熟悉的臉是右腦的專長，在腦傷以後有時會失去這種能力。

臉型的辨識並不需要思考，就像右腦的功能一樣，它就這樣自然發生了。假如右腦受傷以致失去這個能力，這時左腦就會特別去記住這些熟人的特徵，然後用比對的方式來辨認。這種方式常不成功，使得病人在社交場合出糗，有一位病人在經歷一次這種發窘的事件後，堅持在他太太頭上綁個大紅的蝴蝶結，免得散會時錯把別人的太太帶回家。

右腦對掌握整體很在行，而左腦在處理細節上很在行。右腦的其他長處還包括在一個複雜的背景中找出隱藏的圖形，或是快速瞄一眼就看出物體形狀，這對我們祖先需要

很快且正確的辨識出敵人（掠食者）很重要。相反的，左腦擅於分解複雜的型式，轉變成組成它的各部分，這可能使我們在辦公室中擁有生存的價值，但是在野外會「見樹不見林」，尤其會看不見躲在樹後露出一半身子尋找晚餐的野熊。

幾乎所有能想到的心智功能都是完全或部分側化。現在還不清楚為什麼會有這種情形，但是傳進來的訊息似乎會在大腦中分成好幾個平行進行的管道以便處理，每一個管道都有自己特殊的處理方式。對某一邊腦來說比較有趣的訊息，會對這邊腦有較強的激發，你可以在大腦掃描上看到這個現象，掌管這個工作的大腦一側會率先亮起來，而位於相對位置的另一邊大腦，顏色就黯淡得多。

一般而言，每一邊大腦所選的工作都密切配合它自己的專長，看是整體性的，或是分析性的。這兩個腦在工作型態上的差異，可能是來自生理結構上的差異。假如你把腦半球切開，你會看到它是由灰質和白質所構成，灰質是細胞體，主要是位於皮質部分（皮質只有幾公釐的厚度），而白質則在灰質的下面，由厚厚的軸突束所組成，使訊息在細胞之間傳遞。

灰質和白質在大腦裡的分布並不平均，右腦有比較多的白質，而左腦灰質較多。這個在顯微鏡下才看得到的差異其實很重要，表示右腦的軸突比左腦長，也就是說，右腦所連接的神經元平均來說多半比較遠。既然做同樣事情的神經元常會聚在一起，這表示右腦比左腦更能將不同的模組同時連在一起，借用到它們的特色。這種長距離的軸突或許可以解釋，右腦為什麼會得到比較廣泛、比較模糊的概念，或許也幫助右腦將感覺和情緒的刺激綜合在一起（如欣賞藝術），甚至把原本不相關的東西連繫在一起，提

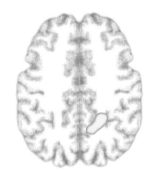

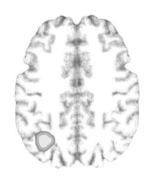

D
D
D
D
DDDDD

集中注意力在右邊的「L」上時，會增加右腦的活動力，如圖A。如果是注意到一堆「D」，則引起左腦的活動，如圖B。這兩張大腦掃描圖顯示，兩邊大腦對同一個刺激的不同層面有不同的處理方式。

供了解幽默的基礎。左腦，相反的，是比較緊密的組織，所以很適合做那些需要緊密互動、快速反應的工作。

有些研究也顯示左腦產生比較多的多巴胺（或是說，對多巴胺比較起反應），而右腦比較對正腎上腺素敏感。多巴胺是「驅動」的神經傳導物質，驅使人們朝目標前進，不管障礙是什麼，而正腎上腺素是使人警覺，對環境的危險更敏感，提高左腦的活動可能會產生強勢主權、爭議的行為出來，而右腦比較退縮和恐懼。有一個實驗是把受試者隨機分成兩組，實驗者使一組覺得他們在社會階級上比人高一等，自己很能幹，而另外一組則使他們覺得自己一無是處，在社會階級的最下端。在他們有這種感覺時，實驗者蒐集他們腦波（EEG）的資料。結果發現因實驗的操弄而提高自己身價的人，他們左半球的活動比較強（相較於認為自己不行的那一組），每一個腦半球有它自己不同的角色要扮演。

用一個想像的（極端右腦化的）比喻來說明：你可以想像兩個腦半球是個扁平的黑銀幕的兩半，將影片複製成兩組，同時投射在兩個銀幕上，你要從銀幕上盡可能讀取訊息。銀幕需要塗上白色才能反映出影片來，但是你只有一罐白漆，不夠塗二個銀幕，然而你不能只塗一個卻不管另

一個，因為兩邊都會有重要的訊息出現，必須用一半的漆塗左邊，剩下的漆塗右邊。這時，你該怎麼辦？

一個解決方式是薄薄的把一邊銀幕全部噴滿，然後另一邊只挑重點上漆，將你認為會有重要訊息出現的地方塗得很白，以便能正確捕捉訊息，其他的地方只好不管了。因此，當影像投射到右腦，你會看到模糊不清的輪廓，但輪廓是完整的，而左邊會有詳細的局部影像，但是沒有整體的形狀。

用這種方法不停地掃描兩邊銀幕，你會得到一個整體的印象，左邊是細節，右邊是大致發生的印象。

我們的左右半球似乎就是這樣運作。每一邊貢獻所長，將訊息在左、右兩邊間不斷運送，來得到一個完整的影像

胼胝體是很厚的神經纖維束，大約有八千萬個軸突所集合而成，它將一個神經細胞跟另一個腦半球相對應的神經細胞連起來，兩個腦半球透過中間這個神經橋梁，不停的對話。

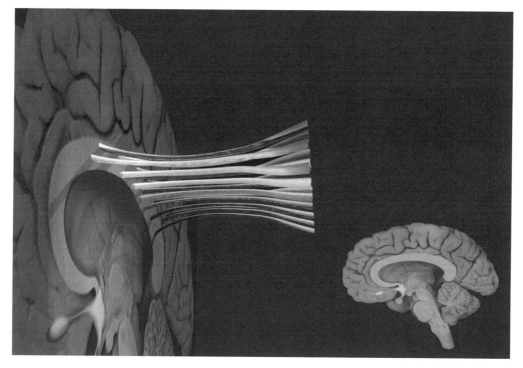

。利用胼胝體將訊息來回的輸送，送出最強訊息的腦半球是贏家，使我們的思想有意識的內涵，雖然有時候在命令我們的行為時，並不是永遠都是贏家發號施令。

再用一個比喻：兩邊的腦半球就好像結婚多年的夫妻，長久以來各做各的已經習慣了。能言善道的一方發號施令，使每天的例行公事都能完成，比如說思考、計算、處理外界事務等。另外一邊屈居幕後，安靜的做分內的事，不斷用她的特長偵察社交環境中有無任何影響他們權益的威脅。由於兩人溝通良好，雙方都知道對方在忙著什麼，所以再難的工作在通力合作之下也可勝任。

大部分的時間裡，他們的婚姻是很和諧的。外表上看起來，有意識的決策好像只是主控的一方在作決定，其實兩邊都有份，兩方的意見都會被採納。偶爾溝通不良，主控的一方忽略配偶的意見，逕自以自己的想法為依歸，就會產生家庭糾紛，情緒暗潮洶湧卻又說不出所以然來。相反的，安靜的一方有時會繞過配偶一向的控制，逕自以直覺作出行動。我們常在這種事後很窘地說：「我不是故意要這樣說／做，我只是沒辦法控制我自己。」

有時候，某個腦半球沒有獨斷而行，是因為沒有接收到另外一邊傳來的全部訊息。連接兩個腦半球的胼胝體可以在千分之幾秒內將訊息傳送到對面，但是偶爾會有某個訊息沒有傳送過去，只留在原來的腦半球。而有的時候，進來的訊息是某一邊腦非常適合運作的，它會將訊息扣留住，或許只會傳送模糊的訊息給另一方，使對方只是彷彿知道有這麼一回事而已。

我們都經驗過這種微妙的情況，如不小心說出很奇怪的話，自己也不知道這從何而來；有某種感覺說不上來為什麼會如此；硬是把一個東西看成另一個東西；檢查了三遍

這是一堆沒有意義的黑點，還是一隻大麥町狗嗅著地上的東西？腦的左半球讓你只看到線條，而右半球則可以看到狗。

也看不出錯誤等等。傳統上，心理分析學派把這些情形看成內在衝突，但事實上，這是兩邊腦半球訊息交換不完整所造成，通常下面這種句子就是表示溝通不良：「我知道他所說的話有不對勁的地方，但是我就是指不出來錯在哪裡」或是「我知道大難臨頭了，但是似乎還沒有發生」。第一個情況是，右邊的大腦似乎看到了什麼，但是左邊的腦只捕捉到影子；第二個情況則是，左邊的腦已經知道某事將要發生，但是右邊還不知道。

不了解某個感覺，並不會使我們不對它產生反應。很多人類的行為都是基於右腦的直覺，我們每一分鐘都收進很多的訊息，但是只有極少數進入意識界。其餘的進入大腦後，只是像帶能量的小顆粒浮游著，沒有留下任何痕跡；有一些可能恰足以用來在右腦製造出短暫的情緒反應，但是不足以引發左腦的意識覺識。有時我們會看到奇怪的、自己跑出來的影像，彷彿驚鴻一瞥，或是說不出來為什麼

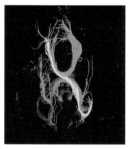

在極少的情況下，胼胝體沒有發育，所以兩個腦半球不能正常的溝通，最近在加州帕薩汀納（Pasadena）崔佛士研究院（Travis Research Institute）的生物心理學研究中心（Center for Biopsychological Research Institute）的研究顯示，這種病人通常有像亞斯伯格症的行為，有社交上的困難，只聽得懂字面上的意思，不能了解細微複雜的情境，他們通常也有眼手協調上的問題和辨識再認上的問題。上圖紅色區域為正常大腦兩個腦半球中間密度很高的纖維束，使訊息可以左右溝通。下圖為胼胝體發育不全的人，他只有很細的神經束，只能運送很少的訊息，這種訊息的交換當然就很低了，見下方黃／綠色的神經束。

心情不好，很可能就是這種不完整的刺激所造成。

這種微妙的感覺或轉變，很可能是因為左腦偷懶，所以沒有產生足夠的抑制力量送過去管束陰晴不定的右腦。因此，當左腦做一些它擅長的事時，如閱讀、聊天甚至處理稅務，都能使你從低潮或焦慮中走出來。同樣的，失戀感到悲傷時，全力投入工作可以抑制右腦的情緒反應；傳統方法叫你不要去想它、繼續過日子的治療方法，其實是像把一個蓋子緊緊地蓋在發酵的桶子上，遲早要爆炸的。現在的諮商和心理治療方法，會鼓勵你說出來，把情緒發洩掉。

談話治療在某些情況下是有效，但是這個效果很可能不是因為允許情緒自由奔放，而是談話幫助我們把感覺提昇到皮質層次，使它可以被有意識的處理。最成功的心理治療法之一是認知行為治療法（cognitive behavioral therapy, CBT），從定義上來看，就包括了左腦的活動，談論和思考情緒使我們可以控制它，所以它無法再吞沒我們。從另一方面來講，只是讓情緒漲起來直到把我們吞沒並不是一個好辦法，假如它一開始時就是個痛苦的經驗的話，這可能會使我們更痛苦。這種只是讓受創者談論他的痛苦經驗的創傷後壓力症候群治療法會使病人更加痛苦，而不是減輕痛苦，因為談論只是加強了他恐怖的記憶，而這會更加強他害怕的情緒。假如病人是被鼓勵用正向的情緒去取代負向的話，他可以轉化這種負面情緒，病情會好很多。

這種左／右腦分離的現象，常常可以在我們對藝術的反應中看到。「我很喜歡這幅畫或藝術品，但是我不知道為什麼」，這顯示是右腦在欣賞這個藝術品，但沒有被左腦分析。許多廣告設計就是要探索印象派右腦與批判性左腦之間的差異。有廣告使用視覺影像而不用文字，就是為了

要衝擊右腦而不一定讓左腦知道。廣告的目的當然是要我們買這個產品，而且是利用我們的衝動，不要我們理性地分析產品。

但是我們不願意承認這一點。對左腦來說，不理性的行為簡直不可接受。有一系列的著名實驗顯示，人們不承認他們會做出武斷的決定。例如有個實驗把一堆絲襪放在桌上，一群受試女性可以去挑一雙，當她們被問到，為什麼選這雙而不選其他雙時，每位受試者都有一套詳盡、合理的理由，包括了顏色、質料到品質的細微差異。事實上，所有絲襪是完全相同的，這些婦女的「選擇」，基本上是為了合理化解釋她們這個不可解釋的行為。

你一定馬上就可以了解，這就是我們日常生活中常常經驗到的，抬高情緒化或武斷行為的身價來掩飾自己的行為：選擇某一種膚色的員工而不聘另外一個同等能力的人。我們繼續不斷分析、解釋自己和別人的行為。事實上，不斷解釋我們的行為，每解釋一次就更昇高一層，而這變成人類天生的嗜好。這也可以解釋為什麼佛洛依德的心理分析學派雖然沒有任何證據得以證明有效，卻仍然盛行了幾乎一個世紀之久，那些可以負擔昂貴心理諮商費用的人仍然趨之若鶩。

我們要把自己行為合理化的慾望，有其演化上的價值。人類能夠存活到今天，主要是因為有複雜的社會行為，從打獵的團體到政治的團體都有。要一起工作，我們必須對別人和對團體有信心，必須相信這個團體所做的事是基於理性的判斷。當然，就某個層次來說，我們是在自己騙自己。例如，任何一個政府、任何一個社會都有某些政策是不理性的，然而沒有任何一個政府成員會承認這點，他們會把政策的制定合理化。我們可能會看穿政客的伎倆，但

是我們還是寧願他們這樣做，因為這使我們覺得安全。

同樣的，把行為合理化也使我們對自己的理性有信心。你在生活周遭隨時可看到：一個母親被她不聽話的小孩弄得很煩，如果一再講不聽，這個母親可能會大罵或揍孩子或不理他。當孩子大哭說妳為什麼這樣做時，母親會把她的行為合理化：因為你不乖、不聽話。或許夜深人靜等孩子睡了，母親比較輕鬆時，她會覺得白天發生的事有點不對，但是在當下那刻，她一定會為她的行為找理由，不然她對自己帶孩子的信心會打折扣。任何理由都比沒有理由好。

奇特的裂腦病患

> 「不知道為什麼，我覺得很害怕，」一個女人說：「我覺得心驚肉跳……我知道我喜歡葛詹尼加博士，但是現在我很害怕看見他。」
>
> ——裂腦（split brain）病人對研究者說的話

這位病人V.P.是應該覺得心驚肉跳，她剛剛看了一段殘忍的凶殺案影片，這個經驗嚴重影響她的情緒。謀殺案只發生在電影中，而負責這個研究案例的神經學家葛詹尼加（Michael Gazzaniga）並不是電影裡的壞人，但是她並不知道這些事。雖然她在看電影時是清醒的，但是現在她不記得她看過影片，只記得有閃光，所以她只能就現在的情境來解釋她的情緒，包括坐在她面前的實驗主持人。

V.P.的情況是因為她的大腦被分成兩半，因為她有嚴重的癲癇，醫生只好把連接兩個腦半球中間的胼胝體剪開，使一邊腦的隨機電流活動（她的痙攣來源）不會傳到另外一邊去，以免整個腦都被癲癇的痙攣所吞沒。這種手術使

得她產生最奇怪的副作用。

V.P.是把自己貢獻出來做科學研究的第二批裂腦病人。第一批病人接受心理生物學家史培利（Roger Sperry）的研究，他在1981年獲得諾貝爾生醫獎。史培利的實驗顯示，大腦是個模組化的系統，而不是一個全部同質性的黑盒子。他與麥爾斯（Ronald Myers）把貓的大腦分成兩半，你可以教一邊的腦去按橫桿以得到食物，但是另外一邊的腦完全不知道這樣做可以有東西吃。

人類的意識也可以這樣分離嗎？裂腦的病人提供了最好的驗證方式，因為他們的腦半球被分離了，而且人類會說話，可以直接報告內心的感覺。史培利設計了一系列的實驗，顯示每一個腦半球在分開獨立時可以做些什麼事。

有一個典型的實驗，由一位加州的家庭主婦N.G.參與進行。

N.G.坐在電腦螢幕前面，螢幕中央有一個黑點，實驗者要求她的眼睛一直凝視在這個黑點上，這是為了確定從一隻眼進入的影像只投射到一邊的大腦去。實驗者在黑點右邊短暫地投射一個杯子的影像，只停留在螢幕上二十分之一秒，時間短到只能讓單一影像被看到，但是不夠長到讓人轉動眼球使兩個眼球同時聚焦（同時聚焦才能使訊息同時傳送進兩個腦半球），所以杯子影像進入N.G.的左腦半

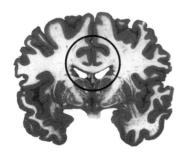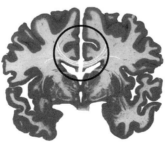

只要將胼胝體切開，就可以將兩個腦半球分離。

視覺訊息在兩個腦半球之間流來流去，使每一邊腦都擁有整體的圖像。

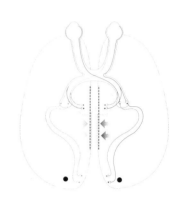

在裂腦病人身上，假如眼睛凝視不動，視覺訊息就只留在每一邊的大腦中。這表示每一邊的大腦只接受到相對另一邊視野的訊息。

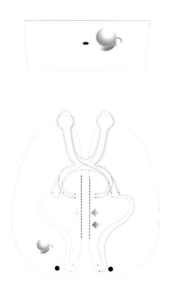

這個杯子的影像只到達左半球，因為兩邊大腦是分開的，影像沒有辦法傳遞到左腦去。

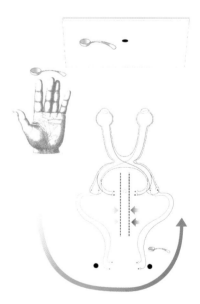

湯匙的影像只到達右腦，而因為右腦沒有說話的能力，所以受試者無法報告他看到了什麼。不過，他的左手知道他看到了什麼，因為左手也是由右腦控制的。

球，但是沒有辦法進入右半球，因為中間的胼胝體被剪掉了。當實驗者問她看到什麼時，她回答「一個杯子」。

接著，一張湯匙圖片呈現在螢幕的左邊，所以影像進入N.G.的右腦，這一次，當問她看到什麼時，她回答「什麼都沒有」。於是實驗者請她把左手伸到螢幕下面的盒子裡，摸出一件與她剛剛看到的一樣的東西。她的手在杯子、梳子、刀、筆之間摸過，最後選了湯匙。當她的手還在螢幕下面，看不見手裡拿的是什麼東西時，實驗者問她手中握的是什麼，她回答「鉛筆」。

這個實驗讓史培利了解N.G.的大腦在做些什麼事。N.G.是慣用右手的人，我們已經知道，大部分慣用右手的人的語言中心在左腦，所以當杯子的影像送到左腦去時，她可以正確的說出名字來。而當湯匙的影像送到右腦時，因為右腦不會「說話」，所以她無法告訴實驗者她看到了什麼，所謂的「什麼都沒看見」，其實是她的左腦在說話，因為左腦是唯一會說話的腦。由於左腦跟右腦分離了，所以她說的是真話；左邊的腦的確什麼都沒有看到，因為胼胝體被剪開了，湯匙的影像沒有傳到左腦來。

不過，這並不表示湯匙的影像沒有傳進腦裡面來，當受試者用她的左手去選擇右腦所看到的東西時，她會選湯匙，因為左手是由右腦控制的，但是當實驗者問她手中握的是什麼東西時，她又碰到了同樣的問題。右腦還是沒有辦法告訴左腦到底左手握的是什麼，這時左腦就來幫忙了。由於左腦無法知道右手握的是什麼，它又看不見湯匙，因為手放在螢幕底下的盒子裡，但是它知道手裡有東西，所以就用猜測的或用歸納法。左腦精通於歸納法，它評估可能會有什麼東西可以放得進螢幕下面的小盒子，鉛筆似乎是個不錯的選擇，所以它就說了「鉛筆」。

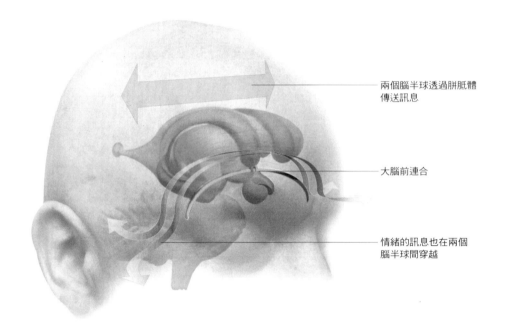

兩個腦半球透過胼胝體
傳送訊息

大腦前連合

情緒的訊息也在兩個
腦半球間穿越

大腦前連合位於胼胝體的下
面，連接了兩個腦半球負責
潛意識工作的邊緣系統結構
，並在兩者之間傳遞情緒的
訊息。大腦前連合並不連接
腦的意識部分，所以文字與
思想之類的訊息不能由此路
徑傳遞。

　　這個實驗清楚地說明了，明確的事實訊息無法穿越兩個
腦半球，那麼，情緒的刺激呢？胼胝體是兩邊皮質間唯一
的橋梁，但是在胼胝體底下還有個舊的通道「大腦前連合
」（anterior commissure），它連接皮質下深層的邊緣系統
。情緒便在這大腦的地下世界裡引發：威脅來時，這裡會
送出警報；它會立刻把虛假的微笑登錄下來；一看到有吸
引力的異性，慾火會從這裡點燃。

　　這些都是在潛意識裡發生，但是在邊緣系統有幾百萬個
堅固且廣泛的雙向神經連接，將訊息傳到產生意識的皮質
區去。意識大腦所注意到的每一件事，假如在情緒上是重
要的，都會由皮質送往邊緣系統，於是這裡就會出現一個
基本的反應。反應會再送回皮質，皮質再把它處理成複雜
的、對情境敏感的感覺，這就是當我們談到恐懼、憤怒、
發窘或戀愛時的感覺。

在裂腦病人身上，這些精緻的感情表達無法從一個半球送往另一半球，但是皮質下層所引發的基本情緒反應，還是可以透過大腦前連合來傳遞。這種情形就很像一棟雙塔大樓之間只用地下走道相連。

加州大學的葛詹尼加與紐約大學的李寶（Joseph LeDoux）合作，在第二批裂腦病人身上做了一系列的實驗。另一位研究裂腦的翟戴爾（Eran Zaidel）發明了一種會反射光線的隱形眼鏡，使影像只有一邊的視網膜讀到。戴上這種隱形眼鏡的受試者，即使轉動眼睛也不會看到兩個視野的影像，因此可以將比較長的或比較詳細的訊息傳到一邊的大腦去。

在一個實驗中，葛詹尼加和李寶讓一位女裂腦病人的右半球看一部很殘忍的電影，內容是一個人把另一個人丟到火裡去。這位病人V.P.並沒有意識到她看到的是什麼，就像N.G.一樣，她也回答：「只看到一些閃光，或許有一些樹，紅色的樹，像秋天的樹。」然後她告訴實驗者說：「我不知道為什麼，但是我覺得很害怕……我覺得有點心神不寧。我不喜歡這個房間……或許是你的關係，你使我很緊張。」然後她壓低聲音說：「我知道我很喜歡葛詹尼加博士，但是現在，我很怕他，不知為什麼。」而如果將愉快的影像傳到右腦去，同樣的潛意識情緒反應也會產生；葛詹尼加和李寶發現，海浪、落葉樹林等景象，會使病人有寧靜詳和的感覺。

顯然，右腦雖然不會講話，但可透過意識的心智讓它自己得到感覺。但是，這個大腦半球中究竟發生了什麼事？假如它可以說話，它會說什麼？

史培利的裂腦病人似乎完全沒有右腦的說話能力，但是在葛詹尼加和李寶的病人中，有兩個病人的右腦偶爾會有

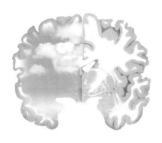

假如把一個溫和的影像送入裂腦病人的右腦，則右腦會產生一個有意識的情緒反應，但其實受試者根本無法意識到這個影像的存在。

說話能力，如同左腦一般。因此，這些病人可以告訴我們右腦的內部情形。

兩個不同的心智

在生活起居上，M.P.進步得很快，她可以煎蛋卷了，但是左手會來「幫忙」，先是把幾個不需要的蛋整個連殼丟進鍋裡，然後加入還沒有剝皮的洋蔥，最後把鹽罐子都丟入鍋中。有的時候左手甚至故意阻止右手做事。有一次我請她把右手穿過一個小洞，她說：「不行，另一隻手拉著它。」我把頭伸過去看，發現她的左手緊緊扣住右手的手腕。　　——摘自實驗報告

你可以想像你的一隻手不聽使喚的情形嗎？當你的一隻手剛把襯衫鈕扣扣好時，另一隻手竟然伸過來，把它一個一個解開，而你只能看著它，一點辦法也沒有。你的手伸出去，從超市的架子上拿了一堆你不要買的東西，放進購物車中，最糟的是，你伸出一隻手愛撫情人的臉頰，卻看到你的另一隻手緊握拳頭打出一記右鉤拳。這些事情都真的發生在精神正常、看起來沒有什麼毛病的人身上。上述現象的醫學名稱叫作雙手衝突（inter-manual conflict），研究者則暱稱它為「他人的手」（alien hand）。

「他人的手」會發生在一邊或同時兩邊的輔助運動區受損的人身上。輔助運動區在腦的上方，位於控制運動的運動皮質前方。有些案例則發生在胼胝體受損的人身上，有些手不聽使喚的人，如那位煮菜有問題的女士，是因為腦溢血或中風，不過大部分則是因為癲癇而做了胼胝體分離手術的人。

每一個腦半球都會控制自身的生理現象，主要是左腦控

制右邊、右腦控制左邊（臉部神經的安排則有一點點不同
）。所以，如果要伸右腿，左半球必須送出指令，反之亦
然。不過，整體的控制則由主控的腦負責（通常是左腦）
，這是最早作出「伸右腿」這個決定的地方。左腦送出指
令，主要是抑制的指令，透過胼胝體到達右腦。這個系統
運作得很好；一個頭顱內只能有一個王。

一旦把兩個腦半球中間的連接剪斷，這個命令系統就瓦
解了，對裂腦病人來說，抑制指令就不能從一邊腦傳送到
另一邊腦去，但是大部分的時間其實沒有什麼影響，因為
兩個腦半球都對自己份內的事情非常純熟，它們可以像正
常情況一樣的運作。偶爾，右腦決定要做一些原來左腦做
得很好的事，但因為沒有溝通管道，使左腦完全不能阻止
右腦的行動，兩邊腦就變成你所看到的，互相爭奪控制權
了。

舉例來說，有位裂腦女病人報告，她早上起床穿衣服要
花好幾個小時，因為她的「他人的手」一直想要命令她穿
什麼衣服。一次又一次，她的右手伸進衣櫥拿了一件衣服
，左手卻伸出來拿另外一件。有一次她的左手緊抓一件衣

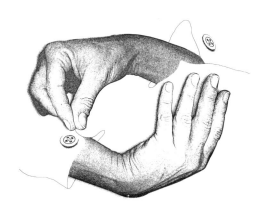

服不肯放，她完全沒有辦法讓左手服從她的意志，要不是得穿上左手抓的那件衣服，不然就得叫別人來鬆開她的手。有趣的是，左手挑的衣服通常是顏色比較鮮豔、比較流行的款式。

另一個病人的手堅持要把褲子拉下來，每次一隻手把褲子拉上來，另一隻手就把它拉下去。第三個人則是發現他的「他人的手」解開襯衫扣子的速度跟另一隻手扣上的速度一樣快。那位把沒敲破的蛋丟進鍋裡的M.P.女士，發現她必須預留半天來打包行李，因為她每放一件衣服進皮箱裡，「他人的手」就立刻把衣服拿出來。

大部分「他人的手」只是很討厭或令人哭笑不得，「就好像有兩個頑皮的小孩在我的頭裡面，兩人不停的爭吵。」M.P.說。偶爾，「他人的手」不只是惡作劇而已。有一個病人報告說，當他用右手去擁抱太太時，竟看見左手揮起一個勾拳把太太打倒在地上。M.P.也報告說，她的「他人的手」不讓她跟她先生親熱。她先生說，他是拉鋸戰的焦點，一隻手把他拉過來擁抱，另一隻手則把他推開。

雖然這隻「他人的手」很少做出暴力行為，但誰知道有一天會不會發生這種情形，出了個謀殺案，而被告說：「不是我做的，是我的手做的。」有「他人的手」症狀的人，非常害怕不聽話的手會做出什麼傷天害理的事來。有個病人晚上不敢入睡，他很害怕他的手會乘他熟睡時把自己勒死。

兩隻手相抵觸的行為反映出我們大腦的二分法本質：前／後；抓／放；戰／逃。誰贏誰輸通常是由主控腦來決定——「他人的手」的動作只是顯現假如我們內在的衝突沒有一直在控制中的話，就會出現這個現象，這並不代表我們有兩個相互矛盾的意圖——我們通常抑制的只是反射反

應（reflex）而已。但是這個他人的手其實是從心靈深處跑出來的說法的確有很強的吸引力。

或許，這個現象或多或少可能是難纏的「另一個自我」在作用。這隻不聽話的手幾乎都是左手，所以它們的行為是由右腦控制的，而我們剛剛已經了解，右腦是不會講話的。由於右腦無法交談、溝通，使得很多研究者認為，右腦是受到左腦主宰的無意識奴隸，無法形成自己的企圖和觀念。

也許不盡然如此。葛詹尼加在加州大學研究的病人中，有一個人叫作P.S.，他的右腦有足夠的語言能力，可以了解短的句子及單字。更奇特的是，他的右腦可以用文字來溝通。

不過要與他的右腦交談，需要很精密的儀器設備或實驗設計。用說話方式提問題，不能像影像一樣只送到一邊的腦半球去，即使是裂腦的病人，語音還是會同時跑到兩邊

兩個腦半球的差異，可以顯現在這張臉孔中。這是文藝復興時期德國畫家杜瑞爾（Dürer, 1471-1528）的自畫像，這張畫其實可從中間切成兩半，而左邊和右邊各可以鏡像合成一張臉。這兩張臉有顯著不同的個性。

的腦，因為耳朵到大腦的聽神經通路不能像視神經通路那樣容易分成兩邊。假如在正常的情況下說話，左腦會搶先回答。

李寶和葛詹尼加設計了一個實驗解決這個問題。他們先給P.S.聽一個句子，但是沒有最後的關鍵字，這個要讓受試者回答的關鍵字是用視覺呈現的方式，只送到右腦去。所以受試者會聽到「請你拼出……」，而「hobby」這個

保守派的左腦，自由派的右腦？

本文作者

布瑞克（Charles Brack）

他創立了神經政治學網站（Neuropolitics.org）。

許多研究都暗示著左、右腦在政治上意見分歧，例如有一個裂腦病人他的左腦報告說他喜歡尼克森總統，但是他的右腦卻馬上表示他不喜歡。

這種表示左右腦一個是保守派（conservatives）、一個是自由派（liberals）其實是個老說法了，1930年代就有人這麼說了。保守主義者和自由主義者在認知上的分歧非常像左、右腦的行為。

保守主義者比較傾向黑白分明，而自由主義者可以容忍很大的模稜兩可，反映出左腦按部就班的認知型態，而不像右腦的模糊處理。保守主義者跟自由主義者正好相反，他們贊成自由（freedom），而把平等放在後面順位，或許因為他們比較容易受到驅動，因為有比較高的多巴胺濃度。有些研究認為左腦多巴胺的功能比右腦高。它也有可能是因為左腦喜歡把人按階級排列。

保守主義者對語言的威脅反應比自由主義者強，因為語言暴力會活化左邊的杏仁核。自由主義者有比較低的種族偏見，而抑制種族偏見主要由右邊側化的神經網路在處理。

長久來說，保守主義者的性伴侶比自由主義者少，他們的親密關係也維持得比較長，比較可能有小孩。羅曼蒂克的關係好像是多巴胺系統在促進的，有一些證據顯示羅曼蒂克的愛情發生時，右半球比較不活動。

字則直接投射到P.S.的左眼視野中，進入右腦。這個方法確保右腦有機會可以回答，不會被左腦搶先。P.S.的右腦無法說話，但是可以寫字，所以他的左手就可以從拼字盤中挑出字母，將字正確的排列出來。

P.S.的右腦的大部分反應都跟左腦一樣（可以用同樣的問題問左腦），但是右腦顯示出強烈的自我喜好。假如讓兩個大腦分別評估一長串事物，如食物、顏色或個人私事（如他的名字、他女朋友的名字），右腦給的分數都比左腦少。而實驗者若分別問兩個大腦關於生涯規畫、事業心如何等問題，結果最令人感到驚奇。

「你畢業以後要做什麼？」先向P.S.的左腦（主宰的腦）問這個問題，他回答：「我要成為一個藍圖設計師，我已經在接受這方面的訓練了。」

「你畢業以後想做什麼？」，「畢業」兩個字用視覺方式呈現到P.S.的右腦，於是他的左手開始在字母盤中撿字母排列。令大家非常驚奇的是（包括P.S.自己在內），他的手排出來的字是「automobile racer」（賽車手）。

這兩個英文字，是右腦所有回答的字中最長、最複雜的訊息。這兩個截然不同的行業，顯示右腦有它自己的想法，只是隱藏在它孿生兄弟的陰影之下，外界看不到而已。

這個實驗的可能解釋令人有點不敢相信，這表示我們的頭顱內監禁了一個不能講話的犯人，這個犯人有他自己的人格、野心和自我意識，這些都與我們每一天所接觸的那個「自我」不同。我們的意識可能只是單股的流動，只來自主控意識的左腦。假如是這樣的話，另外一個自我在哪裡實現它的經驗？

或許還有別的解釋：這個現象可能只是反應出，兩個腦半球間意識的不斷交互替換，是一條河流蜿蜒而過，而不

是兩條不同的河流。或許，我們的腦海中也可能有非常多的意識支流，在P.S.身上所看到的人格分裂，可能只是因為他的情況特殊，使這些不同支流全被我們看到了而已。

在我們另外一個腦半球中，或許存在著一個平行的宇宙，這是所有解釋中最令人感興趣的一個；這正是史培利在長時間仔細觀察他的裂腦病人之後所下的結論。「我們所觀察到的每件事都指向：手術使這些病人有了兩個心智，兩個不同的意識世界。」他寫道。

男女同性戀者都在某些認知能力上與異性戀者不同，顯示他們大腦的結構可能有些不同。腦造影研究的結果發現果然如此。

有個研究掃描了九十個男女同性戀者和異性戀者來測量他們兩個腦半球的容量。結果發現女同性戀者和男異性戀者在他們的腦半球大小有著相同的某些不對稱（asymmetry），而異性戀的女性和同性戀的男性他們兩個腦半球的大小沒有差異。

換句話說，至少在結構上，男同性戀的腦比較像異性戀的女性，而女同性戀者的腦比較像男異性戀者。

後來的研究發現在大腦的杏仁核處也有不同。異性戀的男生和同性戀的女生在右邊的杏仁核有比較多的神經連接，而同性戀的男生和異性戀的女生在左邊的杏仁核有比較多的連接。

生理上的差異大到不可能是因為環境的關係，看起來同性戀的成因在胚胎發展的初期就已經設定了。

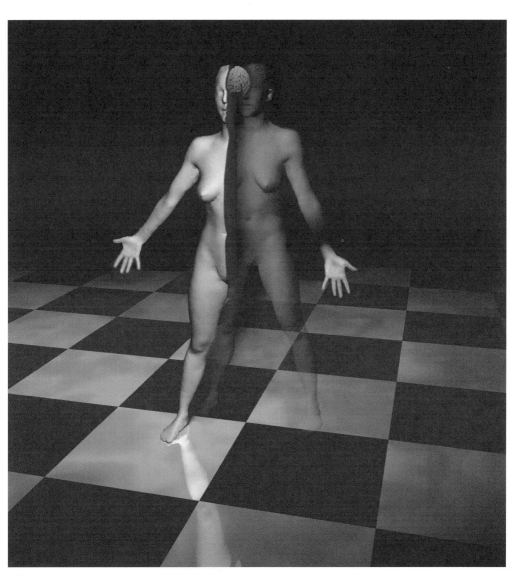

當非主控腦暫時獲得控制權
時他人的手就出擊了。

左手的迷思

在這世界上，大約有90%的人慣用右手，這個數字自有人類以來便是如此：石器時代工具的研究、遠古時候洞穴上的壁畫以及被人獵殺的狒狒頭骨的分析都顯示，那個時候慣用右手的人占大多數。

右手與左腦主控有很密切的關係。那麼，那5%~8%的慣用左手的人又如何呢？他們的大腦組織是否為慣用右手的人的鏡影？並不是。大約有95%的慣用右手的人，語言中心在左腦，而慣用左手的人也有70%語言中心在左腦，剩下的30%，則兩邊的腦都有。

慣用左手的人是病態嗎？在文化上，過去的確是如此看待慣用左手的人，而且幾乎每一種語言都有一些不好的字眼來自「左」這個字源。「Gauche」是法文的左，用在英文中是描述奇怪、怪誕。「Amancino」在義大利文中表示欺騙及左。

有這樣權威性的偏見，所以，慣用左手的父母通常都花很大的力氣把小孩改成慣用右手。很多人成功的被改成慣用右手，雖然他們大腦的安排是另一回事，這種可以後天改正的現象，引發了後來一系列關於這方面的研究。

當嬰兒出生時，他是慣用左手或右手就已經決定了，事實上，早在懷孕十五週時就可以看到第一個跡象，因為那時，大部分的胎兒就已經顯示偏好吸吮右手大拇指了。

現在大家對於慣用左手的看法是，這是由基因決定的，並沒有什麼特別的意義，但是有一些人是因為胚胎期或出生後有些事故干擾了左腦／右手主控的發展。比如說，在關鍵時刻若有輕微的腦傷，便會影響左腦的發展，另外，神經細胞凋亡失敗，或神經元在遷移時沒有走到對的地方，都是可能的原因。大約有20%的雙胞胎慣用左手，比一般人口的比例高出太多，所以有些研究者認為，有些單獨生下來的慣用左手者（也或許所有的慣用左手者都是如此），或許是雙胞胎一個死亡一個存活下來的結果。像這樣大腦主控權有所改變，可能是因為雙胞胎在子宮中競爭有限的資源時，大腦有輕微的受傷，或是因為子宮有缺陷、經歷到創傷，使得雙胞胎一個死亡、另一個留了下來，這留下來的胎兒就變成慣用左手。左右利也有基因上的關係——尤其是LRRTM1（Leucine-rich repeat transmembrane neuronal 1）跟左利很有關係，它也跟發展出某些神經上的失常包括精神分裂症有一點關係。

有一個有趣的理論是說，慣用左手是由於某種發展上的異常所造成的，而這使得你到底是用哪一隻手去簽名這件事變得無足輕重。加拿大英屬哥倫比亞大學心理系教授科倫（Stanley Coren）宣稱，慣用左手的人平均比慣用右手的人短命九年。這個發現如果正確，就與「慣用左手的人與各種身體不正常現象有關係」這個發現相一致，可以追溯到與發育或免疫系統喪失功能有關，包括氣喘、便祕、甲狀腺疾病、近視、閱讀困難症、偏頭痛、口吃和過敏（如花粉熱）等。

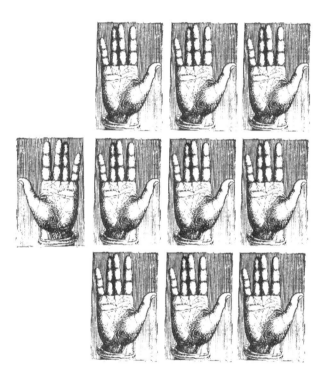

慣用右手的人至少比慣用左手的人多九倍。

第 3 章

在表面型態之下

大腦的結構比我們一般認為的「有皺褶的皮質」所代表的意義更複雜。它的中間部分是個形狀奇特的模組,叫做邊緣系統,它是大腦的發電廠,負責產生食慾、動機、慾望、情緒和心情,並驅使我們有所行為。我們的意識思想只不過是扮演調節者與傳譯者的角色,專替潛意識世界產生的生理需求力量做調節工作而已。當思考與情緒發生衝突時,情緒將會較為強勢,因為情緒原本就設定在我們的神經迴路裡面。

自我控制力的運作機制

患有嚴重妥瑞氏症（Tourettes' Syndrome）的病人，可以在最擁擠的人行道上清出一條乾淨的路來，他們跌跌撞撞、臉部抽筋，嘴裡吐出一串奇怪的聲音，既像動物吼叫，又摻雜著髒話，每個人都退避三舍。

假如你碰到這種情形，請你想像一下妥瑞氏症患者的心情，他們多數人都有正常的智商，甚至比一般人智商還高，他們通常非常清楚自己在別人眼光裡是多麼的可笑、討厭。尤其是穢語症（coprolalia）這個習慣特別令他們難過，因為這使得一般人會迴避他們。有些人可以用把注意力專注到某件需要大量皮質注意力的活動上，以便控制症狀（有十幾位有名的外科醫生是妥瑞氏症患者）。當他們一鬆懈下來，臉就會抽動，眼皮一直眨，動物的吼聲和長串的詛咒髒話就從潛意識中爆發出來。

這個毛病早在十九世紀末葉，法國醫生妥瑞以自己的名字為它命名之前便存在了。很多中古世紀的魔鬼附身、撒旦降靈的記錄，其實所描述的正是這個症狀。後來，佛洛依德的心理分析學派把這種症狀當作壓抑憤怒後果的最佳展示品。「你看！憤怒一定要釋放出來，不然爆發出來就是這樣。」因此，當時對妥瑞氏症的治療方法就變成找出病人的「憤怒根源」，鼓勵病人大膽的把憤怒表現出來。這種治療方法當然無效，而且使病人變得更糟，但是心理治療師卻沒有放棄這種治療法（事實上到今天還有人這樣做，如下頁查德威克所發現的現象）。

這種認為妥瑞氏症是因憤怒受到壓抑的理論，到1960年代便受到嚴重的挑戰，因為有一種新藥問市，可以大大減低病症的發作，在有些情形更可以使症狀完全消失。這種

藥物會占住神經傳導物質多巴胺的感受體，使多巴
胺無法進入細胞來活化神經元，一旦神經元安靜不
動，病人的抽動、眨眼也就停止了。今天我們
已經知道，妥瑞氏症是因大腦中神經傳導物質
系統功能失常的一種疾病，就跟很多的心理疾
病一樣，它是起因於大腦的。

　　大腦最主要的功能是使有機生物體生存和生
殖下去。我們會喜歡音樂、創造出宇宙理論、
有偉大的發明，其實都是這個生存和生殖目的的副
產品而已。所以，假如你發現大腦有一大部分的結
構和功能，都是用來確定身體各部門確實執行它們應該做
的覓食、性交、防衛和其他必要的行為時，實在不需太過
驚訝。

　　這些部門受到一個很完善的、軟硬兼施的系統所監督，
其中有三個基本的步驟：第一，為了要回應一個適當的刺
激，大腦會要求立刻滿足這項需求。假如刺激是血糖降低
，大腦就要求這個飢餓的感覺馬上被滿足。假如這個刺激
是與性有關的，想要性交的慾望馬上出現，眼睛就會去搜
索可交配的對象。假如刺激是比較複雜的，如社會孤立，
或離開熟悉的環境進入陌生地方，那麼背後的動機就不是
那麼明顯。人們有跟別人社交、合群的動機，也有回到熟
悉溫暖的家的動機。不管動機是以什麼樣的方式出現，通
常都伴隨著空虛，如胃的空虛，或比較抽象的精神的空虛
例如心情低落。不管這些感覺是什麼，它們的目的都相同
：引發行動。

　　第二，由第一階段所引發的行為，如進食、性交、回家
、社交等，都是快樂的正向感覺。請注意，動作才是重要
的，不是食物、性或是在家裡本身。血液裡有營養會使你

活下去，但不能像炒菜、吃飯、嚼嚥那樣帶給你快樂感，這便是為什麼很多重要的功能都伴隨著一套儀式。準備食物、婚前的求偶行為、回家的路上，這些不是附件，它們是使生活快樂的主要元素。

第三，當動作完成後，追求快樂的感覺便會被滿足感所取代——請注意「圓滿完成」這個詞。

大部分時候，我們這個系統默默地、有效率地執行「慾望—行動—滿足」這個週期，不但塑造出我們的行為，並提供每天規律生活的背景。當我們的身體缺少燃料時，我們會覺得飢餓，急著找東西吃，這是件很愉快的事，然後我們就會覺得很滿足；這種寧靜的感覺會持續到身體再度需要燃料的時候。但是有的時候系統故障，其中一個可能性是，我們的慾望無法激起恰當的行為反應，或是正常的行為無法帶來滿足。

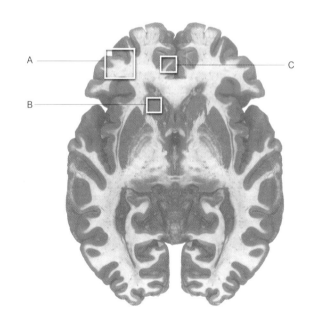

50名妥瑞氏症患者的大腦掃描圖顯示，大腦有三個地方缺乏活動，這三個地方都在左腦。一是背側前額葉皮質(A)，這個區域是與產生合宜的行為有關。另外一個地方是左基底核(B)，這裡與控制自動化動作有關。第三是前扣帶迴(C)，這裡與將注意力集中到行動上有關。這三區如果缺乏活動，會出現不合宜的行為，如臉部不正常痙攣。

第一種功能失常的後果十分嚴重。一旦執行目的性動作的機制壞掉時，便會導致如巴金森症病人般的身體停滯，或其他類似的動作失常。當高層次大腦區域受到損壞時，產生的結果可能細微，但是一樣對生活造成困擾。假如一個人失去了自我保護的慾望，或是天生的動機被後天的野心（例如征服喜馬拉雅山或參加危險的賽車活動）所掩蓋，那麼他就會冒險犯難、不畏生死，很可能使自己受傷。如果他們失去使自己乾淨的動機，健康就會受損。假如無法察覺飢餓，或被自我拒絕的意識所支配，這個人就會餓死。

　　相反的，假如一個人的慾望變成無法滿足，舉止就不再正常。他們會堅持身體要一而再再而三的重複執行動作：例如一直塞食物、只要有對象就不斷性交等，或重複能夠使自己舒適的儀式，如洗手、檢查門窗或說話等，一直執行直到精疲力竭。即使如此，原本的飢餓、性慾或焦慮感仍然存在。

　　妥瑞氏症患者的臉部抽動就是一個例子。這抽動是一種殘餘的技能，每一次小小的抽動都是過去目的性動作的殘餘迴響，而這些動作是由大腦中無意識部分一個叫作殼核（putamen）的地方送出來的。殼核是基底核（basal ganglia）的一部分，深埋在大腦底部，它的功能是處理自動化動作，也就是因重複學習而變成自動的行為；殼核使這些動作平穩地進行，以便讓意識的大腦可以專心處理外界的事情、學習新的動作。騎腳踏車時一直不斷踩踏板，就是透過殼核的控制，而假如要學習新的舞步，那就是大腦其他地方的工作了。

　　有些妥瑞氏症的孩子在感染到疾病後開始出現症狀，或是在病後症狀更嚴重，一個理論是說某種細菌造成一個自

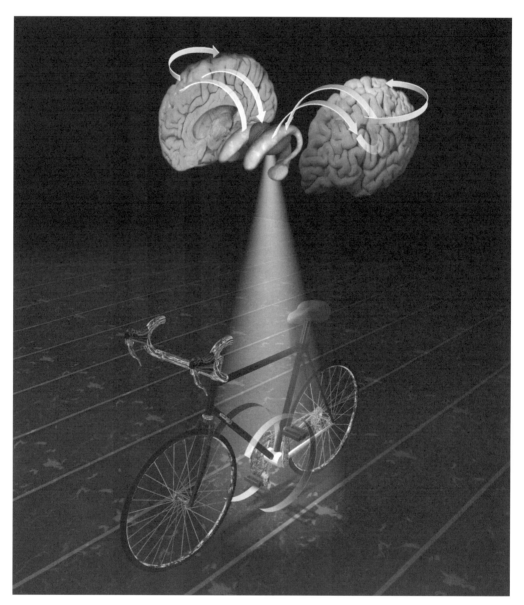

例如騎腳踏車這種很熟悉的運動技巧，是由殼核(A)所控制，屬於無意識的邊緣系統的一部分。殼核透過複雜的神經迴路與前運動皮質(B)連接，而前運動皮質屬於意識的腦的一部分，負責驅使運動的發生。當殼核受到刺激，便將訊息往上傳至前運動皮質，最後再傳遞「動！」的命令到鄰近的皮質(C)去。接下來，運動皮質便指揮適當的肌肉進行收縮。由於妥瑞氏症患者的殼核過度活化，促使他們會在不適當的時機裡，做出過去學會的技巧的片段。

我免疫的情境，把紋狀體（striatum）裡抑制性的細胞選擇性的殺死了。這種情形被稱作合併鏈球菌感染的兒童自體免疫神經精神異常（Paediatric autoimmune neuropsychiatric disorders associated with streptococcal infection, PANDAS），但是雖然經過了十年的研究，我們仍不知道這個感染究竟是不是真的引起妥瑞氏症，或它只是眾多原因之一而已。大多數妥瑞氏症病人可以察覺某個行為的念頭要出現了，而且可以用意志的力量去壓抑這個動作，但是卻無法控制臉部的抽動；這個念頭（或慾望）如果沒有變成行為做出來，便會一直敲打意識的門，就像背上的癢如果不抓就會越來越癢，一直到抓了才會平息。

有個人有著相當複雜的肩膀抽動、下巴開合的習慣，大約一分鐘要做五次。他說：

「假如必要的話，我可以抑制幾分鐘不做，或甚至一個小時。當我初見一個人或我正做一件重要的事情時，我可以表現得相當正常。但是當壓力去除時，我必須做很多次抽動把它補起來，我通常把自己鎖在廁所中十分鐘來做動作。人們問我，假如你能控制一陣子，為什麼不能永遠的控制住？我向他們解釋，這就像閉住呼吸，你可以閉住幾分鐘，但是你不能一輩子都閉住，當你放開時，你會大口喘氣。」

妥瑞氏症患者喊叫和發出其他奇怪聲音的習性，來自另一條連接潛意識和意識間的多巴胺通道，這條通道影響到顳葉的語言區。他們所說的這些字，似乎是某些早已遺忘的句子的殘留片段，就如神經學家薩克斯（Oliver Sacks）醫師在他的《火星上的人類學家》（*An Anthropologist on Mars*）一書中所描述的那位患有妥瑞氏症的外科醫生，不時會抽動著說出「嗨！派西！」。派西是他以前的女友，

但是這位外科醫生並不知道，為什麼老早以前的打招呼方式會這麼頑固的住在他腦中不肯離去，強迫他在幾十年後一直重複它。至於為什麼他要一直說「好可怕啊！」，他怎麼想都想不通，或許他曾經在某個場合聽過一次，就這麼進入他的心田中，而他被迫不斷重複這句話，更使那個神經痕跡永不磨滅，雖然這句話當時的情境早已經從他意識中褪去了。

妥瑞氏症有這麼明顯的身體上症狀，有時又有很誇張的行為，從表面上來看，它與強迫症病人那種安靜的心理苦楚，似乎有相距光年之遙的不同。不過近年來學者發現，這兩個病症其實是同一種生理毛病所顯現出來的兩種外顯行為。

在強迫症病人身上，心理上的驅迫力比妥瑞氏症患者還要複雜，他們被驅迫做出複雜的儀式行為，來安撫一直存在的不安定感或焦慮感。另外，妥瑞氏症病人只是被驅迫喊出字或舞動肢體，強迫症患者則是做出儀式行為，這兩者有程度上的不同。

強迫症患者的例行動作有時純粹是心理問題，有時則是每天必做的、慣例的複雜行為，數數兒是最常見的，例如有一個女人說：

「我每吃一口飯都得數七下，假如有人在我吃飯時問我問題，我必須數完才能吞嚥，也才能回答他的問題。假如我在沒有數完前就吞嚥，我就會噎到。假如我忘記數到幾，我必須把食物吐出，數到七下，再吃新的一口。」

另一個強迫症患者的數字是四，每一件事都要做四遍，早上起床後，棉被必須摺四次才能下床，走四步到門邊，刷牙是四次一組上下的刷。他很害怕會碰到奇數，有一次他的女友告訴他說她愛他，他不確定要不要回應，但是這

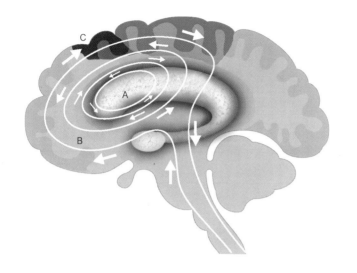

當強迫症患者處在一個不自在的情況下時，就會有像這樣一圈圈的神經迴路活化起來。從尾狀核(A)開始，促使「去做！」這樣的衝動產生，再傳到眼眶皮質(B)，產生了「不對勁」的感覺，最後傳到扣帶迴(C)，使注意力集中在不自在的感覺上。

句話「掛在空中，像個大大的數字一」，所以他告訴她說，他也愛她。他的聲音可能不是很確定，所以他女友再說一次「我愛你」來肯定他剛剛說的「我愛你」。當然，這句話像個大大的數字「三」掛在那裡，所以他必須再重複一次，使它變成「四」。他的女友很高興，於是說她願意嫁給他，求婚過程就這麼沒完沒了，因為對話一定得結束在偶數句才行。

其他的強迫行為可能有：一直想著一個主題，其他主題統統都得排開；一句話一直講一直講；或是以為自己做了某件很可怕的事，如殺了人。有強迫症的人通常是非常、非常好的人，他們會很努力、很努力避免去做任何不對的事。他們通常非常堅持道德標準，自己也非常、非常的誠實。這種誠實的需求有時過分到不可理喻，例如下面這個病人：

「假如我跟你說話，提到我看過某人穿紅色的衣服，這句話一講完，我就會開始想，『它真的是紅色的嗎？會不

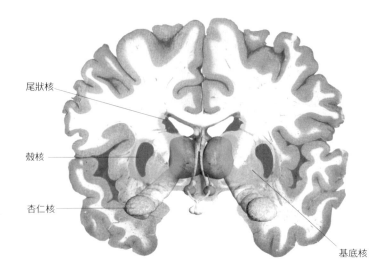

尾狀核與杏仁核緊密的連接在一起。杏仁核是產生恐懼的地方，而尾狀核在強迫症患者身上的效應，可以解釋為什麼患有強迫症的人會感到焦慮。

尾狀核

殼核

杏仁核

基底核

會是其他的顏色？』一旦這個想法進入我的腦海中，表示我可能會誤導你的時候，不論這件事有多不重要，我都會開始想：『我要不要承認我說錯了顏色，還是忍住一輩子不講，接受良心的煎熬？』所以我避免說任何可能會出錯的話，我在每一個句子前面加上『我想』或『我不確定』或『我可能』，這變成一種儀式，一種確定自己永遠沒有說謊的一個方法。」

強迫症病人的行為，幾乎全世界的人種都一樣。最普遍的兩種就是洗手和檢查。不停洗手的人把自己手上的皮膚都磨掉了，而那些要檢查才安心的人發現，他們把所有的時間都花在不斷檢查上面了。有個人很怕開車時會壓死人，所以他早上必須黎明即起，這樣才可以來回檢查從家裡到上班的路上有沒有壓死人，回家的路也是同樣要來回走好幾次。即使這樣，每日每夜他還是在擔心，會不會在回頭檢查時，把壓碎了掉到陰溝中的屍體漏掉了？患有恐病症（hypochondria）的人會不停檢查身體看有沒有毛病；

患有身體變形症（body dysmorphic disorder）的人則認為自己身體一定有什麼不對，因為看起來不對勁，這兩者都是強迫症的一種。很多人認為，強迫症也是強迫拔頭髮的原因之一。

這些精神和行為上的抽搐，就像妥瑞氏症的身體抽搐一樣，都是一些事先設定行為的殘存部分。但是在這種病例中，那些行為的記憶並不是一個人在他的生命中所儲存的個人記憶，而是建構在種族中的天生本能。保持乾淨的本能、檢查環境是否安全的本能、保持平衡的本能、整齊有秩序的本能，這些都是基本的生存本能。在強迫症的情況中，這些本能脫離了生存所需的架構，以單獨的、不恰當的、誇張的姿態出現。

就像妥瑞氏症一樣，強迫症也是因為某個神經通路過度激發造成，這次是從額葉（包括前運動區）到基底核的另一端尾狀核（caudate nucleus）的神經通路出了問題。尾狀核和殼核是連在一起的，在胚胎期原是同一個構造，兩者之間的差異是，殼核只跟前運動區相連，而尾狀核與額葉相連，額葉是掌管思考、評估和計畫等最高認知功能的地方。在正常的大腦中，尾狀核負責自動化思想的層面，就像殼核是負責自動化動作的部分。尾狀核的功能是，當你太髒時，會提醒你去洗澡，出門時會提醒巡視一下門窗，任何東西脫序、不對勁時，尾狀核會提醒你特別注意這些地方。

尾狀核透過活化額葉的某個地方來應付這些事情，這個特別的地方就是眼眶皮質（orbital cortex），即眼睛上方的額葉。一旦有出乎意料的事情發生時，這個地方就會活躍起來。眼眶皮質最早是由牛津大學的羅斯教授（E.T. Rolls）發現的，他訓練猴子對藍色和綠色的燈作出反應，藍色

的燈亮就有果汁喝，綠色的燈亮則是鹽水。一旦牠們學會了藍＝果汁、綠＝鹽水後，實驗者把顏色燈調換。突然之間，猴子發現明明是藍燈，出來的卻是鹽水，這時大腦中一塊原來很安靜的地方突然活躍起來了。眼眶皮質的神經元被激發起來，不僅僅是對鹽水的反應，因為味覺區辨和判斷「真難吃！」的反應是在大腦別的區域；這塊眼眶皮質的活化，純粹是發現有些事不太對勁，它是產生「喂，這是怎麼了？」的反應，是天生的錯誤偵察機。一旦猴子

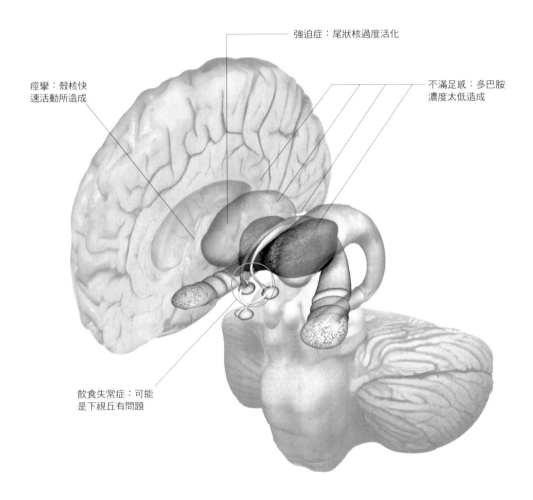

強迫症：尾狀核過度活化

痙攣：殼核快
速活動所造成

不滿足感：多巴胺
濃度太低造成

飲食失常症：可能
是下視丘有問題

習慣藍燈會出現鹽水而不再是果汁時，這個地方的活化現象又消失了。

人類的大腦掃描結果也顯示，在強迫症病人身上，這個地方特別活化。要一個有潔癖的人想像身處骯髒的地方時，他的尾狀核和眼眶皮質簡直像瘋狂般地激發，而大腦中間一個叫扣帶迴（cingulate cortex）的地方也有強烈反應。這個地方是大腦意識表達情緒的地方，它的活化顯示強迫症患者在情緒上並不愉快。

如果要求正常人想像一件巨大的天災人禍情況，如眼睜睜看著房子燒成灰、一家人都陷身火海來不及逃出時，可以看到同樣的大腦活化情形。當強迫症病人想像可怕污穢的影像後，實驗者請他們放鬆，忘記這個可怕的污穢思想，但是病人的尾狀核和眼眶皮質仍然活化。雖然病人明知實驗室和他們的手都很乾淨，但是這個被污染的思想卻推不掉，一直縈繞在心頭；一旦他們離開掃描器可以去清洗後，這個感覺稍微變輕一點，再掃描時，尾狀核和眼眶皮質的活化程度減低了一些。但是很快的，這個迴路又活化起來，病人又要求再次去洗手。他們的錯誤偵察機制一直停留在「警覺」層次上，不管「關閉」的行為做了多少次，機制都一直在尖聲拉警報，叫人注意。

強迫症患者通常直到強迫行為已經干擾正常生活才會去求醫。根據美國的診斷標準，一百人中大約有一到三個人有這種毛病。也許你沒有強迫症，但你還是會覺得這個世界的每一件事都不太對勁。有些人不停的清掃和整理房子，有些人晚上要起來巡視門窗兩三遍，有些人天天上醫院做健康檢查，即便如此還是懷疑自己得了醫生檢查不出來的絕症。這些都是錯誤偵察系統過度激發的關係，這個神經系統太容易活化，而且保持活化太久。

同樣的，有些人過度擔心自己的行為會對別人造成影響。就像洗手和檢查門窗是來自對身體安全的需求一樣，對自己的社會行為感到憂慮，來自身處團體內對安全感的需求。這些縈繞在心頭揮之不去的念頭，使人一再回憶講過的每句話、分析說過和沒說的每個字句，更擔心這些字句背後的意義。

　　想要做好人及需要執行某種儀式才能安心的強迫性念頭，可能使一些強迫症患者擁抱儀式化的宗教或加入某個教派，尋求他們對於安全感需求的滿足，因為在那裡的每一個人都遵守嚴格的價值規範，因此沒有足夠的空間來懷疑自己的不正常。即使是妥瑞氏症，在正常人身上也有一些小小的迴響，有些女孩重複地拂開想像中覆在眼睛上面的頭髮，有人不斷地眨眼，有人不斷揉鼻子、清喉嚨──這些都來自殼核神經活動的抽搐嗎？

　　同樣的，有些人似乎處於永遠餵不飽的「飢餓」狀態，不論是食物、性、冒險或毒品，永遠都不夠。美國遺傳學家布倫（Kenneth Blum）和康明斯（David Comings）把這種不滿足叫作報酬不足症候群（reward deficiency syndrome），他們認為有很大一群的失調現象可以放入這個大傘底下，凡是輕微的焦慮症、易怒、嘗試冒險到較嚴重的飲食失調、強迫性購物狂到賭博、嗑藥、酗酒者，都可以納入這個症候群的範圍，端看是哪一部分的報酬系統（也就是哪一部分的腦）受到影響。就如名稱所說，有報酬不足症候群的人不能從生活中得到滿足，他們大腦中有個東西不對，使他們無法關掉他們的慾望。

　　這種型態的不滿足非常普遍。有些調查說，每四個人中就有一人有上述這些毛病中的一項。很多毛病很難治療，因為它牽涉到大腦的各個層面。雖然所有的慾望都連接到

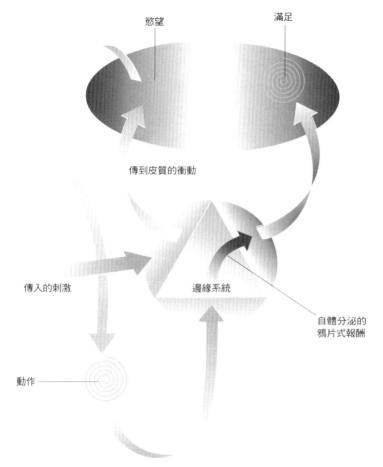

慾望　　　　　　　　　滿足

傳到皮質的衝動

傳入的刺激　　　　　邊緣系統

自體分泌的
鴉片式報酬

動作

大腦以「胡蘿蔔與棍子齊用」的系統，來確保我們會為了生存去獲得必須的東西或採取必要的行動。一個從外界進來的刺激（如看到食物），或從身體裡傳來的訊息（如血糖降低），會送到邊緣系統去登錄，進而產生一種渴望，傳到意識界時就變成了慾望，於是皮質就指示身體去做必要的動作來達成這個慾望。這個活動會再送訊息回到邊緣系統，並釋放出像鴉片般的神經傳導物質來提高多巴胺循環的濃度，使人得到滿足的感覺。

身體的需求，不過有些會引發出非常複雜的行為來，最後這個行為本身變成了目標。如吃的慾望可能會引發出特別複雜精細的行為來：不只是找食物而已，還包括仔細挑選、特定方法烹調等。一旦你嘗試過吃巧克力餅乾和乳酪冰淇淋的樂趣，你就會有一種模糊的衝動想開冰箱。所以，慾望包括兩種最具機械性的大腦功能——例如在肚子餓的情況下會監控血糖濃度——及最進步的大腦功能，也就是從腦幹到額葉的所有功能。

這個複雜的系統已經演化了千百萬年，到現在為止，它的功能都很好。在一個資源並不豐富的世界，尋求快樂的行動所帶來的報酬，使人們會努力去追尋晚餐以求取生存。然而演化的問題在於，它往往跟不上人類的聰明。今天我們只要撕去包裝、放進微波爐就有豬排吃，不必去追逐野豬直到牠死。也難怪，我們只能得到這種微小的成就，它所帶給我們的滿足實在太少。

當大腦地圖逐漸形成時，我們也看到改變大腦結構和功能的可能性，這使大腦更能符合時代的需求。製藥公司已經投入很多資金，想發展可以影響神經傳導物質濃度的藥物，以減緩受到慾望驅動的行為。如今，行為藥物學（behavioral pharmacology）已經是一門公認的職業類別了。

在藥物之後則是基因工程的發展。這個非常好用的系統，是將訊息登錄在我們的基因上面，而不久之後，我們便會擁有一些知識和技術，可以用來改變大腦使它更適合現代。

我們尋求報酬系統的基因基礎其實是相當複雜，研究者已找到一千五百個以上人類基因的突變跟這個全球性、持續成長的上癮問題有關。這些基因似乎全都影響少數幾個被多巴胺驅動的神經通道。

大部分人一聽到基因工程就退縮了，他們認為這等於是欺騙大自然或扮演上帝。當然，是有危險性，從「科學怪人」的故事到抗生素的抗藥性，我們就會了解科學誤用的嚴重性。

但是用過時的儀器來診斷也有危險。演化給我們一個極好的機制來幫助生存，但是生活環境改變得太快，演化的速度根本來不及改變我們。或許，利用我們天賦的腦力以創造出更適合人類世界的時代，已經來臨了。

多巴胺驅動

多巴胺驅使我們去填滿我們的慾望和胃口。當這個驅力不停止時，它會使我們上癮。

多巴胺的力量在於它可以激發思想、感覺，以及跟外界有意義的事情，它把事情綜合起來——看到一個美女就會馬上想到去跟她上床，想到食物就渴望馬上嘴裡有東西可以吃，它鼓勵我們去看到事情之間的關聯和型態，它可幫助我們認識我們的目標，並引導我們的行為朝目標前進。太多或太少的多巴胺（或是對它太敏感或不敏感）都會有很大範圍的效應出來。

太多多巴胺時，它鼓勵我們去看到不存在的聯結和型態——大腦中太多的多巴胺會使人產生幻覺和魔幻的思想。如果跟運動有關的區域多巴胺太多時，這個人會有不可控制的動作出來，像妥瑞氏症的人就是如此。如果在憂心迴路（worry circuits）多巴胺不平衡時，它會引起強迫症的行為，太過興奮、極樂的感覺，誇大事情的意義（躁症）。

如果多巴胺不足，它會引起顫抖，沒有辦開始一個自主的行為（巴金森症就是多巴胺不足），它會使病人沮喪，覺得一切都沒有意義，懶散，提不起精神，覺得很憂鬱、僵直，不喜跟人來往、退縮（精神分裂症的負面症狀），不能持續注意一件事（成人型的注意力缺失症），會渴望某個東西，但又會在人群中退縮。

很多強迫行為和情況跟不能抑制衝動有關。有些顯現出來的是無法中斷的思想，一直在腦海中反芻，而其他的是以過度的自我傷害或社交上不可接受的行為出現。

飢餓

　　人們越來越胖、越胖、越胖。在美國及西歐，大約有30~40%的人過胖，世界衛生組織預測到2015年時，大約有七億人是過胖的，幾百萬人因為動脈血管阻塞或是其他跟肥胖有關的疾病而早夭。我們的追求享樂正在殺死我們。

　　就如人們所有的慾望一樣，控制飢餓機制的中心也在下視丘。身體各部門的情況透過荷爾蒙、神經胜肽（neuro-peptide）及神經傳導物質等複雜的交互作用，不斷把訊息送到下視丘來。假如血糖、礦物質或脂肪濃度降低了，這些訊號會從血液、胃、小腸和脂肪細胞中傳送出來，下視丘就把這個訊息送到皮質，通知專門負責活化飢餓意識及尋找食物、準備進食的區域。當飯吃下去後，這個系統就反過來運作了：身體傳送它已滿足的訊號到下視丘去，下視丘再把訊息送到大腦，於是意識便決定停止進食。

　　整個系統看起來非常簡單、有效，然而，顯然「演化」這條保險絲還不足以阻擋全球性流行的過食（有時候則是吃太少的厭食）。

　　飲食失常的一個原因可能在於下視丘。下視丘有兩個神經核：側核和腹內側核，扮演著控制食慾的角色。側核（lateral nuclei）負責感應血糖降低並送出飢餓的訊息，腹內側核（ventromedial nuclei）則負責提高血糖濃度，送出飽和訊號。假如側核被破壞，動物就吃得很少，而腹內側核破壞的動物則會一直吃不停。

　　然而，這個雙邊機制並不是簡單的開、關食慾而已。腹內側核破壞的老鼠固然會吃過量，但這只是在食物很容易取得的情況下才如此，如果必須按桿才有食物吃，牠們甚至會比正常老鼠按的次數更少。有個有趣的實驗顯示人們

可能也是一樣，二組過胖的受試者面前都有一盤花生、腰果等堅果，讓他們在做一些無聊工作的時候可以自由取用。有一盤的堅果是已經剝好殼的，另一盤是帶殼的，但是旁邊有剝殼器。受試者吃了很多已經剝好殼的，但是需要自己動手的卻很少碰。這個有趣的研究也許可以解釋，為什麼肥胖症都與只要熱一下就可以吃的調理包和垃圾食物的進食習慣有正相關。

厭食症（anorexic）跟肥胖症一樣，都是下視丘功能失常的關係，腦造影研究顯示，邊緣系統的活動並沒有正常運送到皮質，不知道是為什麼，從下視丘食慾偵察器到皮質表達飢餓意識區域的神經連接通道間，沒有正常運送訊息，使訊號不夠有效。這可能便是厭食症患者都說他們不覺得餓的原因，雖然他們的身體已經瘦得只剩皮包骨了。

不能把完整的身體改變的影響傳送到意識的大腦去的現象可能可以解釋厭食症和正常飲食者的奇怪差異。匹茲堡大學的研究者讓兩組人玩一個遊戲，然後監控他們大腦中立即情緒反應的地方，即前腹側紋狀體（anterior ventral striatum）。這個遊戲很簡單，贏的人可以得到獎金，結果大腦掃描顯示在正常人組，大腦情緒中心的反應根據是贏是輸大不相同。那些最近才復原的厭食症者，贏跟輸沒什麼差別，就好像他們感受情緒的能力已經降到最低程度了。因此，很可能吃一頓美食的報酬和忍餓的懲罰對他們來說，沒有什麼情緒上的差異。邊緣系統深處的下視丘受損了會有這情形（但這情形很少發生），所以看起來大部分下視丘的功能失常是來自攜帶訊息的神經傳導物質出了問題，使訊息不能順利送達和釋出。例如，血清張素就會減低下視丘兩側的活動，所以高濃度的血清張素就會減低胃口，而低濃度會增加食慾。現在很多的研究都指出神經

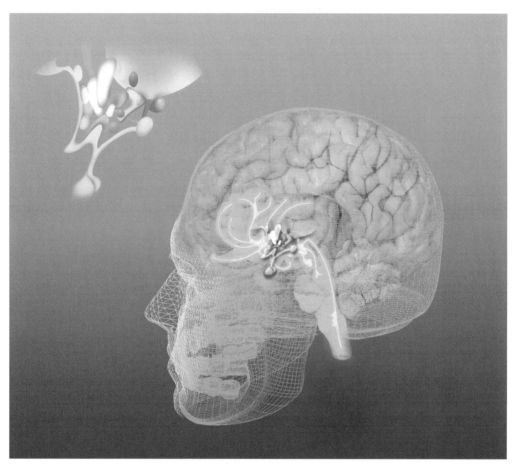

下視丘是一群神經核的組合，每個神經核都控制身體的渴望和食慾。下視丘屬於間腦的一部分，是身體和大腦的橋梁。下視丘很小，只有大腦重量的11/300，不過它非常重要，只要其中有一個神經核發生一點點的失常，就會造成身體和精神上的很大問題。

性的厭食症的確跟不正常的血清張素上升有關，而狂食症（bulimia）跟過低的血清張素有關。狂食和厭食長久下去會造成大腦的損傷，因為假如一個大腦區域沒有受到足夠的刺激，它會萎縮。

雖然我們現在發現越來越多因邊緣系統區域功能失常而造成的飲食失調症，但是很顯然的，這只是一部分的原因而已，文化也在其中扮演了重要的角色。厭食症患者的慾望是要「比瘦更瘦」，狂食症患者則是不斷防止身體吸收

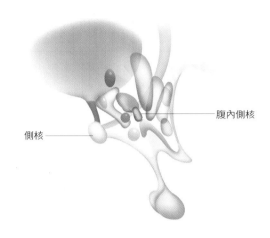

下視丘的側核及腹內側核，
是人們食慾的「開關」。

腹內側核

側核

吃下去的熱量，這些都是大腦的意識在作用，與患者本人
的想法有很大的關係。厭食症患者通常都很有自制力、意
志力，可以堅持下去，而狂食症患者常會縱容自己，事後
再行補救。這些特性使人覺得飲食失調症可以用心理治療
方式來治療，所以現在雖然有一些相當有效的藥物可以直
接作用在大腦上，但是大部分的治療方式還是以改變意識
為目標，而不是改變生理。

　　總有一天，大腦地圖的研究可以提供一個清楚的藍圖，
讓我們知道食慾系統如何可以直接進行改造。目前，我們
體內的食物搜尋基因繼續帶領我們的身體去尋找食物，使
血管塞滿了脂肪，提早讓我們進墳墓去。

性

　　男性受試者被綁在像椅子一樣的儀器上，在不痛的情
　　況下，他的頭被固定住，下視丘插了一根極小的微電
　　極。女性受試者也是用同樣的方式綁著，距離男士幾
　　公尺之外。

　　　男性受試者手邊有個按鈕，他可以按鈕把女士的椅

子移近自己。在這種情形之下，他們可以在男士不必移動頭的情形下性交，所以頭上的電極可以讓我們知道，從看到女士開始，一直到完成性交之間，男性受試者的大腦神經活動情形。

當受試者按鈕把女受試者移近他時，大腦中最高的神經活動頻率（一秒五十次）是在下視丘的前視覺區內側（medial preoptic area）；當他性交時，神經的激發減少，而性交完畢後，神經不再激發。如果把女性受試者改成一根香蕉，也得到同樣的神經活動記錄。

——摘自實驗報告

大腦研究者如果要研究「性」，尤其是人類的性行為，必須忍受比別的實驗雙倍的辛苦與挫折。

一開始，找受試者就是一個問題。假如你能克服掃描器的限制（在做腦波記錄時頭不能動，以免使電極移動；用正子斷層掃描或功能性核磁共振時頭也不能動，否則影像會模糊），還有空間上的問題，因為掃描器通常只能容納一個人在裡面。即使你能說服一個人在頭被固定住或嘴巴被橡皮栓夾住的情況下還能有性勃起的話，有限的空間也嚴重的限制性交活動的進行。

上述的那個實驗是在日本九州大學做的。受試者是日本獼猴；你可能會鬆了一口氣。近年來有幾個大膽的人類受試者願意在刺激他們自己時，或是說，讓自己被刺激到高潮時接受大腦的掃描。

結果我們再一次的看到大腦迴路最活化的就是多巴胺驅動的報酬迴路，這個迴路的活化也會產生衝動性撫摸的慾望和與羅曼蒂克愛情有關的強迫性思想。雖然羅曼蒂克的幻想看起來很浪漫、很高貴，骨子裡還是性，因此，當多

巴胺迴路不夠活化時，性慾和性反應都會減低。所以病人在服用抗憂鬱症的選擇性血清張素回收抑制劑（selective serotonin reuptake inhibitors, SSRI）的藥物時，他們的性慾會減低，因為當血清張素濃度高時，多巴胺的濃度就會下降，因此SSRI產生作用後，病人會感到安寧冷靜，但是這個安寧冷靜會把渴望羅曼蒂克感情的那種強烈情感驅逐出境。「我太太一直抱怨當我的SSRI藥量太高時，我在網路上對深受憂鬱症之苦的人寫評論都沒有顯現任何情緒。」「我既沒有悲傷也沒有憂鬱，但是也沒有快樂，所以假如她特地為我做了什麼事，我得學會特別去謝謝她，不然她就不會得到任何正回饋。」另一個人寫道：「SSRI這個抗憂鬱症的藥對我幫助太大了，但是我對我先生很難感受到過去的那種溫柔溫暖的感覺。」第三個人回憶他在服用SSRI型的藥物時，「我還是會想要性，但是不再感到性興奮……，我覺得它使我對延伸的情緒麻痺，但是那種很低潮的情緒不見了。」（取自http://depression.about.com/b/2009/04/17/can-ssris-make-you-fall-out-of-love.htm）

當他們在描述性高潮時，男生女生所講的都很相似，所以他們大腦活化的位置很相似也就不奇怪了，好幾個大腦造影的研究都顯現男生女生在大腦處理生殖器感覺的地方有很大的活化——這應該不會令你驚訝，另一個活化的地方是邊緣系統跟報酬有關的地方。

有一些證據顯示在他們達到性高潮後，男生女生在大腦的活動上有很奇怪的差異。荷蘭哥羅寧根大學（University of Groningen）的霍斯台格（Gert Holstege）教授和他的同事做了一序列的實驗，記錄兩人相互刺激到性高潮時，大腦在正子斷層掃描下的情形。有一個實驗是13名異性戀的婦女跟他們的配偶在(1)休息時，(2)假裝性高潮時，(3)陰

蒂被她們的配偶用手刺激到性高潮時，⑷自我刺激陰蒂直到性高潮時，大腦活化的情形。

先前對男性的研究顯示性高潮時，杏仁核的活動降低。杏仁核主要跟情緒反應和警覺有關，但在男性性高潮時卻和其他大腦的情緒部位保持在最低活化程度。對女性來說，正好相反，在高潮時，大腦的很多地方活動突然停止，一點都沒有了。這些沒有聲音的大腦部位包括左眼眶皮質外側（lateral orbitofrontal cortex），這個地方在活化時是產生強烈的有意識知覺。在額葉鄰近的地方，背內側前額葉皮質（dorsomedial prefrontal cortex）也暗下來到幾乎沒有任何活動。這個地方在道德推理上扮演著主要的角色。研究者解釋這個發現說，女性在性高潮時，將情緒的覺識、判斷和推理都關掉，使更能享受這個愉悅，因為這些地方的大腦功能主要是自我保護——情緒警覺是提醒自己可能的危險，判斷和推論來啟動直接的反應。看起來，在高潮的時刻，女性把維護安全的責任交給了她的伴侶，把自己在那短暫時間完全放空，去除原來的防衛。這個發現可能可以解釋為什麼在嬰兒期有過不安全感的女性比較難達到性高潮。她們情緒的警報系統已經擴張到極點，即使在性交時，她們還是不能放下警戒心，讓高潮出現，而顯現出社會逃避行為（social avoidant behavior）。

相反的，有些人的性高潮來得非常容易。雖然通常是生殖器官被刺激才會達到高潮，有些人卻只要去想像就可以達到高潮，研究發現這些「只在大腦中」的高潮跟實際性交所達到性高潮時的生理反應——心跳加快、血壓改變、瞳孔放大、對痛的忍受度變大——完全一模一樣。

性慾中心在下視丘，但是像其他的慾望一樣，它投射到邊緣系統和皮質的很多地方去。它也像很多其他的慾望一

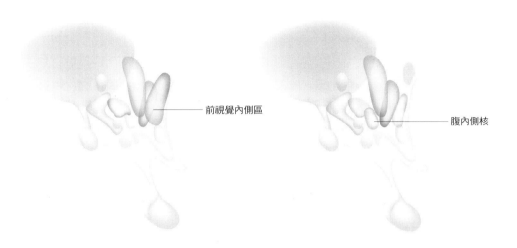

前視覺內側區

腹內側核

樣，它可以分解成很多元素，每一個都有它特定的地點。這些產生不同層面性感覺和行為的細胞組織不只是受到神經傳導物質的影響，也受到性荷爾蒙雌激素（oestrogen）和睪固酮的影響。這些荷爾蒙幫忙設定這個人的性趨向（同性或異性）、性交型態和性驅力。

與性有關的大腦區域有男女性別上的差異。基本的線路圖是在未出生前就已經被基因設定了。這些生理上的差異與行為上的觀察是相符合的。任何一個夠大的族群，不論是人類、猴子或老鼠，這些行為上的差異都大到足以讓你正確地談論典型的男性性行為和典型的女性性行為。

典型的男性性行為比女性更有主宰性，通常比較有攻擊性，扮演插入者的角色；女性比較服從，通常會脊柱前凸（lordosis）、展示性器官，在性交時採接受者的角色。這些差異有一部分可以由大腦來解釋。

下視丘的前視覺內側區似乎是男性性行為中心，在交配中的日本獼猴身上可以看到它非常活躍。在這個地方，對男性荷爾蒙（androgen）敏感的神經元數量最多，而且在男性身上的體積比女性大。當這個區域受到刺激時，公猴

典型的男女性性反應是由下視丘不同地方所造成。

左圖：前視覺內側區引發對女性的性慾。從這裡來的訊號會送上皮質，產生意識的興奮，然後往下傳到陰莖使它勃起。

右圖：典型的女性性行為是由腹內側核所激發。這個神經核也是掌管食慾的地方。當它在性的情境中被激發時，會鼓勵性器官的展示，在動物身上，展示性器官也是臣服的表現。

上癮

邊緣系統的報酬中心在腹側蓋膜區以及伏隔核，不過大腦的其他地方也跟報酬有關——額葉區就跟尋找的行為有關，隔膜跟吸毒時的愉悅感覺有關，杏仁核跟情緒的產生有關。每一種毒品的作用方式都有一點不同，它們各自有獨特的效應。

快樂丸（ecstasy）會刺激製造血清張素的細胞，使前額葉活化，就會產生非常快樂、飄飄欲仙、認為生活很有意義、對世人充滿了愛心的行為。這種效應很像抗憂鬱藥的藥效，但是快樂丸會使細胞產生非常多的神經傳導物質，效應遠大於抗憂鬱藥。如果長期強迫細胞大量分泌神經傳導物質，便會使細胞過勞而早夭，造成暫時性的退縮症狀，有得長期憂鬱症的危險。

迷幻藥（hallucinogenic drugs）如LSD和魔術草菇（magic mushroom）會刺激血清張素的製造，並模仿它的效應。除了激發大腦的快樂中心外，這些毒品都會刺激顳葉，使幻覺產生。恐怖的幻覺可能是因為刺激到杏仁核，那是大腦製造害怕感覺的地方。

古柯鹼（cocaine）會阻擋多餘的多巴胺被清除的機制以增加多巴胺的量，同時也阻擋正腎上腺素和血清張素回收。這三種神經傳導物質增多會造成極樂（多巴胺）、自信（血清張素）和精力充沛（正腎上腺素）。

安非他命（amphetamines）促進多巴胺和正腎上腺素分泌，會增加精力，但可能產生焦慮和煩躁。

尼古丁（nicotine）模仿多巴胺和細胞表面感受體的結合方式來激發多巴胺神經元，所以主要的效應跟多巴胺大量湧出是一樣的。不過尼古丁很快就使神經元去敏感化（desensitize），所以一開始去敏感化後，尼古丁的效應就不存在了。尼古丁也影響製造乙醯膽鹼的神經元，這種神經傳導物質與警覺性及增加記憶有關。

鴉片（opioids）跟嗎啡和海洛英一樣，會與原本和腦內啡和腦啡的感受體結合，這會啟動大腦的報酬迴路而使多巴胺大量湧出。這些藥物之所以能夠止痛是使前扣帶迴的激發降低，因為前扣帶迴（anterior cingulate gyrus）是負責集中注意力到不好的內在刺激上。鴉片所造成的退縮效應，與壓力荷爾蒙的快速上升有密切關係，壓力荷爾蒙會活化大腦製造渴望的地方。

酒精和鎮靜劑的作用類似安眠藥，減少伽馬丁胺酪酸（GABA, gamma amino butyric acid）神經元的活動。如果能阻擋這些神經細胞上的感受體與神經傳導物質結合，可以減少喝酒的快樂，所以就可以幫助戒酒。酗酒（或許所有的毒品上癮都可能）與基因遺傳有關。酗酒者的孩子即使被收養，在正常的家庭長大，他們比一般人變成酗酒者的機率高四倍。

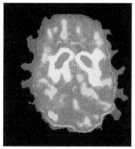

古柯鹼造成極樂狀態，因為它阻止大腦中負責清除多餘多巴胺的感受體的作用，使得更多的多巴胺可以自由的去興奮大腦中主管心情的地方。腦造影掃描顯示一個正常的大腦吸收多巴胺的程度（紅色＝高度吸收，黃色＝中度，綠色＝低度）

上圖：施用安慰劑之後（對照組）
中圖：服用低劑量古柯鹼之後（每公斤體重0.1毫克）
下圖：服用高劑量古柯鹼之後（每公斤體重0.6毫克）

你可以看到，服用高劑量之後，幾乎沒有任何多巴胺被吸收，全都自由的與其他神經元作用。

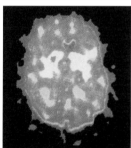

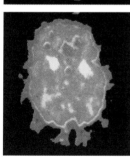

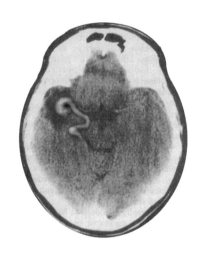

直接刺激顳葉會產生強烈的性慾。在這張腦造影圖中，腫脹的大腦血管快速活動，使病人在完全不恰當的場合產生性高潮的感覺。在病人開刀去除這塊地方之前，這種性高潮的感覺大約二週一次，持續了三年之久。

會對任何發情期的母猴都有興趣（母猴也一定要在發情期才可以交配），假如母猴不在發情期，則公猴沒有興趣。相反的，如果把前視覺內側區切除掉，公猴會對所有的母猴失去興趣，不只是對性交失去興趣而已。腦部這個區域被切除後，公猴還是可以手淫（即還可以舉），但是會有越來越多的典型雌性行為出現，如展現生殖器。

這顯示前視覺內側區的主要功能是對發情期母猴所送出來的荷爾蒙訊號產生反應。這些訊號從很多方面傳進腦部，對猴子來說，嗅覺系統是主要的訊號來源。人類嗅覺系統所扮演的角色則較不確定。

前視覺內側區同時也接受杏仁核的兩個神經核，所傳送過來的訊息；一是皮質內核（corticomedial nucleus），另一是基側核（basolateral nucleus），兩者都與攻擊行為、主宰性、維護自己領域的行為有關，這種關聯可以解釋為什麼男性在性交時會有攻擊性的暴力行為出現。下視丘前視覺區內側核的興奮可能對杏仁核有激發的效應，使攻擊性出現。

一旦被適當的性刺激所興奮後，下視丘的前視覺內側核將訊息送往大腦皮質，使身體做出適合交配的姿勢。在此同時，訊息也送往腦幹，使陰莖勃起。一旦性交開始，運動皮質就參與了，製造出恰當的抽縮動作。最後，另一個下視丘的神經核「背側內核」（dorsomedial nucleus）激發射精動作。

正常的時候，這些步驟都按部就班進行，但是有時因腦傷或功能失常，其中有一、二個因素不同步、不舉或舉後不疲。假如在癲癇發作同時，背側內核也受到刺激，則病人會在沒有任何性慾刺激的情況下射精，而如果刺激

有所謂「同性戀腦」嗎？

　　1991年，享有盛譽的科學期刊《科學》（Science）發表了一篇論文，一群死於愛滋病的同性戀者的大腦經過解剖後，發現他們的大腦結構異於一般人，在下視丘引發典型男性性狀行為的神經核比一般人小很多，比較像女性腦的下視丘神經核。這篇論文的作者是美國加州聖地牙哥沙克研究所和加州大學生物系副教授拉維（Simon LeVay），論文出現後就立刻受到同性戀團體的攻擊，他們害怕同性戀會被認為是一種生理上的疾病，而導致再度受到歧視與傷害。拉維本身是位同性戀者，他後來又發現，同性戀者的胼胝體也比較大。三年後，美國國家衛生研究院的分子生物學家哈默（Dean Hamer）發現，母系方面有一個基因會影響性傾向。在2008年，瑞典的科學家研究了90名同性戀和異性戀的男生和女生的大腦掃描圖，發現同性戀男子的兩個腦半球大小跟異性戀的女生比較相似，也就是說，雖然是男生，但是男性同性戀者的大腦跟異性戀男生不像，反而跟異性戀的女生相似，就異性戀的女生來說，她們兩個腦半球大小相近，但是異性戀的男生右腦比左腦大一點。但是在這個研究中的同性戀男生，他們的兩個腦半球相當對稱，跟異性戀的女生很像。同性戀女生的大腦不對稱，比較像異性戀男生的大腦。綜合上述證據，同性戀是有生物上原因的，所以對「疾病」這個看法的敵意就消失了。

　　男性的隔膜──邊緣系統中鄰近下視丘的一個組織──可以製造高潮，但沒有快感。所以所謂高潮其實是「反射性的癲癇反應」的一種形式。隔膜受損也會引起異常勃起（priapism），也就是陰莖永遠勃起不倒。相反的，如果這些性神經核缺少刺激，就會造成陽萎（impotence），如下視丘的訊息無法抵達腦幹，就無法勃起。

　　女性的性行為中心是在下視丘的腹內側核，就是掌管飢餓的那個神經核。這個區域有很多對女性荷爾蒙敏感的神經元，便是這種荷爾蒙使腹側內核興奮，做出展示性器官

大腦與性別

男性和女性的大腦在結構上的不同點有：

下視丘1NAH3神經核

位於前視覺內側區，男性比女性大2.5倍。這個神經核負責典型的男性性狀行為，它對男性荷爾蒙敏感的細胞數量比大腦任何一個地方都多。有些研究發現，女性的豪邁獨斷（男性化）以及過度男性化的行為，與乳房小、聲音低沈、粉刺、多體毛之間有關聯。這些身體的特徵通常顯示有高濃度的男性荷爾蒙，而女性化行為很可能是女性荷爾蒙刺激1NAH3所產生。

胼胝體

這是兩個腦半球用來溝通的神經纖維束，通常女性比男性大。腦中的前連合也是如此，這是連接兩個腦半球下面潛意識區的比較古老的連接神經纖維束。

這可以解釋，為什麼女性通常比較能夠覺識到她自己以及別人的情緒，因為她對情緒敏感的右腦可以送更多訊息到左腦進行分析，也使情緒更容易融入語言和思考的歷程中。女性的中間質（massa intermedia）組織也比較厚，可以比較緊密地聯結兩邊的視丘。

腦細胞和工作方式

男性的大腦細胞比女性死亡得早，數量也較多。

男性比較容易失去額葉和顳葉的神經細胞，這些區域與思想和感覺有關。失去這些細胞容易引起易怒，以及其他的人格改變。女性比較容易失去海馬迴和頂葉的神經細胞，這些地方負責掌管記憶和視覺空間，所以女性年老時比男性健忘，容易迷路且沒有方向感。

腦造影研究顯示，男性和女性使用大腦的方式不同。做一個複雜的心智工作時，女性會把兩邊腦都叫來一起工作，而男性只用最適合這項工作的一邊大腦。這種大腦激發型態上的不同，顯示女性對生活的視野比較廣，在作決定時將比較多的情況層面納入考量。男人則比較專注，不易分心。

男性

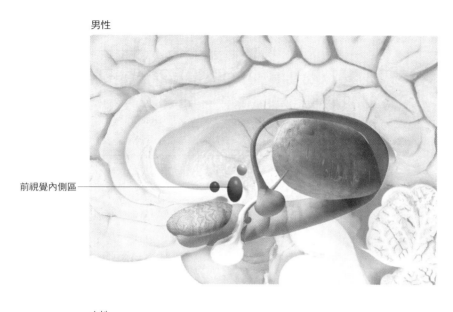

前視覺內側區

女性

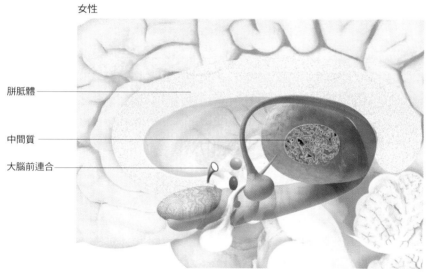

胼胝體

中間質

大腦前連合

的動作，這種行為是許多動物典型的性邀請行為。對老鼠來說，展示性器官是個反射行為，只要一抓母老鼠的背，這行為就會自動出現，因為公鼠爬到背上交配時，最先接觸到的就是這個地方。但是它也不像敲膝蓋腿就彈起來這種簡單的反射反應，還是有一點受到意識的控制，假如這個刺激來自公鼠，所展現的強度會遠大於實驗助理的手。人類展現性器官的動作則是完全受到意識控制，不過看Ａ片的人會告訴你不全然如此。

雖然女性荷爾蒙似乎主宰了性行為展示的方式，但對性慾的強度卻沒有什麼作用。關於這點，男女兩性都是受到腎上腺素和睪固酮的作用，這兩種化學物質在大腦很多地方都有作用，顯然性慾是大腦很多區域交互作用的結果，不是一個地方能夠左右一切的。

性充斥整個大腦，尤其是人類的大腦，從邊緣系統中的性嗅覺區、性搜尋區到性激發區投射出來的神經連接，幾乎通到所有的皮質，把這個訴求送往意識去。皮質區中與性感覺聯結最密切的是右額葉，有張很難得的人類性高潮腦造影圖顯示，這個區域的血流量在性交時大幅增高，另外有一位婦女在額葉血管病變鼓起後，一直有自發性的性高潮感覺，使她很困擾。至少由這些報告看來，人類的性慾在男女兩性上是相似的。

大腦中的性訊息傳遞是雙向的，當下面送上來性的要求時，意識的大腦也把從環境蒐集來的性刺激訊息送往邊緣系統。在這來來往往的時候，人類的大腦就使我們暖好身子，隨時準備性交。其他動物在雌性發情期才可以性交，只有人類是隨時可以性交的。性交其實包含了大腦所有種類的活動，從高層的認知（羅曼蒂克的愛）到視覺和身體的辨識，一直往下到情緒和身體的動作功能。因為如此，

任何地方出了毛病都會引起性的功能喪失。因為額葉充滿了性，而額葉又是人類建構最精密思想、抽象理念的地方，所以前額葉受傷的人會有性猥褻、淫穢和不可抑制性衝動的行為出現。

額葉受傷也會導致色情狂（erotomania），對某一個性幻覺有揮之不去的幻想，如他相信某一個名人愛上了他，送祕密的愛慕訊息給他。跟蹤者通常是色情狂，他們一般是無害的，但是他們的跟蹤盯梢會使被仰慕的人透不過氣來。最近有一個案子是一個人闖進鄰居一位小姐的家中，開始把他的東西搬進來，但他從來沒有與她說過話，只是每天跟蹤她。警察來逮捕他時，他宣稱他們已經訂婚了，所以搬進來同居。核磁共振的腦掃描顯示，這個人的左額葉長了很大的良性瘤，一旦把瘤切除，他的行為也正常了。另一個個案是位40歲的老師，他突然偷偷去上兒童色情網站，而且去按摩院嫖妓。當他太太發現他有性侵幼兒的蛛絲馬跡時，他被強制驅離他的家，被判猥褻兒童，強制治療他的戀童症。在入監的前一晚，他因劇烈頭痛去醫院，並且說他害怕他可能會強暴他的女房東。核磁共振掃描發現他的大腦在右額葉邊長了雞蛋大小的腫瘤。當腫瘤切除後，他的強迫性性行為也消失了，但是幾個月之後又回來了，因為他已經知道了這個行為背後的原因是什麼，他馬上回到醫院去檢查，果然，那顆腫瘤又長回來了。

顳葉在性功能上也扮演重要角色，如果顳葉前面以及底下的杏仁核受損，會導致克魯佛—布西症候群（Kluver-Bucy syndrome），病人會把眼睛所看到的所有東西都塞進嘴裡，或跟這些東西做愛。有一個可憐的人被逮捕時，正在對人行道的水泥地做愛。

這種奇怪的行為是因為，在正常狀況下，患有克魯佛—

布西症的病人受傷的顳葉皮質部位負責送抑制訊息到下視丘的腹側內核去。我們在前面曾提到，腹側內核會驅使人把容易拿到的東西一直塞進嘴裡，另一個功能則是激發典型的女性性行為。所以當顳葉受傷、沒有抑制訊息時，腹側內核就大量激發，造成不斷的進食和性交的慾望。這種不論什麼都拿來吃、不論什麼都與之交配的奇怪現象，很可能跟病人失去辨識物體類別的能力有關，而這是顳葉的另一個重要功能。把這兩種功能障礙放在一起，就難怪水泥地看起來很好吃，也有性吸引力了。

額葉和頂葉交接的地方是感覺皮質區和運動皮質區，即腦中所謂的「身體地圖」，身體的每一個地方都與大腦皮質區的某一個位置相對應。在這裡你可以看到另一個性對人類很重要的證據，感覺運動區劃給生殖器的面積大於劃分給胸部、腹部、背部加起來的總和。刺激皮質上代表性器官的區域，會造成性器官的感覺和動作。癲癇病人發作

大腦的「觸覺地圖」：皮質表達身體觸覺的區域就像一條髮帶似的，其中分配給性器官的面積，跟胸部、腹部、背部整個合起來的面積一樣大，可見「性」的重要性。

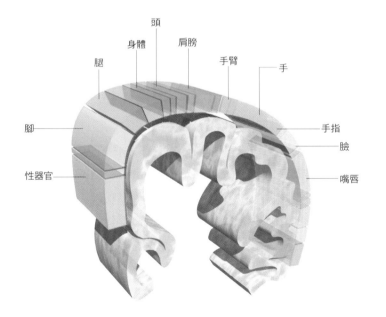

頭
身體
肩膀
腿
手臂
手
腳
手指
臉
性器官
嘴唇

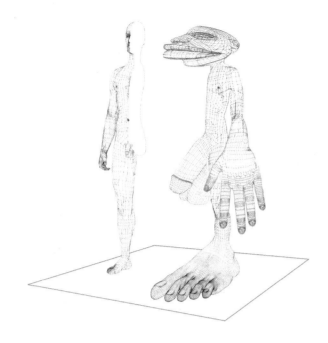

位置正好落在大腦性器官區時，病人會有很強的性交感覺，有時這種病人會做出性交時的進出抽拉動作。

但是性並不只是性交動作及射精，尤其人類的性更是如此。人類有非常精緻、複雜的一套感覺，我們稱之為愛。

這種強烈的羅曼蒂克愛情和母親愛孩子的那種比較溫柔的愛都來自大腦的活化——最顯著的地方就是多巴胺的報酬系統，但是母愛並不能使多巴胺報酬系統活化得那麼厲害，另一個相似點就是這兩種愛都關掉大腦中跟恐懼和關鍵性批判有關的部位。這個結果就是「推我—拉我」（push-me pull-me）的機制，產生一種親近和被贊許的感覺。這使我們忽略對方的毛病，同時使我們在想到對方或跟對方在一起時，感到興奮快樂。對所有種類的愛都扮演關鍵角色的另一種神經傳導物質就是激乳素或又稱催產素。

催產素被認為是在演化上相當近期才出現的荷爾蒙，它是比較古老的荷爾蒙「血管加壓素」（vasopressin，用來

增高血壓）的突變種，兩者在化學組成上很相似。血管加壓素是一種抗利尿劑，主要的功能是控制血流量和血壓。然而，這種藥也可以幫助新生記憶的設定，很多人把它當作認知加強劑或「聰明藥」（使你變聰明的藥，這其實是濫用了）。受到性和生殖器官的刺激後，下視丘會製造催產素，然後釋放到血液中。在性高潮和生產的最後階段時，催產素會充斥在大腦中，所以就產生溫暖的、飄飄欲仙的、愛的感覺，這感覺可以強化夫妻或親子之間的聯結。短時間來講，催產素似乎使記憶遲頓，但是因為它繼承了血管加壓素的特質，可以強化新的記憶，所以一個可以引發催產素分泌的記憶可能特別強烈。這個機制可能跟上癮很相似，催產素跟腦內啡的構造很相似；腦內啡是大腦中自己製造的、像鴉片一樣的化學物質。戀人在分離時所感受到的痛苦，可能有一部分來自他們想拉高血中的催產素濃度。

　　無數的心理學研究顯示，人在極端痛苦時常會與真實世界分離，尤其要對自己所愛的人加以評量的時候。人們常常看不見對方的缺點，因此對未來的親密關係有過度樂觀的期待。假如我們冷靜的來看，羅曼蒂克的愛其實是化學物所引發的瘋狂狀態，它是社會組織再糟不過的基礎，正如西方世界的離婚率所說明的事實一樣。

　　然而，從大腦的觀點看來，愛卻是最大的驚喜與刺激。只要邊緣系統仍位在駕駛座上，性愛就會繼續進行干預，使我們快樂，偶爾在我們沒有提防的時候顛覆我們。它可能無法使地球運轉，卻可以使地球變成一個比較有趣的居住地。

自閉症是男性大腦的一個極端現象嗎？

女性：

＊在語言測驗上的成績比男生優異

＊在語言發展上比男性快

＊比較不易得到「發展性語言障礙」（developmental dysphasia）

＊在社會判斷力、同理心及合作方面的測驗成績比男生好

＊比較會做配對測驗

＊在產生不同想法的創造力測驗上成績較高

男性：

＊數學推理測驗表現比較好，尤其是幾何與應用題

＊在區辨背景和主體的測驗上比較優越

＊善於在腦海中旋轉物體

＊丟飛鏢比較能命中目標

本文作者

巴倫—科恩
（Simon Baron-Cohen）

劍橋大學實驗心理學系教授。他經過幾十年關於男女性別差異的心理研究之後，發現有一些差異在不同的實驗中重複出現，雖然不是每一個人都如此，但是在作團體比較時，這些差異都會出現。

我並不是說某一個性別比另一個性別優越，只是說男女性別有不同的認知方式。並不是每一個男生的空間感都比較好，而是說，假如你是男性，你的空間感比較好的機率會增加。這些性別差異當然有社會化和生物先天上的因素在內，我認為這些心理上的差異有一部分是來自大腦發展上的差異，而這是來自基因和內分泌上的不同所致。我研究這個主題的原因，主要是因為自閉症。

第一，就模式上來說，我們可以用「大眾心理學」和「大眾物理學」等名詞來說明大腦的發展；大眾心理學是用心智狀態來了解一個人，大眾物理學則是以物理的因果關係及空間關係來了解一個物體。在這裡，我將用操作型定義來說明，把所謂「男性大腦」定義為一個人的大眾物理學能力比大眾心理學能力好，而「女性大腦」則正好相反。大眾物理和大眾心理一樣好的人，我們稱之為認知平衡的大腦型態。

自閉症是一種具有強烈遺傳性的精神問題，它的特徵是社交和溝通能力的不正常發展，興趣很窄小，行為重複且缺乏想像力，男性和女性的罹病比例是四比一，而亞斯伯格症（Asperger's syndrome，純粹是自閉症，沒有別的障礙缺陷）的男女比例更達九比一。我認為，自閉症和亞斯伯格症是極端的男性大腦的現象。

有自閉症的孩子在隱藏圖形測驗（Embedded Figures Test）中，表

[1]

[2]

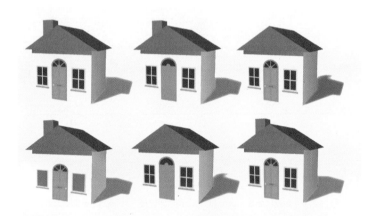

[3] Priests, Politicians, Pundit, Physicists, Psychologists, Parents, Pedagogue, Police, Philosopher, Paedology, Polymath, Palaeontologist, Palimpsest, Pagan.

【譯註：這個測驗叫作口語流利測驗（verbal fluency test），即在某特定時間內說出某個字母開頭、所有你想得出來的字。如本例為P開頭的字。】

[4]

平均說來……
1. 男性比女性會在腦海中旋轉影像
2. 當判斷兩個影像是否相同時，女性反應比較快
3. 女性比較快說出字
4. 男性丟東西比較準，可以命中目標

[5]

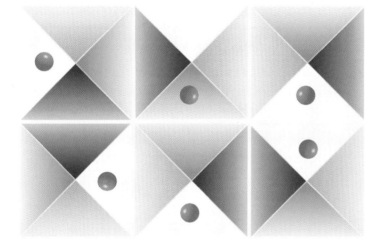

[6]

[7]

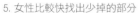

5. 女性比較快找出少掉的部分
6. 和8.男性比較容易找出隱藏在複雜圖案中的某一個形狀
7. 女性手指比較靈巧,可以把這些木樁很快地插回去
9. 女性比較會做數學四則運算
10.男性比較會做數學推理測驗

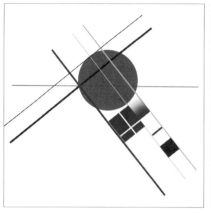

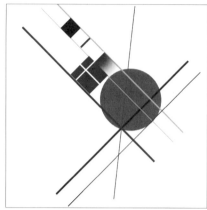

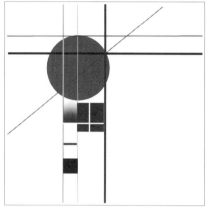

[8]

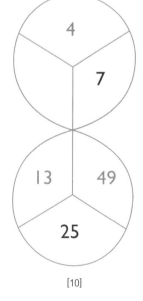

[9]

$18-246\div8=$

$4（18+36）+10-\dfrac{15}{5}=$

4

7

13　49

25

[10]

現比同樣心智年齡的控制組好；通常在這個測驗中，男性的表現比女性好。他們在社會認知的某些層面，例如了解別人心智狀態的測驗中表現很差，而這種測驗則通常是女性比男性好很多。的確，即使是自閉症孩子的父母，都比同性別的控制組更屬於男性的腦。我認為這並非偶然，而是反映出自閉症患者與性別有關的神經發展歷程。

那麼，到底是怎麼樣的神經發展歷程呢？下面我們來看一下已經過充分研究的胚胎男性荷爾蒙作用模型：

在一個男性的胚胎中，XY基因控制了睪丸的生長，在胎兒八週時睪丸形成，開始釋放出睪固酮，很多人認為，睪固酮是胚胎男性大腦發展的主要原因。有些心理學家發現，剛出生的女嬰對面孔和聲音等社交刺激注視的時間比較久，而男嬰比較喜歡凝視空間性的刺激，如會動的東西。研究發現，出生前睪固酮的濃度可以用來預測七歲時的空間能力。

到底哪一些結構可以用來區分這兩種大腦型態，目前還未有定論。有人發現男嬰的腦皮質比女嬰厚，又有人發現女性的胼胝體比男性大（這可以解釋女性在語言流利上的優越性），而自閉症者的胼胝體更小；也有證據顯示，接觸男性荷爾蒙可以增加女性的空間能力（被閹割過的老鼠的空間能力減低），這與男女性大腦在神經發展的關鍵期與荷爾蒙濃度的高低有關的看法是不謀而合的。

所以，自閉症和亞斯伯格症是男性大腦的極端。不過還有許多問題沒有解決，例如，到底發生了什麼事，使一個人的大腦會落到這個男女性連續向度的極端而變成自閉症？是早期荷爾蒙濃度的關係嗎？是遺傳基因的關係嗎？在神經生物學上，說一個人的腦是極端男性的腦是什麼意思？假如性別差異是來自神經發展上的因素，那麼是什麼樣的演化因素促使這個兩性外表差異（sexual dimorphism）的出現？

第 4 章

可以變化的陰晴圓缺

無論是感覺或行動都是一樣的——籠罩著我們心田的陽光和陰影，都是大腦內部生化物質操控的結果。大腦中的模組打開或關上，製造各種不同的神經作用模式，而這就產生了我們的心情。邊緣系統送出針對恐懼和憤怒的緊急訊息，而皮質再做出反應，產生意識將情緒淹沒。

情緒的表達

心理學家有時候會用一組相片來引發情緒反應。這些相片是人在嚴重車禍後的痛苦表情、無助的浮沈在洪水中，或是從大火燃燒的窗口中大聲的喊救命。

在一次特別的實驗中，受試者在看這些相片時的身體反應被記錄下來。這些受試者都非常受到這些相片的驚嚇，他們的脈搏上升，血壓升高，壓力荷爾蒙開始進入血液中。看完照片後問他們的感覺，大多數人說感到哀傷、反胃或焦慮。偶爾有一、二個人承認他們感到刺激般的興奮。

有個受試者艾略特卻什麼都沒有感覺到。多年前，他因腦瘤而將額葉某處切除了，從此他就成了沒有感情的人。狄馬吉奧（Antonio Damasio）這位神經學家曾被請來評估艾略特的病情，他寫道：

「他永遠都表現得很有自制力，永遠以局外人、沒有熱情的觀點來解釋他的感覺。他完全沒有任何受苦的感覺，也沒有壓抑內心翻攪或抑制內在感情共鳴的表現。他根本就沒有任何東西可供壓抑。」這是一個沒有歡樂或愛情，沒有悲哀或憤怒的人生，但是你可能會認為至少有一個好處，即可以很理智的作決策，即使是在危機之中他也不會心慌意亂，因為他不會感到危機的壓迫。所以，這個人應該會很成功。

事實上，結果正好相反。艾略特為什麼會去找狄馬吉奧診視，最主要原因就是他手術後在任何一方面都無法有效率地運作。他的智商仍跟手術前一樣，記憶力沒有問題，計算和推理能力也都完好，但是他無法做任何決策或做完任何一件事。他需要別人叫喚才會起床，上班時他東摸西摸，無法決定該先做哪一件事，因而蹉跎掉一整天，或是

專心做不重要的細節而忽略了緊急該辦的事。當他被開除後，他投資許多新的公司，最後破產。

經過一長串的神經心理學測驗後，終於找出艾略特的問題根源了：他的情緒無法在大腦中表現，一旦沒有情緒的指引，他就無法決定哪一個是重要的、哪個是不重要的。當他面對決策時，他可以列出一長串所有可能的解決方法，但是他不知道哪一個才是對的。他沒有任何直覺來警告他有些投資公司是會詐財的，他也沒有本能來告訴他誰是可以信任的。他會破產的原因是因為他遇到一個人，每個人都馬上知道這個人是騙子，但他卻選這個人作為合夥人。他自己知道，他的反應中缺少一些東西，在他看完那些相片之後，他說：「我知道這是件很悲慘的事，但是我就是沒有感受到一點悲哀。」

如果從邊緣系統到皮質的神經通路被阻斷了，情緒就不能在皮質中登錄。

艾略特所顯現出來的這種知識和感情分離的原因，是因為他的腹內側前額葉到邊緣系統的神經迴路被切斷了，前面曾提到，額葉是情緒傳達到意識界的地方，而邊緣系統位在無意識的皮質下，是情緒產生的地方。艾略特的個案讓我們了解，知覺和行為是如何在我們自己都沒有意識的狀態在大腦內處理，純粹是內在反應所產生出來的訊息。

我們的情緒字彙，如心痛、喉嚨哽咽、頸子痛等，其實都直接反應了身體狀態和情緒感受之間的關係。

潛意識情緒對我們決定的效果可以從狄馬吉奧所發展出的一個「設定的」紙牌遊戲（fixed card game）中看出。這個實驗的做法是讓受試者玩兩副牌，一副牌是事先設定了比另一副牌有較大的機會贏牌，但是受試者並不知道，而

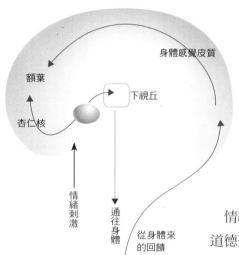

身體感覺皮質

額葉

下視丘

杏仁核

情緒刺激

通往身體

從身體來的回饋

情緒刺激是在杏仁核登錄。意識情緒的產生有直接和間接兩種方式，直接途徑是從杏仁核送往皮質，間接途徑則經過下視丘，它會送荷爾蒙訊息到身體去產生生理的改變，如肌肉收縮、血壓上升、心跳加快等。這些生理的改變又回饋到身體感覺皮質，這裡再送訊息到額葉去，額葉就把這些生理改變解釋為「情緒」。

且差別很小，所以在玩的過程中，受試者並不會有意識的發覺到。但是在玩了一陣子後，問受試者喜歡選哪一副牌來玩時，正常的人都會選設定了的那副牌，所謂的直覺（intuition）其實是很細微的內藏訊號，這會驅使我們去做決定。像艾略特這種人就不會分辨出這個細微的差別，因為他們的直覺回饋得不夠強烈。

情緒也在道德判斷上扮演關鍵角色。我們都認為道德是人類最高的成就之一；跟其他動物只有本能的行為有天壤之別，然而，我們所謂的人類特有的道德決定，仔細檢視起來也不過是情緒的反射反應罷了。

下面是哲學家最喜歡的一個例子，可以深入探討人們對人類行為作出價值判斷時的內在偏見。

你站在一條鐵軌的旁邊，往一邊看，你看到有五個人在遠方正沿著鐵軌走。不知為何原因，或許他們在熱烈討論一個問題，或是他們都是聾子，或只是愚蠢，他們並沒有注意到周邊發生的事。在你和他們之間有條鐵軌支道從主線分叉出去，在那條支線上你看到有一個人沿著鐵軌走，不知道為什麼原因，他也沒有注意到周遭的事情。在交叉點，有鐵軌轉換器，可將火車導至主線或支線。當你看另一個方向時發現火車來了，你感到恐懼，又看到火車的司機睡著了，所以他不可能看到前面有人而踩剎車。因此，這五個人一定會被輾死，除非你去扳動那個扳手，把火車導至支線上去，但是支線上也有一個人在沿著鐵軌走路，因此，如果扳動扳手，你會救了五個人的命，卻會犧牲另一個的命，現在的問題是，你該不該去扳動那個扳手？

當問人們這個問題時，大部分人認為他們會扳動扳手救

五個人的命，雖然這表示另一個無辜的人要被犧牲掉。但是這個故事很聰明的地方就在於這個理性的決定是很容易被感情摧毀掉的。

假設你現在並不是正好站在鐵軌旁邊，看到五個很不謹慎的行人，而是站在橋上俯視著鐵軌，旁邊還有個朋友。你同樣是看到火車來了，你知道假如不採取行動的話，這五個人會被輾死，但是你在橋上，並無扳手可拉。你能夠停住火車唯一的方式是把身旁的朋友推下去，因為他過胖，所以他的體重應該可以阻止火車前進，你會救了那五個人，卻犧牲你這個朋友。

這個情況基本上跟前面的是相同的，犧牲一個人去救五個人。所以講起來，正確的行為應該是把你朋友推下去，但是當這樣去問人們時，卻很少人認為把朋友推下去救五個人是對的事情。扳扳手去救五個人大家都贊成，因為在動作和後果之間有了距離，但是親自動手去推人致人於死就不對了。這並不是因為這個胖子和支線鐵軌上的人有受到不一樣的苦，也不是因為最後的結果有差別，這看起來不對是因為我們的直覺（gut feeling）覺得不對。

大腦腹內側皮質（ventromedial cortex）受傷的人，如艾略特，就不會有這種不對的感覺，他們認為把胖子推下去跟扳那個扳手是一樣的，因為後果是一樣的，雖然他們的判斷好像很冷血無情，他們才是真正最接近理想的理性決策，法院的法官要作的也就是這種決定。

心理病態

雖然像艾略特這種人缺乏對和錯的直覺感覺，至少他們不會去做反社會行為。就像他們不會從別人受苦中產生負面的情緒，他們也不能從比別人強得到正面的感覺。相反

有所謂的道德器官嗎？

本文作者

豪瑟（Marc D. Hauser）

哈佛大學認知演化實驗室
主任。

相對於道德是情緒所驅動的另一個比較另類的看法，其實是認為它跟語言學家喬姆斯基（Noam Chomsky）對語言的看法一樣——這個另類看法我在我的研究中曾採用過。這個看法認為所有的人類天生就有道德的器官，一個冷漠無情的計算系統，負責評估一個行動的道德成分，它的標準是這個人的信念和意圖，加上對行為後果的評估，有多好或多壞，最後做出決定。因此，就像喬姆斯基提出一個普遍性文法（universal grammar）來解釋所有語言的習得在結構上和型態上的相似性，以及神經可以被化約到更小層次的本質，我們也提出一個普遍性文法來解釋我們道德系統的相似層面。這個看法直到最近才得到實證的根據。

假如這個跟語言的類比有一部分是對的，那麼道德的器官是獨立在情緒之外運作的，是一個冷漠無情的計算系統，提供一套抽象的原則來建構道德系統，在傷害發生時，它會被系統化的分解。最近有好幾個研究的結果都跟這個看法相符合，但是前面還有很重要的挑戰。

我的同事和我所做的心理病態者的研究可以看出人們在做道德兩難的問題時，他們判斷的正常型態是什麼。所以當問他們把一個人推下去以救五個人道不道德時，心理病態者説不道德的機率比扳扳手來得高，這個結果加上大腦影像的實驗，以及額葉受傷病人的實驗，顯示對許多不同的道德問題來說，他們的計算是冷漠的，沒有情緒系統的輸入。

我的學生和同事所做行為研究顯示，至少有六個原則是可以代表部分的普遍性道德文法。它在我們的覺知之外運作，是自動化的，像反射反應一樣。這六個原則為：

1. 造成傷害的動作比沒有動作還糟，雖然沒有動作也會引起同樣的傷害。
2. 傷害別人做為達到較大益處的手段，比這傷害是來自副作用還更糟。
3. 用身體接觸去傷害別人比沒有身體接觸所造成的傷害還更糟。
4. 因故意造成有直接因果關係的傷害比沒有直接因果關係的傷害還更糟。
5. 用個人力量造成的傷害比用間接、媒介、非個人原因造成的傷

害還更糟。

6. 傷害別人以達到更大的益處而且使他們比原本的狀況還慘，比用傷害別人為手段但是沒有使他們比原本的狀況還慘更糟。

　要說明這六個原則請想像前面講的火車會輾死人的問題，原則1就是推一個人下去比沒有警告在鐵軌上走的人還更糟。原則2是比較推一個人跟扳扳手，前者是為了救五個人必須這樣做，後者是扳了扳手後的不幸副作用。原則3、4及5都是推人（有實際身體接觸）和扳扳手（沒有身體接觸，透過媒介，不是直接的因果關係），就直接因果關係來說，推人下去是有意圖的直接將人推落鐵軌使他死亡，但是救了五個人的命。相反的，假如這個人是在支線上，扳了扳手使火車改道，輾死了這個人，雖然都是犧牲了一個人的性命，但是先將火車導入支線，然後才有人死，因此它是間接、非直接因果關係的。最後，原則6可以用推人的例子來解釋。推這個動作會使這個人比沒有推更糟，而推一個已死的人的屍體到鐵軌上沒有使這個人更糟，那麼前者比後者更不好。

　不論這些原則是否有普遍性，也不管它們是否為自動化的操作，或對文化的改變或反思免疫，都是一個很有趣、而且在目前沒有答案的問題。但它們是可以回答的，這是為什麼道德判斷的科學是一塊令人興奮的處女地，它讓我們有機會將大腦研究這種基礎科學跟與每天生活相關的心智健康、教育和法律等應用議題連接在一起。

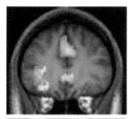

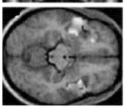

心理病態的人的大腦掃描圖
顯示他們的行為有一部分可
能是因為杏仁核的功能出了
問題。當把一套很可怕、很
暴力的圖片給正常人看時，
他們的杏仁核會劇烈的活化
（上圖），而同樣的圖片在
心理病態的人的大腦中卻幾
乎沒有什麼反應（下圖）。

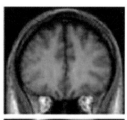

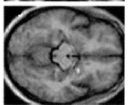

的，心理病態的人會從傷害別人中得到快感和滿足。

　　心理病態的人，像腹內側前額葉受傷的病人，他們跟正常人的差別在於缺乏社會和道德相關的情緒，如他們在同理心、罪惡感、羞慚和悔恨上跟我們不同。但是心理病態的人跟艾略特不同的地方是他們會去動手做。當正常人對別人伸出救援幫助的手時，大腦中會充滿了熱情，驅使他們行動的驅力會使他們感到溫暖和激勵，當正常人被欺騙或對方不信守諾言時，會感到厭惡，但是心理病態的人他們的驅力只在於使他們自己受益。

　　心理病態的人沒有正向社會情緒去減低他們的驅力，他們會說謊、欺騙、毆打、威脅等不擇手段只為達到他的目的，他們知道自己所做所為是錯的，但是他們不在乎，他們只在乎有沒有拿到想要的東西。

　　依標準診斷測驗所測量的結果看來，在一般的社會中，心理病態的人不是很多，大約兩百人中有一個。然而在監獄中，他們是大多數，在階層性的組織中，管理階層的位置上也常會發現這種人，他們霸凌下面的人，踩著別人的頭往上爬。的確，雖然心理病態跟犯罪有關，但是聰明、有社會背景的心理病態者根本不必自己動手去做不合法的事，因為他們所要的金錢、權力、成功，很容易就可以合法拿到，只要他們沒良心，沒有什麼做不到。

情緒是什麼？

　　我們一直都認為情緒是一種「感覺」，但是這個字其實有所誤導，因為它只形容了一半；的確有一半我們是在「感覺」。但是，情緒其實根本不是感覺，而是一組來自身體的，能夠幫助生存的機制，演化出來讓我們遠離危險、避凶趨吉。感覺雖然是心智的構成要素，其實亦不過是一

種精密複雜的基本機制而已。紐約大學的李竇把感覺叫作蛋糕上的奶油裝飾。

情緒在邊緣系統產生，尤其是杏仁核，這是一個小小的細胞組織，深藏在顳葉皮質中。從感覺器官送進來的訊息是透過平行處理路線送到大腦的各處。送到杏仁核的路是最短、最快的，杏仁核會馬上處理，如果這訊息需要被注意，比如說，它是具威脅性的，或是會帶來好處的，杏仁核會馬上用改變生理的方式來反應，使身體立刻進入最佳反應狀態。這個訊息現在已經被杏仁核貼上顏色標籤了，它就被送到額葉皮質去做更進一步的處理。

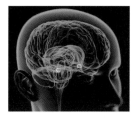

杏仁核在顳葉中，一直不停的「品嘗」各種輸入的訊息，判斷它們重不重要，然後做出情緒的反應。

所以訊息是同步送往杏仁核和額葉皮質這個思考的大腦，因此，直接到達杏仁核的感官訊息可能會說：「這是一個很大、有毛的東西，有著尖尖的牙齒，正在走過來。」而從杏仁核送上來的訊息則說：「小心，大的有毛的壞東西正在前進中。」這時身體已經準備好要逃跑了。

杏仁核能夠產生的反應是有限的，基本上，它可以使身體準備好逃跑、打架或投降。身體的改變並不是專為了某一個特別的刺激，許多刺激都會產生正腎上腺素，這會使你身體顫抖、發麻、胃裡打結、呼吸不過來、肌肉緊張。當意識的大腦注意到它時，它會就過去所知道的這個情境資訊來解釋這個新進來的訊息，這個順序是：「我想我應該要覺得生氣。」然後是：「是的，我好像感覺到一些東西。」再來是：「它一定是憤怒。」

雖然情緒身體反應的範圍很小，基本上只是「好」和「壞」而已，但是額葉可以把它們調配成幾乎是無限大的各種複雜心智狀態。

人類的情緒其實很像顏色：只有幾個主要的顏色，但是你可以混合主要顏色而得出無數混合的顏色。比如說，你

接到一個朋友的生日賀卡，但是你卻忘記了他的生日，所以你雖高興他記得你的生日，但因忘記了他的生日卻又充滿罪惡感，心中情緒十分複雜。這張卡片本身沒有任何激發情緒反應的作用，只有當你看到卡片上的筆跡，才激起相關的思想與記憶，然後才提供情緒的材料。你記起，當朋友的生日來臨時，你決定不管它。這件事帶給你罪惡感，包含了恐懼（報應）和厭惡（對自己）的混合。然後其中又有你們友誼的背景，包含了喜歡，一種中等程度的愛。你可能也想起為什麼你決定不寄卡片給他，你太忙了，所以有惱怒在內，一種中等程度的憤怒。把這些統統放在一起攪拌一下，你得到了複雜的情緒，這種情緒是只有人類才會感覺到的。

即使在這個階段都還不是完整的情緒。情緒要成為有助於生存的機制，就必須表現出來，而這又需要另一套認知歷程。情緒的表現需要一些身體行動，可以是啜泣、揮拳、躲避，或是在中性聲調中加一些語氣的變化。

表情

情感失認症（alexithymia）的病人可以感受但不能表達情緒，他們跟艾略特的情況很不一樣，艾略特是根本沒有感覺到情緒，所以不能表達。不能表達所感受到的情緒，可能是因為，從皮質（意識）情緒處理區到控制臉部表情、說話和其他與情緒顯示相關身體部位的大腦皮質區，其間的神經通路出了問題。假如中斷的地方是從情緒的腦到說話的左腦之間，結果就是聲調平淡，病人會用中性的聲音說：「我很憤怒。」然後，他會注意到這樣的陳述可能有些缺點，於是加上一句：「我是說真的。」

這種神經上的中斷可以用實驗的方式來做出，它的結果

跟情感失認症病人的一樣。有一個實驗是暫時中斷大腦送訊息到能做出表情的臉部肌肉，然後給受試者看各種表情的相片，在這個時候，受試者沒有辦法判斷相片中人臉上的表情或那個人的感覺是什麼，再一次的顯現出模仿表情對同理心的重要性。

情感失認症剝奪了一種很重要的社交工具，也就是快速且有效率的傳達感覺。他們也許知道他們想說的是什麼，也找到適當的字眼，但說出的話沒有達到預期的效果。

然而，達到預期的效果正是情緒的目的，在最艱困的情況下，強迫我們打鬥、逃跑或尖叫，當我們這樣做時，便體驗到情緒。情緒的主要目的是引起別人相對應的情緒改變，使別人做出對我們有利的行為。

只是對別人展現情緒並不足以帶出別人的情緒改變，接受這個表情的人必須還要反應才行。對大多數人來說，看到別人表情的反應是立即而且無意識的，這是因為人（以及一些其他的靈長類）的大腦都有一種叫做鏡像神經元（mirror neurons）的神經細胞。它會對別人情緒的表現起反應，會在這個人身上產生相同的情緒。

有些人的鏡像神經元效果很強，強到感同身受，尤其當那個人是他們的愛人時。他們的大腦顯現出同樣的活動，跟報告感到痛的人的大腦活動一模一樣。這個大腦活動並沒有使觀察者感受到有意識的痛，但是似乎使他能夠「知道」別人正在經驗的痛。

鏡像神經元也使我們可以做出看到的表情，以及知道產生那個表情的情緒是什麼。這個自動化的模仿是快到它在我們有意識的知道我們看到什麼之前就已經出現了。事實上，我們甚至不必親眼看到這個表情，有兩個人因為視覺皮質損傷的關係，在視野中有一部分是盲的，但是他們卻

法國神經學家杜鄉將電流通到這個病人的面部神經，讓這個人「發笑」。這是他研究情緒表現的生理基礎時的照片。

能對呈現在他們盲的視野中的圖片做出正確的反應，是笑還是皺眉頭，這是「盲視」（blind sight）的一個例子（請見300頁），這是說在沒有意識的視力之下，從眼睛進來的訊息可以引導身體動作，盲視只有在我們真正需要知道的刺激如一個物體朝我們飛過來的情境下才可能發生，所以事實是它也可以偵察到一個人臉上微小不顯著的表情改變。這表示大腦把它們當做非常重要的訊息。

人類有各種表達情緒的方式，可以透過動作、肢體語言、手勢和文字來表示，但是用得最多的還是我們的臉。

因為要影響別人，所以情緒一定要表達出來。你可以想像一下，你在速食店工作，老闆要求你對每一位顧客都微笑。你家有妻小嗷嗷待哺，不敢失去這個工作，但是一天有兩百位顧客上門。

感覺到那些相關肌肉的收縮了嗎？很好，你已將你的臉擺成了「社交微笑」表情，這是人類臉上表情可以做出來的七百種表情中的一種。這些表情提供我們一套攻無不克的社交工具，有些表情（尤其是社交微笑）代表了特別的角色，使我們可以隱藏內心的感覺。其他動物並沒有這種能力，因為牠們臉部的表情不是自己可以控制的。

社交微笑與真正快樂的微笑是很不相同的。真正的微笑會維持久一點才消失，而且是很平均的、慢慢的消失，不像官夫人剪綵時的笑容，鎂光燈一停就消失了，一點痕跡也沒有。這兩種笑容的差異其實比表面上看到的還要深沈，它們是由不同的臉部肌肉所控制，所以是由完全不同的神經迴路在控制。自然產生的微笑叫作「杜鄉的微笑」（Duchenne Smile），因為杜鄉（Guillaume Duchenne）這位法國解剖學家第一次發現了這個神經迴路，它是從潛意識的腦傳送出來，是自動產生的。而剪綵時的笑容是從意識

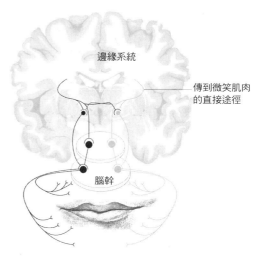

自主性微笑的神經迴路　　　　　自動產生微笑的神經迴路

運動皮質

邊緣系統

傳到微笑肌肉
的直接途徑

從運動皮質傳下　　　從運動皮質傳下
來的間接途徑　　　　來的直接途徑

腦幹

的皮質傳送出來，可以聽從意志的使喚。

　　意識的腦可以提供很大範圍的表情供我們選擇，但是跟自動產生的笑容不一樣，因為有些臉部肌肉是不能由皮質控制的。杜鄉微笑會收縮眼眶旁邊許多小小的肌肉，但是社交的微笑無法指揮到這些肌肉。看到情人或很有吸引力的人時，瞳孔會放大，這便是為什麼談情說愛時要點燭光或把燈光弄暗，因為燈暗也會使瞳孔放大。

　　全世界人的臉部表情都一樣，顯示控制這些表情的神經迴路是先天就建構在大腦中，而不是後天文化的塑造。基本的表情有悲哀、快樂、厭惡、憤怒和恐懼，其餘的幾千種表情都源自這幾種基本表情的混合。

　　孩子一出生就會對表情作適當的反應，但是年紀越大反應得越好，這種改進與額葉的成熟在時間上一致，因為皮質區與情緒有關。

　　恐懼的表情由杏仁核處理，它是邊緣系統裡的一小塊組織。一部分的杏仁核會對臉部表情起作用，另一部分則是

使嘴唇微笑的神經可以用意識自主控制（左圖），但是那些使眼角產生魚尾紋的微笑，則是由潛意識邊緣系統送出來的神經通道所控制的（右圖）。

對聲音中的語調敏感，我們的聲音常不自覺地洩露出心中的憤怒或害怕。左邊的杏仁核似乎對聲音表情敏感，而右邊杏仁核則對臉部表情敏感。一個人的杏仁核如果太過敏感，就會很容易生氣或很容易受傷害；假如杏仁核很慢才反應，那麼這個人會感覺遲鈍、神經大條或有疏離感。

不夠活化的杏仁核不盡然是全部不好，它有時可以防止一個人受到創傷事件的負面嚴重傷害，當然他也不能感受到百分之百的興奮和喜悅，使他遇到別人時會在社交上產生困難。對觀察別人表情和聲調變化有困難的人，即使隨便聊天也是一件很痛苦的事情。有一個人如此描述：

「我學會去注意跟我講話的人的嘴型，看他的牙齒有沒有露出來，如果有，我才知道他在笑，而且我要記得回給他一個笑容。我也注意他的眼睛，當人們笑時，眼角會彎起來。

「但問題是，當我把這些歸納出來時，時間已經過去了，他的話又繼續往前一直說，所以我回給他的笑就慢了半拍。很多人為此而生氣，以為我是故意的。

「正常人一定從表情中交換了很多訊息，我必須很辛苦才能知道他們到底交換了什麼訊息。當我聽別人說話時，我知道自己遺漏掉很多不是用語句所傳遞的訊息，這使你覺得被排除在外，別人講了什麼東西你都不知道。

「但最糟的是，別人不把我當一回事。假如你沒有看到別人的表情，你就沒有辦法使這個表情出現。所以除非我很費力，不然無法使臉上出現表情，因此別人就不知道我是說真的；我的每一個字都是心裡的話，但是還有人以為我在說謊。

「我以前會為此很難過，現在我學會強調我說的話，多用幾個字來加強語氣。假如有人給我東西吃，我要告訴他

我很喜歡吃，我就一定要用像這樣的句子：『這道菜裡所加的香料非常可口』而不是『很好吃』。假如我要告訴別人我很生氣，我會詛咒他、罵髒話，我不喜歡這樣做，但有時候這是唯一使你的訊息傳出去的辦法，現在我已經習慣罵髒話了。

「因為如此，我發現與人打交道是件痛苦的事。有時我覺得太累了寧可自己獨居，所以有時也很寂寞。」

某些身體的姿態，如高盧人以聳肩表示輕蔑，突出骨盤表示攻擊性，垂下肩頭表示退讓等，這些都和臉部及聲音表情一樣，在大腦裡面處理。小丑、默劇演員和卡通畫家常誇大這些姿態。當他們詮釋得很好時，他們身體的動作和姿勢會將訊息加倍傳達出去。不過在日常生活中，人們常刻意壓低肢體語言，因為有些人對肢體語言非常的敏感。有個人是這麼說的：

「翹腿或搖屁股有時會突然使我皺眉或發笑，當這種情形發生時，情緒的反應是非常快的，而且是有意識的。我會突然發現自己在模仿一個情緒，而我知道，在真實世界裡，別人絕對不會做出這種情緒給別人看到；當我這樣做時，別人常報我以微笑，但是偶爾也有人對我怒目而視或有其他的反應。大約一個月有一次，會有人開懷大笑，我也以微笑回報他，而如果有人因此而問我（其實很少人會問），我就說：『噢！抱歉，剛剛我沒留神，想到別的事去了。』」

有些人對情緒的表達非常敏感，像是有個內在的測謊器似的。客觀的用肌肉緊張度來測量，透過臉上表情可以正確指示出85%的說謊情形，但是有些人可以立刻看出對方在說謊。

他們看到的就是心理學家艾克曼（Paul Ekman）稱為微

蒙娜麗莎的微笑特別吸引人是因為它似乎在你的眼睛前面變化：一下子是很溫柔甜美的，再下一分鐘就轉變為悲傷和諷刺。你會感到這樣的原因是大腦從畫像中接受到兩個混在一起的訊息。

西班牙阿麗康特神經科學研究院（Institute of Neuroscience）的神經科學家歐特羅（Luis Martinez Otero）請受試者從各個不同的距離來看不同大小的蒙娜麗莎畫像。結果發現微笑如果是落在視網膜專門從視野中心摘取訊息的細胞上時，這個微笑是比較明顯的，而落在周邊的刺激要努力仔細看的就不一樣，這原因是視網膜中央的細胞主要是用來檢視「吸睛」的東西，因此顯著的情緒刺激是在它的職責之內，也有可能這些訊號對杏仁核的效應大於從周邊細胞送進來的訊息，使我們比較容易察覺到訊息中的可能意義。

表情（microexpressions）——在一個人的臉上閃過一個很小、不自覺的表情，通常是這個人有意識的表達一件事但是事實上的感覺是另外一種（所謂的口是心非）。這種小小的肌肉動一下，如害怕時，他的嘴角會橫向的快速閃動一下；或是當一個人感到厭惡時鼻孔會脹大一下。這種小小的肌肉動作通常只有十五分之一秒的時間，在觀察者意識到它之前就消失了，但是透過訓練，人們可以看到它。

然而，大部分人在這個能力上是很差的。有一個實驗給一組護士看受重傷病患的影片，另一組護士則是看愉快的短片。然後實驗者訪談她們，請她們說出看到了什麼、感覺怎樣。實驗者要求看愉快片子的護士據實回答，而要另外一組護士裝出燦爛的微笑，假裝看的是愉快的片子。實驗目的是要看看她們有沒有能力在緊急時仍能在病人面前裝出一副「沒事」的面孔。

對護士作訪談的人物包括心理學家、法官、偵探、海關人員、情報局人員、一般人和大學生。這些人中，唯有情報員可以正確指出說謊的人，但是他們用的方法是詳細詢問影片內容，所用的問句是事先建構的問句，因此容易讓人露出破綻，並不是靠辨認臉部表情的方式。

初看之下，你可能會覺得奇怪，為什麼我們對臉部表情的解釋能力這麼差。有個可能的解釋是，我們有能力可以忽略一些不很重要的情緒，以便與人和睦相處，像是雖然以前已經聽過某個笑話，仍然能夠笑一下，或是可以愉快的接受善意的謊言，電視連續劇雖然演得很爛仍然相信劇情等等。

另外一個解釋則是，我們用表情去引發感覺。這點與展示情緒一樣的重要，所以一點點的欺騙可能是有必要的。比如說，你把你的眉頭皺起來，使肌肉收縮的神經就把這

個訊息送回去給大腦說：「有事情不對勁了，我們在擔憂了。」這就種了一顆真正代表擔憂的種子到大腦中，而這感覺再回饋到你皺起來的肌肉上，於是更加深了皺紋。這個回饋系統又送了更強烈的訊息到大腦：「事情越來越糟了。」這時，先前播下去的種子可能就抽芽成長成為淹沒你的焦慮洪水。一旦這樣的感覺產生後，大腦就開始替它找理由，假如你用心找，一定會找到理由的，而一旦你找到了理由，就會更理直氣壯的擔憂了，於是負面的情緒就扶搖直上，這一天什麼事都不要做了。「行為治療法」這種比較有效的心理治療法，就是教導人們如何利用這個回饋機制，以微笑替代皺眉，將負面的感覺轉變成正面的。

現在，我們有很容易做到的方法，只要注射肉毒桿菌（Botox）就好了。肉毒桿菌是一種毒，會使肌肉麻痺，最常在美容整型上用來減少臉上的皺紋。注射一點點的肉毒桿菌到眉毛的某一塊肌肉上，就會使這個人有一段時間不能皺眉頭，在注射了肉毒桿菌幾個禮拜之後，請這些人描述一下他們的心情時，他們報告比較不焦慮，比較不憂鬱，一般來說，比較快樂。這個效果當然不是來自皺紋變少了，而是因為他們不能皺眉頭了，大腦就被騙了，以為日子過得很愉快了。

表情可以將情緒轉嫁到別人身上去。記得前面說過，你看到一個人臉上強烈的厭惡表情，會激發你大腦中與厭惡有關的區域。同樣的，假如你微笑，這個世界會跟著你笑（當然只到某個程度）。有個實驗將少數幾個感應器貼在受試者微笑的肌肉上，當受試者看另一個人微笑的面孔時，別人的微笑會牽動自己微笑的肌肉，實驗者發現，受試者的臉不由自主地產生自動模仿的笑容，不過這從外表不一定看得見。細小的肌肉牽動可能足以引發回饋機制，所

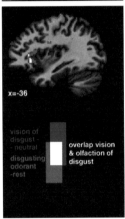

x=-36

vision of
disgust -
neutral

overlap vision
& olfaction of
disgust

disgusting
odorant
-rest

上圖為一個人在表示極端的
厭惡，這個表情會引發看的
人大腦中同樣區域的活化，
厭惡的表情越強烈，大腦的
反應越強（譯註：這個實驗
是上圖的人在開阿摩尼亞〔
氨水〕時，臉上表現出來的
厭惡表情，他大腦在聞臭味
時所活化的地方，跟看到他
厭惡表情的另一人大腦活化
的地方很相似）。

以大腦下結論說：「有件好事發生了。」於是產生愉悅的感受。

這，可能是速食店店員被要求要微笑的原因。

憤怒

憤怒和恐懼跟微笑一樣，可以有意識的與外界線索相連接，也可以由無法控制的潛意識心智傳送出來，甚至可在這種反射性的無意識反應中殺人。

每三個謀殺犯當中就有一人宣稱他完全不記得謀殺的經過，派翠克的例子就是很典型的一種，美國神經學家瑞斯塔克（Richard Restak）曾經報告這個例子。派翠克四十二歲，結婚六年，婚姻情況良好。在一次因嫉妒引起的暴怒中，派翠克槍殺了他太太，但是他說他什麼都不記得，只記得一種無法控制的麻木感覺，然後一片黑暗，再恢復視覺時，地上有具屍體，手上則是一把冒煙的槍。

對於這種選擇性的遺忘有好幾派不同的看法。心理分析學派認為，這個人的行為讓他的自我無法承擔，所以把它壓抑下去。憤世嫉俗的人說，這種失憶症完全是要博取陪審員的同情而從輕量刑。最近的說法（也是最具爭議性的）則是，人的確不記得犯下這種罪，因為犯罪時，「人」不在身體裡。

真有這個可能性嗎？一個潛意識的自己拿了槍，還要懂得上膛、瞄準，然後發射，而真正的自己完全不知道？甚至有人說犯罪可以長期計謀，包括強暴也是，但是最後執行的是潛意識的自己。聽起來完全不可思議，但是最近神經生物學上的新發現認為，憤怒是我們最強有力的情緒，有一些人可能真的不記得自己做過的事。

我們在前面了解到，杏仁核是大腦的警報系統，演化出

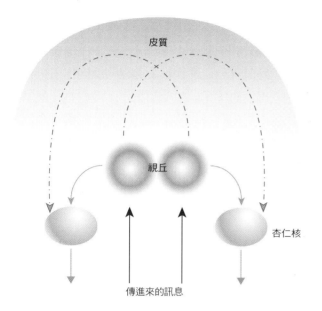

皮質

視丘

杏仁核

傳進來的訊息

情緒訊息從兩條路徑送往意識的腦和杏仁核。到杏仁核的路徑很短，所以情緒的反應比意識的反應要快。

來幫助我們在威脅下得以生存。刺激杏仁核的一個部分，你會得到典型的恐懼反應，一種驚恐伴隨著逃命的感覺。刺激另外一部分，你會得到溫暖、愉快的感覺，因而表示出友誼的行為。刺激杏仁核的第三部分，你會產生突然爆發的狂怒。

打鬥、逃命與和解是三個重要的生存策略，把引發這三種策略的機制放在一個小小的組織中有其好處，這樣可以很快的從一個策略轉換到另一個。假如一個惡霸老大沒有為你臣服性的微笑所動，你可能馬上就得準備逃命，而假如無路可逃，你就得準備打鬥，這時內心升起的憤怒感會助你一臂之力，使你決心背水一戰。

三個機制擠在一起的壞處則是，在現代社會裡，打跟逃可能都比原本的威脅還更糟。假如你在董事會中，老闆對你大肆攻擊，你唯一可做的其實只有微笑、逆來順受。所

以，杏仁核所製造出的重要情緒反應，需要經過大腦皮質這個思考部分的中介。

控制情緒其實就是情緒感受過程的反向作用。杏仁核先從一個立即反應的系統接受到訊息，這個系統就是李竇所謂「臨時應急的神經通路」，它讓你立即做出微笑、向後跳或往前仆的反應，在四分之一秒之後，這些訊息才到達大腦皮質，皮質將這個訊息、環境中情境、可做到的反應作一個綜合的合理考量，然後得出應付的方法。假如皮質認為三種生存機制中的某一個在此情境很恰當，已經展開的身體反應就繼續下去，而假如理性的決策是用口頭反應而不是用肢體，皮質就會送指令給下視丘，下視丘則下達命令，使身體停止動作，或使已經開始動作的指令反轉。身體動作的減緩會透過回饋系統讓下視丘知道，下視丘於是送訊息給杏仁核，讓它冷靜下來。

透過這個方法，情緒不致成為脫韁野馬，大部分人的這份機制都運轉得很好。那麼為什麼有人會有情緒失控的現象發生呢？

情緒失控可能有兩個原因：一個是由皮質送往邊緣系統的訊號太弱，不能否定杏仁核原先的決定，另一個原因則是，杏仁核是在沒有外界刺激的情況下自己活化，所以皮質沒有接受到外界的訊息使它有所警覺。

這兩種理由中，第一種實在沒啥新意。小孩比大人容易情緒失控，原因是從皮質傳下來的訊號仍很微弱而且分散（因髓鞘的包裹尚未完成）。嬰兒不能控制情緒是因為皮質到邊緣系統的軸突還沒有成長，專司理性思考的前額葉細胞要到二十歲才完全成熟，而杏仁核則是一出生即已發展完成，且有全部的處理能力。基本上，小孩子的腦是不平衡的，尚未成熟的皮質，完全不是生龍活虎的杏仁核的

對手。

皮質的成熟度可以透過使用來加速，一個被鼓勵進行自我控制的孩子，在情緒上比亂發脾氣沒人管教的孩子成熟，這是因為，不斷刺激大腦某一組細胞（如那些抑制杏仁核的細胞），會使這些細胞更敏感，並且更容易激發。這有一點像是讓電視一直開著，就不需要熱機了。同樣的，那些很少活化情緒控制神經迴路的人，長大後變得不會控制情緒，因為必要的神經迴路在發展的關鍵期沒有受到適當的營養與照顧。這個證據可從羅馬尼亞的孤兒身上看到。西方家庭曾在1980年代末期收養了一批羅馬尼亞孤兒院的孤兒，這些孤兒非常可憐，在孤兒院中沒有人照顧、沒有人關心，可以說在完全沒有愛的環境下長大，直到五、六歲才被美國家庭收養。有一位媽媽說到她十歲的收養女兒：

「妮可拉完全不知道什麼叫作『愛』。我們對待她完全像對待自己的孩子一樣，我們的孩子很正常，有愛心，但是她無法學會『愛』這個觀念。她跟我們的關係就像她跟任何人的關係一樣，完全沒有依附感。假如她想要什麼東西，她會去坐在陌生人的腿上，就像會坐在我們的腿上一樣，她對待我們和陌生人完全沒有兩樣。她很聰明，但是她學不會關懷別人。她用完廁所從不沖水，我們一再告訴她，但是她懶得做，她並不是要惹我們生氣，而是她根本不在意我們的存在。」

密西根兒童醫院的柴加尼（Harry Chugani）對一些這種孩子做了腦造影的掃描，發現這些孩子腦中與情緒有關聯的皮質部位都被其他的功能占去了。他說：「大腦中情緒發展的時間窗口很短，孩子必須有情緒的刺激，長大後才會感受到這些情緒。這些孩子錯過了這個時期，他們的大

杏仁核深埋在顳葉中，端坐
在海馬迴的前面。它對進來
的訊息採樣並決定重要性，
假如它是一個可能的威脅，
或是一個好的機會，它會送
訊息到身體各處去準備採取
行動，如逃跑或打鬥。它同
時也把訊息往前送到額葉，
額葉把它變成有意識的「感
受到的情緒」，如憤怒、恐
懼或快樂。

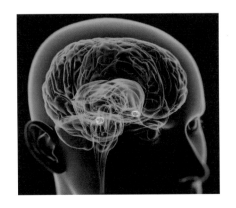

訊息從大腦各處送到杏仁核
來，包括報酬、疼痛、記憶
和感覺區。這些訊息被綜合
起來以產生我們每一剎那的
感覺。

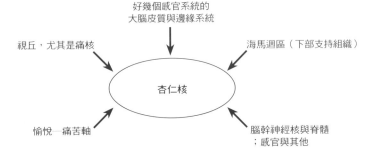

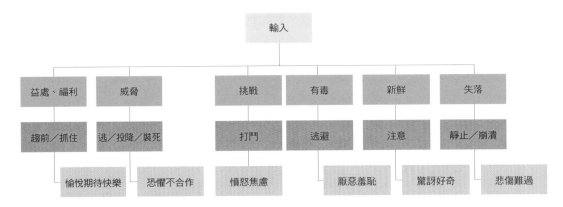

各種送到杏仁核（粉紅色）的訊息產生特定生理的反應，使身體去執行某些行為（紅色），創傷的
經驗會使杏仁核對危險敏感，所以一點小小相關的事情會激發巨大的反應。創傷後壓力症候群的特
徵就是突然很強烈的驚恐攻擊，使這個人完全不能反應，這就是杏仁核對刺激過度反應，因為這個
刺激使它想起了原始的創傷。

腦就是一個證據。」

反社會和情緒的不可控制行為並不全是後天的關係，有研究比較從一出生就被分離的同卵雙胞胎，在不同的環境長大，結果發現反社會行為中有50%是基因的關係。有一個基因特別重要，這個基因是負責一個可以分解成單胺類的酶的碼，尤其是多巴胺，這是驅動人去做動作的神經傳導物質。這個基因有兩個形式，一個是產生比另一個高很多層次的酶，因此它的多巴胺上限就高了很多。假如這個基因被「剔除」（knock-out）了，那麼這隻老鼠就變成凶猛的戰士，一旦這個基因又放回去時，老鼠的行為就回復到正常。

情緒的皮質如果受了傷，就會減低它對杏仁核的抑制力，我們在前面看到，這個區域可以製造三種不同型態的反應：討好意味的微笑（緊張、過度焦慮的友善，我們大部分人都會一眼看出這種微笑的不真誠和虛偽性）、恐懼和憤怒。這區域稍微受損就會產生憤怒和攻擊性行為，好幾個謀殺案死刑犯的研究都指出大腦受損和功能失常。

有時候腦傷似乎把原始的、憤怒驅動的慾望跟理性的「我」在正常時候可以控制這個原始衝動之間的連接扯斷了。1966年8月1日，一位二十五歲的大學生惠特曼（Charles Whitman）爬上了德州大學奧斯汀校區（University of Texas campus at Austin）的鐘樓，惠特曼這個每週上教堂、慈善的志工、退伍的海軍陸戰隊軍人，用一把來福槍瞄準了底下的群眾，在接下來的九十六分鐘，他殺了十三個人，傷了三十多個人，一直到他被警察射死。他在校園行凶之前，已經射死了他的太太和母親，這兩人是他以前宣稱最愛的人。

在他行凶之前，他已經在擔憂他的暴力衝動，他覺得自

已無法控制了。這些都被完整的記錄，因為他把他的感覺都寫下來了，這就是所謂的書寫狂（hypergraphia），一種一定要寫的衝動。他的許多筆記看起來很像一個人格寫給另一個人格。

「**控制**你的憤怒」，控制用大寫的，這是一張筆記上寫的。不要讓他證明你是個傻瓜。**微笑**——它是會傳染的。**不要**找人吵架。**不要**罵粗話，**控制**你的情緒，不要讓它帶著你走。

他的另一張紙上寫著：「我不了解是什麼原因迫使我來打這封信……，我最近越來越不了解我自己了……，最近我是許多不尋常的、不合理念頭的犧牲者，這些思想一直在我腦海中糾纏著不肯離去，我需要花很大的力氣才可以專心。在我死後，請解剖我的大腦，看看有沒有什麼看得見的不對勁的地方。」

惠特曼達成了他的希望，如他懷疑的，他的大腦長了一個瘤，有核桃那麼大，壓在惠特曼的杏仁核上，使杏仁核一直發射，而一般正常時，只有在很危險、被威脅或被挑戰時，這個地方才會活化的，醫生在當時不認為這是惠特曼殺人的原因（見1966年9月8日，德州檔案惠特曼災難的報告）。但是在1966年，神經科學還在嬰兒期，腦造影技術所帶來的大腦革命還沒有開始，雖然那時已經知道強烈的刺激杏仁核會產生暴力、恐懼或情緒障礙的行為，但是在那個時候，精神醫學還是受到佛洛依德派的控制，講求的是心理分析。這種生理上的不正常會引起有意圖的暴力行為，在當時是異教邪說，與主流不符的。

更過分的是這個暴力行為竟然在沒有經過意識的思考下發生，這個傷害的驅力竟然啟動了大腦區域，原來是策劃清楚目標和計畫步驟去達成目的的地方，這在當時是大逆

不道的想法。

再看一下派克（Kenneth Parks）的例子，他是一位年輕的加拿大人，有一天晚上，他在看「週六夜現場」（Saturday Night Life）這個電視節目時睡著了，一個小時以後，他站起來，走向停在外面的車子，打開車門發動引擎，把車開到22公里外他的岳父母家，在那裡，他把他岳父打到沒有意識，然後用一根鐵棍攻擊他的岳母，再把她刺死，然後走回他的汽車，開到警察局，跟值班的警員說：「我想我殺了人……。」

在開庭時，他不認罪，因為雖然他承認是他的身體在犯這個罪，但是他宣稱這個犯行是他在睡覺時發生的，他是在警察局報案時才醒來，發現自己兩手鮮血淋漓。

睡眠專家支持派克的說法，因為他大腦的研究顯現他有夢遊的症狀，他的辯護律師說他是一個溫和守法的人，非常喜歡他的岳父母，後來法庭判他無罪，因為在謀殺的當下，他「人」不在那裡。

派克的個案並不是很特殊的，紀錄顯示有68個夢遊殺人案，最近的案子有用大腦掃描圖來作證，顯現夢遊的症狀，所以後來都被判無罪。

曾經有夢遊者騎馬、煮飯菜、作室內裝飾，還有一個人去修理冰箱。夢遊者可以說話——但是沒有什麼意義——他們可以進食，但是進食的風度比他平常差，有一位夢遊者喜歡吃塗了牛油的香煙作零食，另一個人喜歡貓食三明治，有一個義大利的夢遊者吃了他的手錶。雖然這些行為看起來是故意的（即使這意圖看起來很奇怪），但是外表是騙人的：有一個研究者設法把一個夢遊者帶進了大腦掃描室，發現這個人的額葉是幾乎整個關掉了。雖然他的行為看起來是有目標取向的，但是大腦沒有足夠的「光」亮

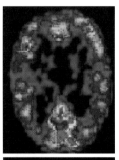

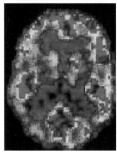

許多實驗都發現正常人的腦跟暴力犯的腦有明顯的不同，左邊的大腦影像圖是正子斷層掃描做的，來自41個殺人犯的大腦（39名男性，2名女性），他們都是用瘋狂作理由而不認罪（Not Guilty for Reasons of Insanity, NGRI）（上圖），下圖為41名正常人的大腦，兩組人都是在做視覺作業時掃描大腦。

結果顯示殺人犯在前腦部分的活動不夠，當需要抑制情緒如暴怒時，這個地方會活化。這個發現在衝動型的謀殺犯人身上最顯著（這是相較於預謀的謀殺犯人）。後來的研究發現，暴力犯前額葉的灰質（神經細胞）比正常人少了11%，這個研究也發現謀殺犯在右腦的情緒區域活化比較厲害，而兩個腦半球間的「交通」比較少。

這個研究是南加大的心理學家雷恩（Adrian Raine）所做。他認為謀殺犯和正常人在邊緣系統活動上的差異表示謀殺犯無法像正常人一樣感到恐懼，而且缺乏能力去掌握一個情境長期的效果是什麼。

起來說他是有意圖的（譯註：大腦在工作時，需要比較多的血流量，因此，活化的地方在大腦圖片上是「亮」起來的。因此這個人沒有法律責任）。

不過，額葉的功能障礙並不能解釋派克的行為。什麼樣的機制會使一個人做出相當程度的暴力傷害，而完全沒有做這件事的記憶？

有一個可能性是，這個人的行為是癲癇痙攣的結果。杏仁核是大腦中非常容易激發的地方，只要一點點電流刺激就可以使它的細胞激發，因此癲癇容易由此處開始，然後再傳往別處。許多癲癇病人在發作前都會先感到一陣莫名的恐懼和大難臨頭的感覺，這很可能是杏仁核已經開始作用了。

牛津大學的講座教授布萊克摩爾（Colin Blakemore）在

他所著的《心智機器》（*The Mind Machine*）一書中，報告了一個病例。茉莉是一位二十一歲的女性，她有驚恐症（panic），在發病前有一個很奇怪的、像作夢一般的一段中間期，她在那個時期所做的事，自己一點都不記得。她說：「是一個很奇怪的感覺籠罩著我……越來越奇怪……一個很恐怖的感覺，你完全沒有辦法控制自己身體的動作。」有一天，在這種情況之下，她拿一把刀插入一個女人的心臟。波士頓的神經外科醫生馬克（Vincent Mark）請她來做研究，他把電極插入茉莉的腦，放在杏仁核的位置，當他通上很弱的電流時，茉莉突然發狂，將室內東西打爛，用力撞牆，有不可控制的憤怒。電流停止她就回復正常，一點都不記得剛剛發生過什麼事。馬克發現，電極所在的位置是基側核，他把這個地方用電燒掉，茉莉的憤怒就消失了。他推論茉莉的殺人行為是杏仁核基側核短暫、輕微的痙攣所致。

恐懼

恐懼症（phobia）是最限制人們生活的一個情況。假如你只害怕一種東西，而這種東西是你可以避免的，如乘飛機，雖然會限制你的旅遊範圍，說不定加上工作的選擇，但是基本上不會妨礙到你的日常生活。不過有些人的恐懼症就不一樣了。

約瑟芬非常害怕雞腿，每次要去參加宴會，她都得事先通知主人不能有雞腿。有一次消息沒有傳到，約瑟芬的反應如此劇烈，使她和女主人雙雙掛彩進了急診室，從此，她不敢去外面吃飯。

像這樣的恐懼症是怎麼來的？為什麼這種恐懼這麼難以控制？

我們對某一些東西的恐懼是事先設定在大腦中的，透過動物實驗和對人類嬰兒的觀察發現，本能會從某些危險逃開或對某種刺激退縮。這種反應並不是在刺激第一次出現時就存在，但是在第一次經驗時，只要有一點點暗示這個東西可能不好，對於恐懼的聯結就永遠形成了。

在實驗室中出生的小猴子並不會對蛇有自然的恐懼反應。但是假如蛇出現時，同時也出現另外一隻猴子呈現恐懼表情的影像，小猴子以後就會怕蛇。但是假如把花朵和牠母親的恐懼表情一起配對出現，這隻小猴並不會懼怕花朵。所以這樣看起來，對蛇的恐懼是先天設定在靈長類的大腦中，就像一個很淡的記憶痕跡，在我們遙遠的演化歷史上，曾經對我們的祖先造成傷害，這個設定一直冬眠在我們的大腦中，直到有適當的信號來把它喚醒。所以，最常見的恐懼症對象都是曾經對我們有過巨大傷害的，如蛇、蜘蛛、大鳥、狗、高度和爬蟲類。這些對象的根源深藏在我們演化的歷史中，因此很少人對現代的危險東西，如汽車和槍感到恐懼。

這並不是說，初生嬰兒的腦中有一序列可怕的東西排在那裡讓他們辨認，而是大腦粗略地告訴他們對某些刺激要小心，如頭頂上如果有很大的物體、地上偷偷爬行的東西等等。某些人類的姿勢和態度也會立刻引起恐懼，如心臟病突發倒地時，身體痛苦的扭曲會使旁觀者立刻發抖，雖然他可能從來沒有見過心臟病發作，也沒有意識到究竟發生了什麼事，但是他會害怕。

這種自然的害怕不是恐懼症，一旦我們發現蛇是無毒的，或是蜘蛛是無害的，我們就能控制自己的恐懼。但是有恐懼症的人沒辦法控制，他們的害怕幾乎是超越意識控制的，也與真正的危險威脅無關，甚至可能帶來危險，因為

這種害怕阻止了一個人作出合理的反應。一個對高度有恐懼症的人，在火燒房子時，因為無法從窗口爬梯子逃生而送了自己的命。

恐懼症沒有幫助生存的價值，那麼為什麼害怕還會轉成恐懼？佛洛依德認為，這種害怕源自某個東西後面所代表的意義。引發害怕的東西只是個表徵而已，他們真正害怕的是背後那些太窘或太可怕而不敢說出來的事實。最有名的一個案例就是小男孩漢斯對馬的恐懼，他曾在街上看過馬滑倒。佛洛依德認為，漢斯的恐懼來自於他潛意識中的伊底帕斯情結（Oedipal complex），他心中暗戀母親，又怕父親發現這件事而閹割他，所以他把這個恐懼轉移到馬的身上來。

像這樣的解釋，現在終於已經不再被接受了。我們可以透過控制大腦的基礎運作機制，製造出恐懼症的行為，現在已經不需要動用到複雜的認知陰謀，像圖騰、罪惡感和內在暗藏的慾望。

恐懼症的根源在於「制約」，這是在一百年前由俄國生理學家巴夫洛夫（Ivan Pavlov）發現的。巴夫洛夫發現，實驗室的狗發現鈴聲之後就有食物出現，鈴聲和食物形成聯結後，狗兒聽到鈴聲便會流口水；恐懼也可以透過這種方式形成。李竇發現了制約恐懼的神經機制（譯註：請參閱《腦中有情》一書，遠流出版），找出原因也就找出了治療恐懼症、焦慮症、驚恐症和創傷後壓力症候群的新興有效方法。

受制約的恐懼（與一般的恐懼相反，一般的恐懼是有理性基礎的）是一種特別的記憶。它跟一般的記憶不同，不需要意識的提取，甚至在傳進腦中時不需要意識的表達。要了解這個機制，我們需要先了解一個有危險性的訊息進

入大腦的處理過程。

　　所有的訊息都從感覺管道進來，都先進入視丘，在那裡分類後送到合適的處理站去處理。在情緒性刺激的情況下，如看見草中有一條蛇，這個訊息兵分兩路進入大腦，兩條路都通到杏仁核，這是大腦的警報中心，也是製造情緒反應的地方。從這裡之後，路徑便分道揚鑣。

　　第一條路進入腦後方的視覺皮質，在此處經過分析以後再往前方送。在視覺皮質時還只是訊息而已，一個長的、細的、會動的綠色東西，有花紋在牠的背上。接下來，辨識中心開始工作，決定這個東西是什麼，將牠掛上名牌，並且激發出這個名字背後所儲藏的知識。因此，現在這個細長、背上有花紋的東西被掛上「蛇」的名字，原來儲藏在長期記憶中有關蛇的訊息被釋放出來──動物嗎？不同種類？危險？這些因素現在集合在一起變成一個訊息：「是蛇！在這裡，就是現在，救命啊！」這個訊息送到了杏仁核，它就使身體開始行動。

　　你可以看到，這第一條通路很長，經過好幾個地方，在每個地方停一下。在緊急的情況下，這條路實在太慢，所以還需要一個快速反應的系統，這便是從視丘分出來的第二條路。視丘與杏仁核很靠近，有很厚的神經纖維束相連接，杏仁核又與下視丘緊密連接，這是控制身體採取戰鬥或逃命反應的地方，因此使訊息從眼睛傳到身體在毫秒內完成。

　　受制約的恐懼反應似乎來自短通路以外的訊息。大部分訊息一開始時是在海馬迴這裡登錄，這也是所有新近的意識記憶儲存的地方。如果要形成長期記憶則大約要經過三年的時光，才會在皮質儲存長期記憶的地方確定下來。一旦海馬迴受傷，人們不能回憶過去發生的事，也不能記住

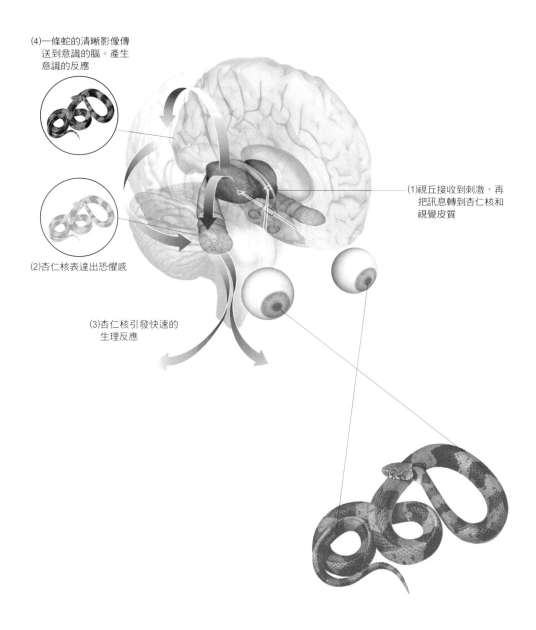

(4)一條蛇的清晰影像傳
送到意識的腦。產生
意識的反應

(1)視丘接收到刺激，再
把訊息轉到杏仁核和
視覺皮質

(2)杏仁核表達出恐懼感

(3)杏仁核引發快速的
生理反應

任何新的事情，這個可怕的情況我們在後面會講到。

但是海馬迴並不負責所有記憶的獲得。有一個很有名的個案，一位女性的海馬迴受傷了，使她記不住任何事或任何人的面孔。每一次她會見醫生，醫生都得重新介紹自己，他通常會同時伸出手來跟她握手，有一天他藏了一根針在手裡，當他與女病人握手時，針扎了她一下，不過她在幾秒鐘之後便忘記了這件事。下一次醫生來訪時，她仍然不記得醫生的名字或面孔，但是當他伸出手來要握手時，她拒絕握手。她無法解釋為什麼，就是不敢去握。很顯然的，在某個層次上，針扎已留下了永久的印象。

最近的研究顯示，潛意識的記憶儲存在杏仁核；其實從來沒有人認為這個地方會是儲存記憶的地方。李竇認為，杏仁核處理潛意識記憶的方式，就跟海馬迴處理意識記憶的方式一樣，當一個事件被重新回憶時，海馬迴先會得出這個事件的意識回憶，旁邊的杏仁核再得出當時的身體情況，狂跳的心臟、流汗的手心等等，使整個原始經驗再次出現。

假如一個記憶被「烙」進杏仁核裡，力量很大時，那麼這個記憶再現時，便會引發身體的反應，好像重新經歷一次原來的創傷經驗，包括既有的感官感覺，這種情況叫作「創傷後壓力症候群」，很顯著的，這種情形只連接到某一個可怕的經驗。有時候，與杏仁核有關的潛意識記憶，會在沒有相關意識記憶指明是什麼事件的情況下，突然自己出現，帶來很不安卻又說不出為什麼的感覺，使病人籠罩在一團焦慮的雲霧之中。有時感覺的出現很強烈、很突然，這就是驚恐症的發作。假如這種焦慮感覺是來自意識的刺激，那麼就是恐懼症。

潛意識的記憶特別容易在緊張壓力的情況下形成，因為

在緊張時刻，荷爾蒙和神經傳導物質的釋放使杏仁核更容易興奮，這同時也會影響意識記憶的處理。

當巨大事件發生時，注意力變得非常專注於眼前性命交關的事，這個處於注意力中心的事件會記得特別清楚，叫作鎂光燈記憶（flashbulb memory）。但是假如這個緊張事件特別嚴重，或拖延很久的話，壓力荷爾蒙會抑制甚至傷害海馬迴，因此這個創傷事件或時期在生活上就變成片段的、不完整的記憶。

這可以用來解釋記憶回復症候群（recovered memory syndrome），或為什麼有人會對發生在自己身上的可怕事件沒有意識的記憶。被人用槍頂住搶劫的人，報案時只記得槍是什麼樣子，但是想不起搶匪長得什麼樣子。後來他們發現對於長了鬍子、有鷹鉤鼻或藍眼睛的人很討厭，這些正是搶匪的特徵，但是他們自己不知道。他們的確看到搶匪，只是沒有儲存在意識記憶之中。

李竇用實驗證明，會引起恐懼制約的刺激，並不一定要在意識中表現出來。在一個實驗中，他把一個聲音與電擊配對，只要聲音一出現，老鼠的腳就會受到輕微的電擊，連續多次後，老鼠一聽到聲音出現便會害怕。這就是巴夫洛夫的恐懼制約，即使沒有電擊，只要聲音出現一樣會感到害怕。後來李竇把老鼠的聽覺皮質切除（處理聽覺的地方），但是其他的聽覺機制如耳朵並沒有破壞。然後，再將聲音放給老鼠聽，這時老鼠應該聽不見聲音了，但牠還是表現出害怕的樣子。這個聲音顯現在視丘和杏仁核之中，產生了情緒的反應，雖然老鼠可能不知道牠對什麼產生反應，或為什麼要害怕。

從這裡我們可以知道，為什麼不合理的恐懼和恐懼症會產生了。這也解釋了為什麼在緊張的時候病人容易發病，

因為血液中循環的壓力荷爾蒙會使杏仁核激發。這種過度的興奮可以解釋，為什麼有恐懼症的人在焦慮或長期壓力之下，會發展出其他不合理的恐懼來。李竇把這個通往杏仁核的捷徑叫作「臨時應急的通路」，因為只有最粗略的訊息在上頭傳遞。例如聽覺皮質被切除的老鼠，不能把與電擊配對的聲音跟相似的聲音區分開來。同樣的，杏仁核的記憶就比不上海馬迴準確，所以當壓力荷爾蒙使杏仁核過度興奮時，一種恐懼就很容易轉換成另一種。

我們看到了不合理的恐懼是怎麼製造出來的，現在該怎麼把它去除呢？正常的恐懼可以把它帶進意識界，然後在這個記憶上加上新的看法來改變它。這是因為每一次這個記憶被提取出來時，就會重新被啟動，那時可以再塑造它，你在回憶時的心智狀態會替舊記憶增加很多新的成分，這個記憶會以被改過的型態又儲存起來，變得很堅固，直到你下一次想到它、經驗它。

創傷的記憶比一般的事件記憶更抗拒改變，因為不可能很輕易把它從躲藏的地方拉出來，重新改裝。不過時間久一點後可能可以熄滅這些記憶。研究發現老鼠大腦中的創傷事件是可以被擦掉的，用的方法是刺激前額葉皮質的某個部分，因為它可以抑制杏仁核的活化。

我們也可以中斷一個恐懼記憶的固化（consolidation），因為我們可以改變這個記憶被登錄時的分子歷程。

老鼠的實驗顯示要儲存恐懼的記憶，大腦需要某個特定的蛋白質，恐懼的記憶才能保留下來，至少在老鼠身上是如此，這個蛋白質叫做Ras-GRF，是單一基因所製造的，海德堡歐洲分子生物學實驗室（European Molecular Biology Laboratory）的布朗比拉（Riccardo Brambilla）和克萊恩（Rüdiger Klein）繁殖了一批沒有Ras-GRF基因的老鼠，這些

情緒：大腦的冰山一角

　　大腦中沒有專責的「情緒機構」，也沒有哪一個系統是專門用來處理這個捉摸不定的功能。如果要了解我們稱之為情緒的各種現象，就必須專注在一個特殊的情緒種類上。

　　每一個系統都是演化出來解決不同的問題，而且每一個都有不同的神經機制。我們用來抵抗危險的系統與用來生殖的系統是不一樣的，而當這兩個系統被活化，感到恐懼和性的愉悅時，我們的感覺也不一樣，因為兩者並沒有共同的來源。

　　產生情緒行為的大腦系統根植於我們過去的演化階段。所有的動物，包括人，都必須做某些事情才能使種族綿延下去，至少必須進食、防衛自己和繁殖，這對昆蟲、對魚類、對人來講都是一樣的，而達到這個目的的神經系統，在各種動物的腦裡都非常相似。這表示，假如我們想知道人為何如此，應該看看我們跟動物的異同處。

　　沒有人知道動物是否有意識，所以沒有人知道動物是否有感覺，但是顯然動物並不需要意識或感覺就能做他們生存所必須的事。對人類來說也是如此，大部分的情緒反應是無意識產生的。當佛洛依德說「意識是心智冰山的一角」時，他是對的。

　　與意識有關的情緒，在某個方面來說是假的、是個幌子，它所製造出來的感覺和行為，是內在機制綜合出來的表面反應。情緒是發生在我們身上的事情，而不是我們使它發生的。我們一直想操弄情緒，但是其實我們只能安排外界環境來引發某個情緒，而無法直接控制我們的反應。任何曾經想要假裝某個情緒的人就知道那是沒有用的，人們的意識對情緒的控制是很弱的，而且感覺常常會把理智推開。在思想與情緒的戰爭中，前者永遠是敗將，這是因為我們大腦的設定是偏向情緒的，從情緒系統到認知系統的連接，要比認知系統到情緒系統的連接強得多。

本文作者

李竇（Joseph LeDoux）

紐約大學亨利與露西摩西講座教授。在他所著的《腦中有情》一書中，描述自己如何用實驗來證明，情緒是個有助於生存的機制。

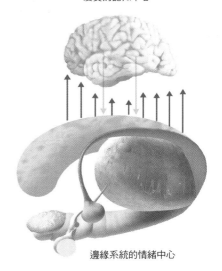

皮質的認知中心

邊緣系統的情緒中心

從邊緣系統引發的神經訊息流量，要比從皮質向下傳遞的流量大，表示腦中的情緒部分對行為的影響要比理性部分大。

基因突變的老鼠果然很奇怪，他們把這些老鼠跟正常的老鼠放在同一籠子中，然後給他們很強的電擊，再把牠們移出來。半個小時以後，所有的老鼠又放回同一個籠子中。這時，不論基因突變的還是正常的老鼠都不願再回到那個籠子中。第二天，實驗者再把這些老鼠放回籠子時，正常的老鼠還是不肯進去——牠們顯然仍然在害怕中，但是基因突變的老鼠就高高興興的走進去了。昨天的記憶已經消失了。

Ras-GRF在人身上不一定有同樣的功能，但是一個化學分子可以在記憶機制上扮演這麼清楚、這麼重要的角色，顯示在不久的將來，我們也許可以找到一種藥物，用來調整或消除痛苦的記憶。

我們知道，制約化的恐懼很難消除，過去使用的治療方法是強迫人們面對他所害怕的事情，直到新的聯結形成，即「可怕的東西＝安全」，而不是「可怕的東西＝危險」。這是一種有意識的聯結，在前額葉中間形成，更精確地說，是在額頭正中間後面形成。產生於皮質的訊息可以否決杏仁核產生的訊息，但是無法根除恐懼症。因此當壓力荷爾蒙增多時，杏仁核又會大量活化起來，已經被控制的恐懼症，又會死灰復燃。

最黑暗的地方

當珍妮佛最沮喪時，她以為她已經死了。醫生指給她看說，她的心臟仍在跳動，她的肺還在呼吸，她的身體還是溫熱的，但是都不能改變她的看法。她堅持這些不一定就代表生命，因為生命來自於她，而她已經死了。

最早這種認為自己已經死亡的報告出現在1788年，法國醫生邦納（Charles Bonnet）提出報告，有一位老婦人堅持

快樂的生理機制

快樂不是簡單或單一的心智狀態，包含的三個主要部分有：身體上的快樂、沒有負面的情緒、有意義。

快樂是回饋系統的多巴胺大量湧出所得到的感覺，可以由一個感覺管道帶出來，或由性高潮而得到，也可以經由比較複雜的途徑，譬如看到你所愛的人。但是快樂只能在神經傳導物質繼續流動的那段時間裡維持（譯註：這便是有人嗑藥、想要使神經傳導物質在細胞外流動得久一點的原因）。

沒有負面的情緒，對快樂來講是很重要的，因為只要恐懼一出現，快樂就減低了。杏仁核是產生負面情緒的地方，所以為了阻止它淹沒大腦，位於邊緣系統的這個地方就必須安靜。努力做無關情緒性的工作可以抑制杏仁核的發射，這就是為什麼工作忙碌會使人快樂的原因之一。

杏仁核也在正面情緒的產生上扮演重要角色。它不是只產生負面情緒，但是情緒要進入意識界，需要額葉的參與。尤其是要產生幸福的感覺一定要額葉的加入。所需要的地方在腹內側前額葉皮質——這個地方在憂鬱症人的大腦中是完全沒有活化，像死巷一樣。腹內側皮質創造出一個合理的、有連貫性、很一致的感覺——沒有它時，這世界看起來沒什麼意思，是破碎的，但這個地方的過度活化跟躁症（mania）有關。

要穿上壽衣、睡在棺材裡。剛開始她的女兒不肯，後來拗不過她的堅持，就讓她睡在棺材裡。她躺進去後，開始抱怨壽衣的顏色不對，鬧一陣子後終於睡著了，她的女兒和僕人偷偷把她從棺材中移出來，放回床上。當她醒來發現自己不在棺材裡時，大為生氣，堅持要人把她放回棺材裡抬出去埋。當然不可以埋掉，但是這位老太太在棺材中睡了好幾個禮拜後，這種已經死亡的感覺才消失。

這種認為自己已經死亡的現象越來越普遍，後來便有了一個名稱，叫作科塔妄想（Cotard's delusion），一位法國

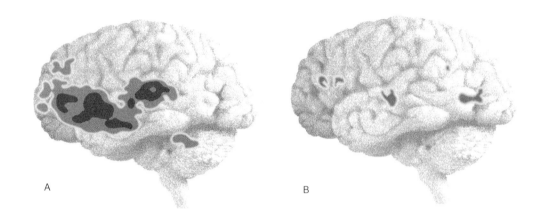

請受試者想一件悲傷的事情時，女性(A)在她們的情緒大腦產生很多的活動，而男性(B)沒有。這顯示女性對自我產生的思想和記憶有比較強的情緒反應。

精神科醫生蒐集了十幾個病例後，以他自己的名字為之命名。現在我們知道，這種妄想是因為大腦有毛病，通常是右顳葉受損，使病人對外界的感覺有所扭曲。但光是這裡受傷並不能解釋這種幻覺，也有很多人顳葉受傷，但是很少有人認為自己是具屍體。所以除了腦傷以外，顯然還需其他的因素才能造成這幻覺。這些擁有科塔妄想的病人有一個共同點，他們都有很嚴重的憂鬱症。

憂鬱症的症狀是絕望、罪惡感、疲倦、虛脫、焦慮、痛苦和認知遲鈍，常常嚴重到這些病人希望自己已經死了。嚴重的憂鬱症病人每七個人中就有一個人是以自殺來實現這個願望。或許嚴重的憂鬱症病人完全沒有任何活下去的意願時，很容易會相信自己已經死了，雖然客觀的證據否定他們的看法，但他們不能相信生命可以這麼痛苦卻還不結束。

我們對生命的活力或對生命的信心，在大腦中有固定的生理機制嗎？有化學或解剖學的根據嗎？這個問題如果在

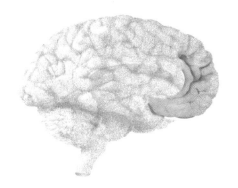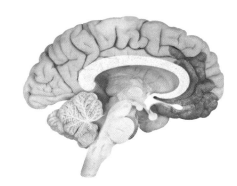

二十年前提出可能會被別人嘲笑，但是現在已有幾百萬人
從渴望死亡的絕望狀態得到快樂的重生，因為新興抗憂鬱
症藥物的出現，使得大腦活動與心情的因果關係已經不再
被人懷疑了。

憂鬱症不只是心情不好，還帶來身體的症狀如疲倦、痛
苦、失眠和無胃口，記憶受影響，思想也減慢。焦慮、不
合理的害怕和煩躁是常態，而且會覺得很有罪惡感、下賤
，覺得沒有人關心、沒有人愛（也不值得人愛），生命沒
有意義，就連過去最喜歡的音樂或繪畫都不再引起注意，
一切都沒有意義，都不值得注意。最後，就像珍妮佛一樣
，覺得自己已經死了。重度憂鬱不是一種病，而是多種不
同情況的匯集，每種情況都有不同的大腦異常狀況。目前
的了解不很完全，但腦造影技術開始把異常狀況的根由顯
現出來。

我們現在還看不到全貌。但腦造影研究已經顯示出要找
到情緒疾病的相關機制的確十分困難。

額葉與產生行動有關，而憂
鬱症患者病人的額葉不活動
，但中間部分產生意識情緒
處卻過度活化，因此憂鬱症
患者沒有動機或慾望做任何
事情，卻病態的集中注意力
在他們的情緒狀態上（自怨
自哀）。

例如，憂鬱症病人的腦一般來說，都比正常人的活化低，這可能可以解釋為什麼憂鬱症的人會覺得有氣無力、懶散、動作很慢、缺乏熱情。然而，憂鬱症很容易跟焦慮混淆在一起，它們也的確形影不離，有憂鬱症的人很多也有焦慮症，在大腦裡（至少在某個大腦區域）有增加的神經元活動。

令人不解的行為出現在前扣帶迴，位於大腦的前端，在中央溝（central chasm）的底下內側緣的地方。這個地方在演化上是比較古老的地方，比皮質古老，它插在邊緣系統結構在很粗厚供連接的神經纖維束下面。它是在從潛意識的大腦往上傳送訊息的大量神經通道的接收端，也是從處理思想的皮質區往下送訊息的通道的接收端。有大量的訊息經過這些通道：從下面送上來的慾望、衝動和還沒形成字的記憶，以及從上而下的計畫、想法、念頭和幻想。

前扣帶迴產生自主意志的活動，在創造代理人（agency）的感覺上扮演核心角色，這個代理人是跟自主意志的行為在一起的。它也創造出「還活著」的重要感覺。這個我還活著的感覺平常都習以為常。這個地方就是有科塔妄想的人出問題的地方，當它被關掉時，這個人就有幻覺，覺得自己已經死掉了、不存在了。

早期的研究顯示前扣帶迴的最前端在憂鬱症病人大腦中不夠活化，後來別的研究顯示，同樣這個地方（或跟它很靠近的區域）是過度活化，而不是不夠活化。的確，用小電極去刺激這個地方，會減輕憂鬱症的症狀。

對這種相對立的發現一個比較可能的解釋是，這些相關的區域對樂觀的受試者會顯現出更大的活化來對正向的事件起反應，所以它主要是跟產生好的感覺有關，但是對憂鬱沮喪的人來說，它是對不好的事情起反應，所以就產生

躁鬱症患者和有創造力的人具有共同的特點：在缺少睡眠（只有幾個小時）的情況下可以工作得很好，可以非常專注在工作上，並體驗到深層的情緒及各種廣度的情緒。憂鬱的人不斷質疑、猶疑，而狂躁的人則充滿了活力、信心。舒曼（Robert Schumann）的音樂作品年表顯示出他的情緒和創造力之間的關係。當他在狂躁時作曲最多，而憂鬱時作品最少。他的雙親都是嚴重的憂鬱症患者，他有兩個親戚自殺身亡。舒曼自己曾經自殺過二次，最後死在瘋人院裡。他的一個兒子在精神病院關了三十年。

1980年末我到英國休假進修時，開始研究47位作家和藝術家。其中的畫家和雕塑家是英國皇家學院的研究員，劇作家曾經得到紐約劇評獎或倫敦標準晚報戲劇獎，半數的詩人作品曾收錄在《牛津二十世紀詩詞百科全書》（The Oxford Book of 20th-Century Verse）中。跟他們比對的是5％達到情緒失常症診斷標準的一般民眾。我發現有30％的藝術家和作家需要治療，而有50％的詩人需要長期治療。

本文作者

傑米森
（Kay Redfield Jamison）
約翰霍普金斯大學醫學院精神科教授，著有《躁鬱之心》、《夜，驟然而降》（天下文化出版）、《為火所染：躁鬱症和藝術特質》（Touched with Fire）等書。

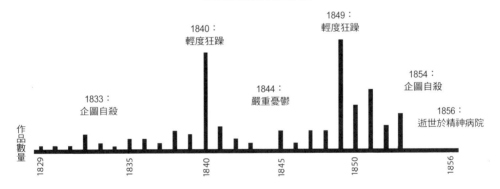

舒曼充滿創造力的人生

1840：
輕度狂躁

1849：
輕度狂躁

1844：
嚴重憂鬱

1854：
企圖自殺

1833：
企圖自殺

1856：
逝世於精神病院

作品數量

1829　1835　1840　1845　1850　1856

被拒絕的痛苦

本文作者

費雪（Helen Fisher）

新澤西州羅格斯大學的生物人類學家。她寫了五本書分別討論有關演化以及人類性行為的未來，一夫一妻制、通姦和離婚，大腦的性別差異，羅曼蒂克愛的化學成分，最近的一本書是有關人格種類以及為什麼我們會愛上這個人而不愛上另外一個人。

他愛我、他不愛我。戀人分手是件痛苦的事，當深愛的人最後終於離去後，那種痛苦是很難忍受的。絕望、恐懼、憤怒、寂寞及渴望可以把心淹沒。當人們失去愛人、受到拒絕時，他的大腦是怎麼樣呢？更糟的是，被拒絕的人通常變得很執著，不計一切代價要把對方找回來，這個叫做挫折的吸引力（frustration attraction）。當有障礙阻擋熱情的私人連接（personal connection）時，這個羅曼蒂克的愛的感覺就更強烈了。許多被拒絕的情人也會抗議。事實上，精神科醫生把羅曼蒂克的拒絕分成兩個層次：抗議和絕望。很可能這兩個反應都與大腦中的多巴胺系統有關。

在抗議的階段，被拋棄的愛人想盡辦法去把情人贏回來，許多人不能睡、體重下降，他們會花所有的時間、精力和注意力在他們離去的伴侶身上。他們打電話、寫信甚至不請自來，想用説理的方式、哀求、討價還價或引誘前伴侶。當一切都無效時，他們通常會憤怒，心理學家稱之為「被放棄的憤怒」（abandonment rage）。這時，他的熱情動力可能來自大腦的多巴胺系統，因為這個高活動的神經傳導物質會產生能量、警覺、聚焦的注意力及動機——在這情況下，動機是去贏回生命中最大的獎，交配的對象。這種情緒的暴力和騷擾是很不實際、不恰當的。然而這個抗議的反應有可能真的成功，把情人再贏回來。此外，假如這一招失敗了，被拒絕的那個人的憤怒可能把伴侶趕得更遠、跑得更快，使他可以重新開始。無論如何，在某一點上，絕望開始了，這個被拒絕的情人整個放棄了，把憂鬱和悲傷的感情整個吞下去。有一個研究調查114名最近八週內被拒絕的人，結果發現有40%的人有臨床上的憂鬱症，12%是中度到重度的憂鬱。這個結果至少有一部分是可以歸因到多巴胺的活動上，當這個神經傳導物質減少時，它使人感到懶散、沒有力氣、悲哀和絕望。然而，雖然它跟憂鬱症一樣痛苦，這個反應可能也有演化上的意義：沮喪是個誠實的訊號，讓家人和朋友知道他現在需要支持。沮喪同時也使一個人對自己的情況作更誠實的評估，它迫使被拒絕的愛人做出困難的決定讓自己痊癒。

所以被拒絕的人的行為顯示多巴胺有參一腳：或許一開始時，它高漲，然後跌下去。但是要看在被拒絕的人大腦中究竟發生了什麼事，我和我的同事，愛因斯坦醫學院（Albert Einstein College of Medicine）的布朗（Lucy Brown）教授和紐約州立大學石溪分校（

State University of New York at Stony Brook）的亞隆（Arthur Aron）教授用功能性核磁共振掃描了17位被拒絕的男生和女生的大腦，果然，我們在腹側蓋膜區這個製造多巴胺和分散這個神經傳導物質到大腦各處的地方發現了活化。這個地方把多巴胺送到報酬系統，就是大腦負責聚焦、能量和動機的網路。不過我們也在伏隔核和其他跟渴望和上癮有關的地方發現有活化。的確，羅曼蒂克的愛有很多的特性跟上癮很相似——當一個人的癮被滿足時，天下一切都美好，當一個人被拒絕時，就變成危險和劇烈痛苦的癮了。

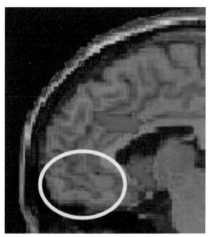

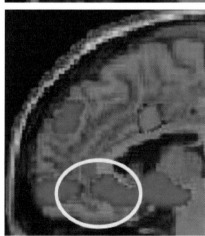

前扣帶迴最前端的地方在憂鬱症人身上是過度活化的（上圖），當電極被放在大腦某處抑制這個活動時，病人報告心情好了起來。

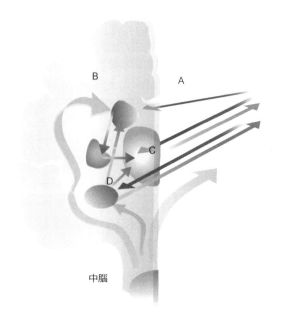

中腦

負面的感覺了。

　　憂鬱症患者其他沒有活動的，還包括頂葉和顳葉交接的
地方，這地方與注意力有關，尤其是注意外界正在發生什
麼事的能力，因此這表示憂鬱症的腦部轉向注意內在，專
注於自己的思想，而不會注意自己身邊發生了什麼事。因
此，憂鬱症患者總是不在乎外界發生了什麼事，只為著自
己的念頭不斷縈繞糾纏不清。

　　扣帶迴活化得很厲害跟躁症有關。躁症患者會過度興奮
，對自己非常有信心、非常樂觀，連天塌下來都看成是小
事一樁，正好與憂鬱症相反。意義度的增加是躁症的一個
行為指標，躁症嚴重的人看到任何小事都會發現它的重要
性，常認為他們對一些偉大的理論有特殊的了解，有自己
獨特的見解，或是可以寫出非常宏觀的計畫書，把天下所
有行業、所有相關東西都納入計畫書中。這種與任何事都

有關係的感覺，尤其什麼小事都注意到的特性，與妄想症（paranoia）病人很相似，有時躁症患者也會發展成妄想症。妄想症是精神分裂症的一個症狀，與多巴胺濃度高低有關，多巴胺是活化前額葉的神經傳導物質。所以，憂鬱症病人的前額葉不正常，的確與很多其他的發現相符合。

這可能顯示，憂鬱在遠古以前具有幫助生存的價值。動物陷在一個牠無能為力的惡劣環境時，也會有憂鬱症的現象出現。在野外，本來擁有主控領導力的動物，如果被一個強大的勢力不斷挑戰，也會有憂鬱症的現象出現。這種情況下，憂鬱症可能幫助牠們生存，如在第一個例子中可以保存體力，而在第二個例子中使牠退縮以避免傷害。這可以解釋為什麼現代的憂鬱症都是因打擊自信心的事件所啟動，這相當於人類失去對環境自我控制的能力，或是使自己在家門口被一個強大的負面事件打敗。

不過，在今天的社會中，憂鬱可是一點幫助也沒有，它只會使事情變得更糟。假如憂鬱在過去真的曾經是幫助生存的機制，現在實在應該全力將它鏟除。演化天擇是個很慢的過程，但是人類的智慧已可以發明很多有效的治療方法，透過心理和藥物的治療來控制憂鬱症了。

第 5 章

每個人的獨特世界

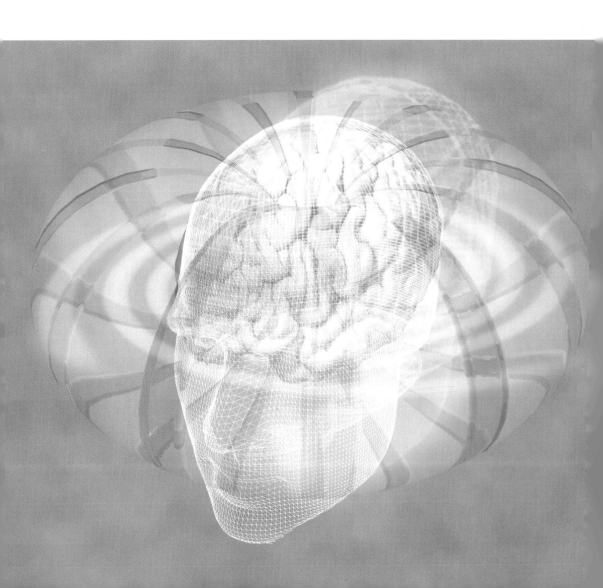

大腦是一個製造很多產品的工廠，原料是各種訊息：光波投射到視網膜上，聲音衝擊耳膜，氣味分子飄盪在鼻腔中；大腦的這些感覺區創造出我們對外在世界的印象。但是，基本的知覺並不是大腦的最後成品，最終的建構是一種具有「意義」的知覺。附加在知覺上的意義通常是很有用處的：使光波的形態轉換成我們可以用的物體，我們可以愛的人，以及我們可以去的地方。但是有時候它會產生誤導：沙漠中的甘泉只是海市蜃樓，而黑暗角落裡的手握刀斧的人只不過是陰影……

如何產生感受？

「你的名字『理察』嚐起來像巧克力棒，溶化在我的舌頭上。」這好像是對情人講的甜言蜜語，但是說這句話的人真的是這樣覺得。她說這句話時，正坐在神經學家塞托威克（Richard Cytowic）的研究室，而巧克力的味道與她對塞托威克醫生的感覺毫無關係，因為「理察」這個字嚐起來像巧克力，就像一杯熱可可之於你的味覺一樣。

這位受試者的情況叫作「感覺相連症」，她的感官知覺包括聽覺、視覺、觸覺、味覺和嗅覺，統統混合在一起。有些感覺相連症患者可以「看見」聲音，「聞到」視覺。每一種感覺的混合都曾被報告過，有一個男孩發現文字是有不同的身體姿勢的，他可以扭轉他的身體做出很多字的姿勢出來。另外一個人則看見味道：「我們要等一下才能開飯，雞還缺少一點釘子才能吃。」他的話曾使晚宴客人大笑。甚至有些人會在面對某些特別感覺的時候，體驗到很強烈的情緒：摸到牛仔褲的時候覺得憂鬱，摸到蠟的時候感到難為情。

俄國畫家康丁斯基（Wassily Kandinsky）於1931年畫的《符號列》（*Rows of Signs*）。藝術家常常想表達感覺相連症的現象，法國詩人韓波（Arthur Rimbaud）把五個母音賦與色彩，將印象轉譯成視覺；美國畫家惠斯特（J.A.M. Whistler）和比利時畫家蒙得里安（Piet Mondrian）想把聲音畫出來，而康丁斯基則用影像來表現樂句的形式。

每個人依他的視知覺系統，
看這個世界都有一些不同。

　　我們可以想像感覺相連症患者的感覺：聽音樂時看到顏
色和形狀，或是「濃稠的」（soupy）這個字聽起來像雙
簧管的聲音，「味道強烈的」（sharp）嚐起來像檸檬。
但是將兩種類型的感覺相連的這種狀況，只影響了我們之
中的少數人，估計比例最多是二十個人中有一個。

　　感覺相連症並不是茶餘飯後談話的話題，而是直接關係
到一些最基本的假設，關於我們的感覺認知以及外在世界
的本質問題。

　　是什麼樣的東西使得聲音是聲音，影像是影像，味道是
味道？是聲波的大小和分子的結構嗎？再想想看，假如一
個人把光波體驗成音樂，另一個人把聲波體驗成巧克力，
誰還能肯定的說，是光波創造出影像視覺而不是味道或是

味道分子呢？或者，為什麼不是聲波創造出嗅覺呢？我們所感覺到的，其實是「多數決」（majority vote）。

但是，一般來說，我們的腦是一次表現出一種感覺，也就是說，某一種特別的刺激永遠以聲音方式來感受，而另一種則永遠感受成視覺，為什麼會這樣？

很顯然，要找線索，第一個要看的便是眼、耳、鼻、舌和皮膚對於身體感覺的感受體（receptors）。每一個感受體都對各自特別種類的刺激覺得敏感，如分子、波長或振動。但是答案並不在此，因為雖然它們各有不同，但是基本上都是同一件事：把某一種特別的刺激轉換成電脈衝；電脈衝就是電脈衝，不管原來的感覺是什麼。電脈衝是少量的電能，我們的感覺器官其實是把所有不同的輸入訊號轉化成大量可以理解的同樣東西——電脈衝。

因此，所有的感覺刺激進入大腦，都是透過神經細胞激發，在某個特殊路線上，像骨牌效應一樣地傳導電脈衝，並沒有一個反轉機制可在某個層次上將這些電脈衝轉換成光波或分子。哪些電脈衝變成視覺，哪些又變成嗅覺，完全是看哪些神經元被刺激。

在正常的大腦中，傳進來的感覺刺激遵循著一條走得很熟的舊路，從感覺器官走到大腦某個特定的終點站。當刺激經過大腦時，分成很多不同的支流，被大腦中不同的模組進行平行處理。有些模組是在皮質，視覺和聽覺在此組合而進入意識界，另一些則進入邊緣系統，這些刺激會製造出身體反應，帶出一種情緒，將聲音轉變成音樂，將線條和對比轉變成藝術品。

每一種感官的皮質區是由許多更小的區域構成的，每個區域均專司所長，例如視覺皮質就有專管顏色、動作、形狀等等的區域。一旦進來的訊息在此裝配完成了，便送往

比較大的皮質區去處理，也就是所謂的
聯結區（association area）。在這裡，感
覺訊息與適當的認知訊息相結合，例如
一把刀的視知覺就與刺、切、割、吃的
概念相結合；一旦到達這個程度，進來
的訊息才變成有意義的知覺。我們現在
所看到的，是由外界刺激所啟動，但還
沒有百分之百反映外界（即與外界刺激
不是完全相像），專屬你的大腦的特殊建構品。

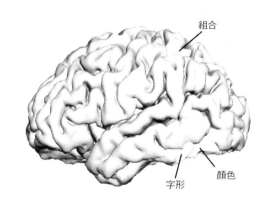

組合

字形　顏色

字形和顏色的感覺相連症是
當人看字母時，字母會出現
不同的鮮艷顏色。腦造影圖
顯示這種感覺相連症的人在
看字母時，會活化大腦區辨
字母形狀的地方以及顏色的
地方，而絕大部分的人，這
兩個地方的活化是獨立的。
組合區域是把字形和顏色所
產生的感覺組合在一起變成
一個單一經驗的地方。

每一個大腦所建構的世界都不一樣，因為每一個人的大
腦都不相同。所以，同一個外界物體對每一個人來說，感
受都不一樣，因為沒有任何人有同樣數量的運動神經細胞
、對紅色敏感的細胞或偵測直線的細胞。例如，有人腦中
處理顏色的區域（V4）發展得很好，所以他看到一盤水
果時，會特別注意到水果的鮮艷色澤，以及和其他水果顏
色的搭配。而另外一個深度辨識區域（V2）很發達的人
，會注意到這盤水果的三度空間擺設，第三個人可能注意
到輪廓，第四個人注意到細節，對每一個人來說，基本的
資料都是相同的，但是最後送到意識界的影像卻不相同。

有時候，某些人看待事情的方法比較特別，可以把他的
看法透過藝術的特徵傳達給別人。這個人的看法可能比我
們自己的更美麗，而透過吸收這樣的看法，也許可以刺激
我們自己的視覺通道，使它的功能比較像藝術家的功能，
以後我們看事情時也可能像藝術家一樣。新的藝術為什麼
特別使人感到震懾，主要的原因便是新的看法與我們原來
的看法非常不一致。看久了，我們的看法逐漸受到新事物
影響，再看它就不會如此吃驚了。

一個人對事情或東西的看法決定於基因和他的大腦如何

被經驗所塑造。例如音樂家的大腦跟別人的不同，他們的大腦在演奏或聆聽音樂時，工作的方式跟一般人不一樣。有一個研究發現音樂家大腦對聲音起反應的部分比別人大了13%，而增加的部分直接跟音樂的經驗有關。他們對世界看法的不一樣並不止於音樂一樣而已。他們也對情緒比較敏感。他們對聲調比我們敏感，比我們更快了解嬰兒笑聲的意義，這些經驗使他們的世界比我們更情緒化。非常獨特的看事情方法可能來自「奇怪」的大腦發展。愛因斯坦的大腦結構就跟別人不同，有人認為這個不同使他洞察宇宙時空的本質。當他在1955年過世時，他的腦被解剖，分送給好幾位科學家，想看看他的天才跟大腦有沒有什麼關聯。結果發現果然有，但是在那個時候，大部分的研究者並不知道要找什麼，也沒有合適的儀器來看它。因此他

「有顏色的聽覺」的一個好例子

　　作家納博科夫（Vladimir Nabokov, 1899-1977，俄籍小說家，《羅麗泰》作者）在他的自傳《說吧！記憶》（*Speak, Memory*）形容他自己是「有顏色的聽覺的一個好例子」：

　　「英文字母中的『aaa』長音對我來說是飽受風吹雨打的木頭顏色，但是法文中的『a』激起擦得光亮的黑檀木顏色。這群『黑色的聲音』還包括很硬的『g』（硬橡皮）；『r』（黑如煤煙的破布被撕開）。而燕麥的『n』、麵條的『l』和象牙柄手持鏡的『o』則是白色的。我對於我念法文的『on』感到很困惑，因為我看到的是一個小酒杯斟滿時杯緣的表面張力。藍色字群中有像鋼鐵一樣的『x』和打雷時佈滿烏雲的『z』。因為聲音和形狀有一點交互作用，所以我看到的q比k的顏色還要棕色，而s不像是c的淺藍色，而是有趣的天青色和珠母貝的混合。」

納博科夫可以「看見」每一個字母的聲音，它們各有不同的顏色和質地。

以某個特定的方式來「看」事情跟大腦的結構有關，它直接應用到基本的感官知覺。最顯著的例子是感覺皮質受傷或發育不完全的人，如因為腦傷把大腦視覺區的神經元殺死了或中斷神經之間的連接而使他們看不見、眼盲了。比較細微的缺陷則可能來自嬰兒期某些特定神經元缺乏刺激。

的腦被束之高閣而遺忘了。半個世紀以後，一位在加拿大麥克麥斯特大學（McMaster University）的研究者把愛因斯坦的腦用現代的技術去檢視，結果發現好幾個跟別人不一樣的地方。最顯著的不同是頂葉的兩個腦溝在發育中，結合在一起變成一塊很大的組織，而正常人這裡是區分成兩塊的。一塊是負責空間覺識（spatial awareness），另一塊的許多功能之一是數學的計算。愛因斯坦的這兩塊區域的結合可能解釋了他的獨特能力，將他對時空的看法轉換成那個有名的數學公式 $e=mc^2$。

動物一出生就不讓牠看到直線或橫線，那麼牠長大後幾乎不能區辨這兩種線條，因為原本負責辨識某種線條的細胞沒有發育。在嬰兒期的某個特定時間裡，視覺刺激的呈現是很重要的。

庫克船長（Captain Cook，英國著名航海探險家）曾經報告過一件事，跟上述的動物經驗有關。他說在他探險的航程中，曾經遇過好幾個島嶼的土人，他們無法看見停泊在海岸邊的大船，因為像這麼大的東西從來沒有進入過他們的視野，所以他們不知應該如何反應。由於沒有任何概念得以解釋這麼大的影像，所以就「沒有看到」。這個故事反映了一個真實的事情：我們所看到的東西完全來自我們大腦的建構，並不是外面真的有這個東西。大腦依照外面送進來的刺激，用最好的表現方式去建構事情的特徵，再用我們的經驗去解釋這項建構。

腦與腦之間的差異其實非常微小，不太容易從腦造影的掃描中看出，但是感覺相連症患者處理感覺的方式，與正常人的確有顯著的不同，也可以在腦造影研究中看出。

越來越多的證據顯示成人的感覺相連症並不是反映出皮質下感覺原型（prototype sensory）知覺的變異，而是正常

的成人大腦學習如何去克服它、取消它。根據這個看法，任何刺激，隨便是光波、聲波，都有可能創造出多重感官的經驗，在邊緣系統本來就是這樣。在嬰兒期，我們對每一個東西的經驗都是這樣，但是當大腦皮質發展後，它有效的中途攔了進來的訊息，把它分成各種種類，把刺激送到各個不同感官的領域中，在這樣做時，原來的神經連接因不用而萎縮，而大腦每一感覺區的神經元變成越來越習慣代表單一形式的訊息了。所以長大後，大多數人的大腦變成只會處理我們所習慣的幾種感覺了。

假如這個理論是對的，那麼強制分類可能就是為了加快對傳入訊息的辨識速度。例如，黃蜂被感受成味覺、嗅覺以及會嗡嗡叫的黃色東西，而「你應該把牠打死」這種決策可能就要久一點才能作出，在此之前，你可能就已經被牠整了。因此，把知覺作分類，可能在演化上具有幫助生存的價值。

然而，就像許多大腦所作的精密決定一樣，多少要付出一些代價。感覺相連症患者無疑可以感受到比較豐富的感官世界，不像我們正常人一次只能享受一種感覺。假如我們能夠關掉大腦的分類處理程序，說不定我們也可以體驗這種豐富的感官世界。不幸的是，到目前為止，唯一的方式是嗑藥，而嗑藥是犯法的。或許當我們對感覺相連症的了解比較透徹一點後，有人會發明一種安全的藥來打開這種知覺的門。

辨識

不管我們建構的感覺認知有多好，其實都是無意義的，一直到大腦辨識出來後，一切才有意義。

辨識有兩種，一是內在的「啊哈！」，就好像你聽到一

感受這個世界

　　大部分的皮質用來做感覺處理，只有額葉負責做非感覺的處理。每一種感覺在腦中都有特定的部位負責處理，其佈局在每個人身上大致相同，但若有某種感覺大量使用到，會激發相關皮質區域發生擴張，跟肌肉大量使用會變得結實是一樣的道理。

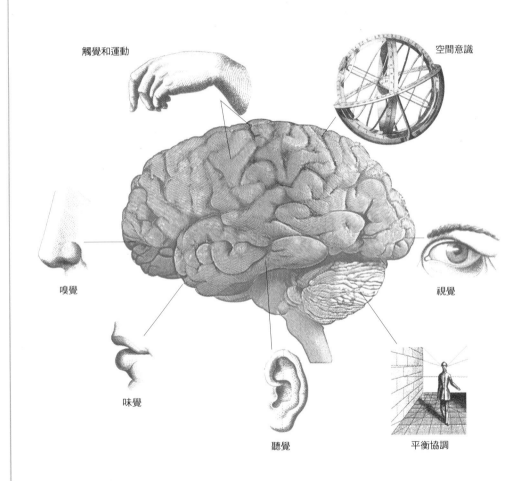

觸覺和運動

空間意識

嗅覺

視覺

味覺

聽覺

平衡協調

聽覺

每一邊耳朵的聽神經將所攜帶的聲音訊息帶離開耳朵之後，會分成兩個不均等的部分。

每一邊耳朵中，訊息比較多的路徑通往這一隻耳朵對面的皮質去（訊息較少者則傳到與耳朵同一邊腦的皮質），所以每一隻耳朵接受到的訊息都會傳到兩個腦半球去；左耳所接受到的訊息大部分傳到右腦去，右耳所接受的則大部分送到左腦去。

兩個腦半球在聲音處理過程中扮演非常不同的角色，因此人們對某個聲音的經驗會依聲音是從哪一隻耳朵進來而有些微的不同。例如，一個左耳聾的人，他所接收到的聲音都在左腦處理（正常右耳對向的腦），左腦本是專長於辨識和叫出聲音名稱，所以這個人的韻律和旋律知覺可能就比較遲鈍一點（譯註：這段我不太贊成，作者未附出處，無法查證她的資料來源，這與坊間所說的「開發右腦」犯了同樣的毛病——她忘記這個人的胼胝體是正常的，訊息可以往兩邊送，因此兩邊的大腦都會激發起來處理訊息，不至於發生遲鈍的現象，除非用儀器測量訊息跨越的時間，才能把一、二毫秒的差別解釋為遲鈍）。

將聲音訊息轉換傳到大腦各個不同區域的神經傳導途徑。

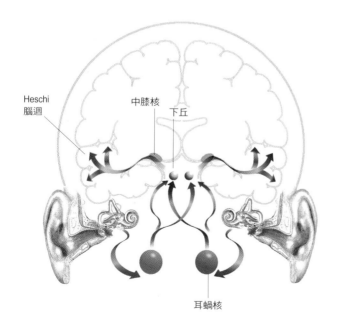

Heschi
腦迴

中膝核

下丘

耳蝸核

視覺

　　造成視覺刺激的光線，經過水晶體折射成倒影落在視網膜上，在這裡，感光細胞將光波轉換成電波來運送訊息。兩隻眼睛的視神經在視叉（optical chiasma）處相交，這地方是解剖學上的一個主要地標。

　　然後，視神經將訊息送到側膝核（lateral geniculate body），側膝核是視丘的一部分，接下來再將訊息傳到大腦背後枕葉的V1區。視覺皮質分成許多區，每一區處理所看到東西的某個層面如顏色、形狀、大小等。

視覺皮質的分布：
V1—對物體作一般性掃描
V2—立體視覺
V3—深度和距離
V4—顏色
V5—動作
V6—決定物體的客觀位置
（不是相對位置）
決定物體位置的神經訊號
傳導路徑：
V1—V2—V3—V5—V6
決定物體為何的神經訊號
傳導路徑：
V1—V2—V4

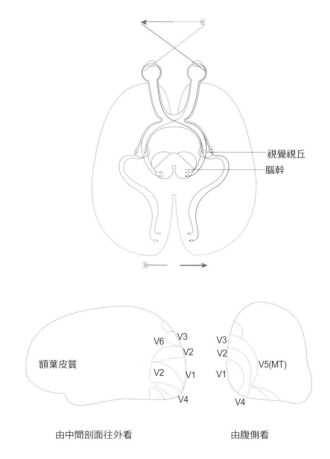

視覺視丘
腦幹

V3
V6　V2
V2　V1
V4
額葉皮質

V3
V2
V1　V5(MT)
V4

由中間剖面往外看　　　　由腹側看

V1是外界的鏡影，外在視野上的每一點都對應到V1的皮質的每一點上。當一個人凝視著簡單的圖案，如格子棋盤時，這個影像反映出相配對的大腦皮質神經活動。然而這張「地圖」是扭曲的，因為對應到視野中心的神經元在皮質上占的地方比較大，所以透過V1所顯現的圖像，有點像透過照相機魚眼鏡頭看到的一樣。

視網膜的中央，即中央小窩（fovea），神經比較密集，可以看到比較多細節部分，所以眼睛在看東西時是跳動的，以便讓東西落在中央小窩上，看得更清楚。眼球跳動是由大腦的注意力系統所啟動，不是由我們的意志所控制的。所以是視覺皮質在看而不是眼睛在看，的確，雖然有兩隻眼睛連接到大腦對的地方是很有幫助，但這並不是看東西絕對必要的條件。眼睛瞎了但是視覺皮質無損的人可以透過特殊的設備經驗到外面的世界，只要透過另外一條路徑，比如說耳朵或皮膚把訊息送到視覺皮質來。舉例來說，盲人可以配載一種儀器，將低層次的視覺影像轉換成震動脈衝，靠觸覺來讀影像，有點像點字。攝影機裝在受試者的眼睛旁邊，傳遞脈衝到他們的背上（他們會感到麻癢），產生連續的感覺輸入。病人的行為很快就會像可以看得見一樣，他們不再感到麻癢，他們的「觀點」轉而跟小攝影機一樣。有一種儀器還配有可縮放焦距的鏡頭，當研究者在沒有預先警告的情況下啟動放大鏡頭，使病人從背後接收到的影像突然放大，就好像你逼近去看這個世界一樣，受試者會躲閃或舉起手臂來保護他的頭。

然而，這種方式呈現的視覺影像還是有個限度，當男性受試者對這種看東西的方式很熟練了以後，一旦實驗者給他看一張性勃起的圖片，受試者可以正確地形容它，但是對它沒有感覺。

另一個幫助盲人產生看功能的新方法是將光的訊息轉換成聲音的形態，讓他們學習把聲音形態跟觸覺形態配對起來。例如一堵垂直的牆可能是單一的低頻音，這個人學習把這個單一的低頻音跟摸到牆表面的感覺結合在一起。一旦熟悉了聲音的形態後，他們報告說他們所經驗到的外在世界跟正常的視覺所看到的外在世界無異，大腦掃描的實驗顯示，這個經驗不是來自聽覺皮質，而是來自視覺皮質。

嗅覺

嗅覺跟其他的感覺不一樣，它是直接送到邊緣系統；這是一條通往大腦情緒中心的快速道路，會引起強烈的關於情緒的回憶。氣味

知覺的處理似乎跟嗅覺和味覺都不相同。有一個研究讓學生在一間有很奇怪味道的房間內記憶一系列的字，後來測試時發現，有這個味道出現時，學生的記憶增加了20%。

我們對一個氣味的喜好決定於跟這個氣味聯結在一起的記憶，腦造影掃描顯示，喜歡的氣味會引發額葉掌管嗅覺區域的活性，尤其是右邊的額葉。不愉快的氣味則引發杏仁核及腦島的活性。

嗅覺是我們最原始的一種感覺，氣味進入一邊的鼻孔後，會在同一邊大腦進行處理，因此跟視覺和聽覺不一樣，嗅覺訊息不會交叉傳到對面的腦去。

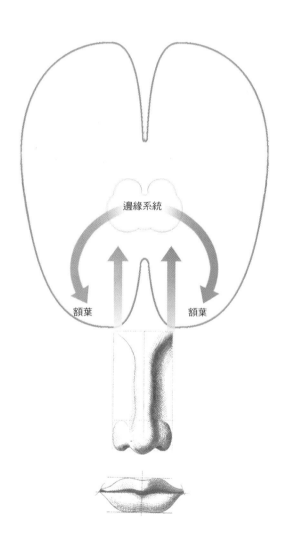

邊緣系統

額葉　　　　額葉

味覺

右額葉受傷會使一個飢餓的人變成瘋狂的美食家。這個毛病是由瑞士的研究者發現的，有兩位病人在大腦受傷後，發展出強迫性的美食主義，食不厭精，傾家蕩產也在所不惜。他們找了36位如此的美食家來做腦造影掃描，結果發現34位有右額葉的損傷。至於是什麼機制引起病人對食物的新興趣，目前還不清楚，僅知與額葉的血清張素濃度有關就是了。

感覺

感覺沿著好幾條不同的路通往大腦。痛覺是由兩種不同的神經傳遞，快的路徑攜帶尖銳的刺痛，慢的則攜帶深沈的、燒灼的痛。刺激其中一種神經會阻斷另一種的傳達，因為這刺激會關掉了脊椎上的「門」，這便是為什麼搓揉傷處會使孩子覺得痛苦減輕了。

前扣帶迴這個與情緒和注意力有關的地方，是產生意識痛覺所必須。鴉片型的止痛藥，包括嗎啡及可待因（codeine），是最有效的止痛藥，它們阻擋了大腦中腦啡的感受體，這是大腦自己產生的止痛劑，通常在很痛的刺激時才會釋放出來。鴉片也會降低前扣帶迴的活動。

前扣帶迴在疼痛上的重要性可以從腦造影中看出，當有心臟血管毛病的人因心臟缺氧而引起胸口劇痛時，只有前扣帶迴是亮起來的。有些人則是只要心臟缺氧，前扣帶迴就立刻亮起來，造成意識的痛覺，警告病人立刻停止他正在做的事，以減輕心臟負擔。也有其他的人直到心臟嚴重缺氧後，前扣帶迴才亮起來。這些人容易有突如其來的心臟病。

第六感

我們身體會有一種感覺告訴我們四肢現在何處，身體的姿勢及平衡感。這需要許多感覺的綜合：皮膚，肌肉和筋腱送上來的觸覺和壓覺，大腦的視覺和運動知覺，以及內耳的平衡資料。這些綜合起來，產生我們的第六感。它用了我們大腦的這麼多地方，所以極少會完全失去這個感覺。但是，偶爾會有人在腦傷之後，失去他身體現在何處的感覺。也有些人在參禪打坐時會有靈肉分離，靈魂飄浮在空中，往下俯視自己軀體的感覺。這種靈魂出竅（out-of-body）的現象，可能是短暫性的失去身體的第六感。

首熟悉的歌或看到一個熟人時，大腦做了個彈指動作來表示興奮一般。聽懂別人講的笑話就像是這種辨識，一個好笑話最後的關鍵結尾，會使你猛然了解笑點何在，了解為什麼好笑了。

這種型態的辨識，與另一種意識到你已找到正確答案的情形，是很不一樣的。好比說，把一長串的數字加起來，你知道這個數字是什麼，因為你的意識大腦用歸納法得出這項知識。歸納法包括一連串有規則、規範的認知動作，把其他的知識如小數點系統、四則運算規則、如何使用計算機等，都包括了進來。也就是這個歷程，那些不常做計算的人會說，他們聽見大腦裡的齒輪在吱吱運轉，才得出這個答案；不過也有些人輕而易舉的做出答案。但是不論是誰（除了「天才白痴」以外），每一個人要得到這種知識都必須經過認知意識的努力。而自動化的辨識則是一個立即的、不花力氣的、不可避免的歷程。

這個自動化的歷程，是在許多平行進行的輸入訊息經過邊緣系統時發生。這裡的模組表現了訊息的情緒內涵，包括熟悉度在內。它發生的速度非常快，快到潛意識的大腦已經知道這個東西以前曾經出現過，而意識的大腦卻還不知道它是什麼。

這種形式的辨識並沒有延伸到意識層次，最強的程度也是讓我們有個模糊的感覺而已。但是要知道辨識出什麼，要說出它的名字，意識的腦非參與不可。

有意識的辨認一個東西，發生在由皮質感覺區接到相關聯結區域的神經通道上，在這裡，刺激開始進行辨認。當你在看一個東西時，顳葉下部就開始分類處理，從最粗糙的區分開始，如生物／非生物、人／非人等。然後左顳葉開始給這東西一個名字，同時在頂葉部位判斷出這個物體

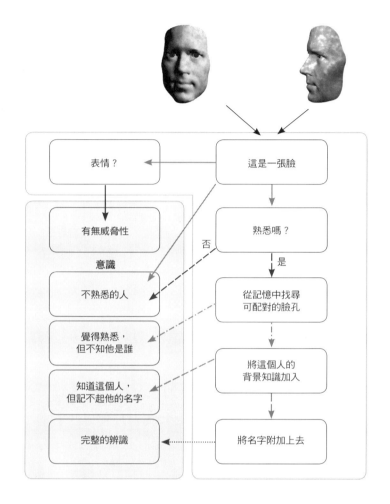

表情?

這是一張臉

有無威脅性

意識

不熟悉的人

覺得熟悉,
但不知他是誰

知道這個人,
但記不起他的名字

完整的辨識

熟悉嗎?

否

是

從記憶中找尋
可配對的臉孔

將這個人的
背景知識加入

將名字附加上去

在空間的位置。假如你是在聽一個聲音,那麼同樣的區分如語言／動物叫聲、近／遠等,就會發生在聽覺聯結區。要完全辨識這是什麼東西,大腦各處儲藏的長期記憶訊息必須送進來,才能得到它的意義,如「我的房子」現在就變成「我的家」了。最後,邊緣系統的回饋被帶進來,這個知覺現在有情緒了,「我的家」現在是一個溫暖、充滿愛的遮風避雨處,或是一個很討厭的、只不過是個掛帽子的地方。辨識的歷程到此完全結束。

透過潛意識的生產線，原始
的視覺資料便建構成一個可
以被辨識的東西，再由另一
條不同的神經通路判斷出這
個東西是什麼。

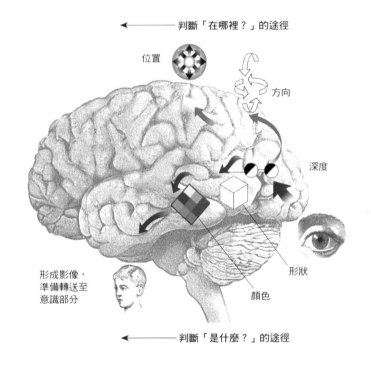

←————— 判斷「在哪裡？」的途徑

位置

方向

深度

形狀

顏色

形成影像，
準備轉送至
意識部分

←————— 判斷「是什麼？」的途徑

　　這是辨識應該發生的歷程，但是偶爾會出錯，每個人都
有這樣的經驗。當一個陌生人走來跟你打招呼說：「家人
都好嗎？」如果不是你的辨識系統出了問題，就是這個人
在跟你開玩笑。同樣的，辨識系統發生中斷，是我們平常
覺得「認識這張臉，卻想不起名字」或「對不起，認錯人
了」發生的原因。有些人突然覺得平常走的路變得陌生，
或是不曾去過的地方有似曾相識的感覺，這些都是很普通
的辨識問題。但是對有嚴重辨識問題的人來說，這個世界
是個很恐怖、很陌生的地方。

改變的視野

　　「抱歉，我不知道這是什麼。」病人很挫折地搖著頭說
。在她面前是一張貓的圖片。「這是一隻貓，」醫師說：

「對妳有任何意義嗎？」病人回答：「完全沒有。」「牠不是一隻貓嗎？牠是一隻動物啊！」別人鼓勵地說。「貓是一隻動物嗎？」病人不斷重複這句話：「我真希望我能記得動物是什麼。」──病人研究案例

一個牙牙學語的嬰兒都知道貓是什麼，但是這位六十九歲的婦人卻不知道。她的世界已經變成充滿陌生物品的世界了，這東西有奇怪的表皮觸感，會跑、會跳，還會叫。神經心理測驗顯示，她有失認症（agnosia），從字義上來講就是「沒有關於物體的知識」。而這婦人的情況是不能辨識有生命的東西，包括人。

失認症就是辨識歷程的缺失，有時候中風病人或早期失智症（dementia）病人會有這個現象。當他們看到一個軟的、圓的東西時，失認症患者不知道這個東西是可以吃、可以玩的，還是可以養來當作寵物的，但是他們對這個東西卻可以看得很清楚。

我們在前面曾看到，「辨認」像是從一個冗長、複雜的生產線丟出來的產品，失認症便是這條生產線的某個地方出了問題，而出問題的地方就是失認症幾種不同型態的由來。視覺失認症（visual agnosia）不能辨識眼睛看到的東西，目前被研究得最透徹。還有人不能辨識聲音、味道或身體感覺。

認知歷程同樣會受到影響。抽象的概念像是「道德」、「合作」和「革命」等，會像貓一樣失去它們的意義。

失認症通常可以分成兩種：知覺失認症（apperceptive agnosia）通常發生在辨認歷程的早期，在知覺被恰當地建構以前。假如材料沒有被正確的組合在一起，後面的知覺會很混亂，使大腦無從配對出意義來。

聯結失認症（associative agnosia）則發生在辨識歷程的晚

期，在這種情況中，知覺是正確的，但是與它聯結的記憶卻遺失了或提取不到。

有知覺失認症的人通常只有一種感覺管道受損，舉例來說，如果他們不能從視覺辨認這個物體，通常可以從觸覺或物體名字得知。患者沒有辦法得出整體的知覺，常要很辛苦的一條一條線去重新建構這個東西，也無法做相似物體的配對。相反的，有聯結失認症的人可以清楚描繪看到的東西，可以複製著畫出圖案，也可以配對相似的圖片。

辨識能力的喪失可以是很大範圍的，也可以只針對某一種。有位企業家在中風後腦受損區域很大，給他看一根紅蘿蔔時，他說：「我完全不知道這是什麼，底下看起來很堅固，上面又很像羽毛，有許多分枝。除非它是一叢樹，不然不合邏輯。」洋蔥，他說是「項鍊之類的東西」，而鼻子，他很有信心的說，是「湯杓」。

其他還有些人是失去了辨識某個類別東西的能力，例如無法辨識所有的專有名詞。像是有個人很熟悉女王或寺廟的概念，但是問他伊莉莎白一世，或雅典的巴特農神殿是什麼，他卻答不上來。無法辨識臉型（面孔失認症，pro-sopagnosia）和身體部位，都是特定類別的辨認缺失。有一個病人望著手肘的圖片說：「這是手腕嗎？」然後更正自己的說法：「當然不是，這是一個人的背面。」

大腦一處受傷會失去所有關於人造東西的知識，另一處受傷又失去所有動物名稱的知識，這些發現顯示，東西的類別先天就設定在人的大腦中，這就好像我們的記憶有很多格子，有一格上面標示著「專有名詞」，另一格是「可食用的東西」，再一格則是「抽象的概念」等等。

研究人員花了很多時間和精力，希望尋找這些各類特定缺失的其他可能解釋。爭議最大的是生物／非生物這個類

別。很少有病人可以辨識非生物而不能辨識生物，他們也不能辨識食物，雖然方盒冰淇淋在視覺上跟非生物的磚頭比較相近而跟豹子不相近。很奇怪的是，這種失認症患者通常對樂器的辨識特別差，他們反而很容易叫出其他人造東西的名字，對身體部位的名稱也沒有問題。

這些病人顯示，不知為了什麼原因，大腦將食物、動物和樂器放進同一個盒子中，將人造的東西和人體部位放進另一個。初看之下覺得很奇怪，為什麼樂器和動物放一起？為什麼身體部位和藝術品等人造的東西放一起？大腦是怎麼想的，為什麼把它們歸類在一起？

沒有人知道答案是什麼，但是，就像所有事情一樣，有很多理論被提出。有些人認為，根本不是以有生命或無生命來作分類，而是以熟悉或不熟悉來分類；假如這是對的，那麼食蟻獸不應該跟貓放在同一個類別裡，但是我們沒有找到證據。也有人認為，分類標準是大和小、相似的和不同的、有威脅性的和溫良的等等。

現在比較好的解釋是，大腦分類和儲藏東西的標準，是依照我們跟這個東西的關係，而不是依它們的外貌或用途來分。

我們跟物體的關係有很多的層面，即使最簡單的物體也是。例如，食物可以吃、可以聞、可以摸、可以買、可以看。動物可以看、摸、愛、害怕、追逐或吃掉。樂器可以聽、操弄、看和彈，有些樂器還可以放入嘴裡。

這些東西的每一個層面的記憶可能儲存在不同地方。假設每一個層面的性質叫作辨識單位（recognition unit, RU），「長笛」就應該有形狀辨識單位在視覺皮質中、文字辨識單位在顳葉、聲音辨識單位在聽覺皮質、觸覺辨識單位（一個東西是平滑的還是圓筒狀的，需要透過手指操作的

細緻感覺）在身體感覺皮質區和前運動皮質區。

大腦的每一個區域都塞滿了各個物體的辨識單位，同類的被放在一起，不僅是因為它們在某個層面上有相似性，還因為它們與大腦某個區域的關聯性很相似。所以，長笛的觸覺辨識單位可能跟雪茄的觸覺辨識單位在一起，而聽覺辨識單位則可能跟水壺口哨聲的辨識單位放在一起。當我們想到長笛時，所有的辨識單位會被找出來放在一起，製造出一個概念，但是我們最熟悉的某個層面會最容易被提取出來。這個層面是哪一種，依不同人而有所不同。一位長笛演奏家在前運動皮質（控制手指如何動）和身體感覺區（控制嘴的感覺）有很強的長笛記憶，一個常去聽音樂會的人會有強的聽覺記憶，而一個從來沒有聽過音樂的人，只有視覺和語言的辨識單位而已。

所以，各個不同實驗所顯示出來奇怪的類別，可能來自每個人的大腦皮質地理學。動物、食物和樂器可能是某個病人的分類，身體部位和工具則缺乏，因為對這個病人來說，前三種的辨識單位正好座落在沒有受傷的大腦部位，而其他的則缺失了。像這樣各類別的組合方式在大部分人身上相同，但不是全球的人都相同。例如，動物在某一個人的心目中，是和食物放在同一類的，因為牛的圖片使他想起味覺的辨識單位（如牛排）。但是素食者可能就會有不同的連接，認為牛是神聖動物的印度人又會有更不相同的連接。這類的腦造影實驗還沒有做過，或許不久的將來有人可以驗證這個假設。

臉盲

面孔對大部分人來說是很特別的，特別到大腦有個系統專門處理臉孔辨識。像比爾這樣的病人便是系統出了毛病

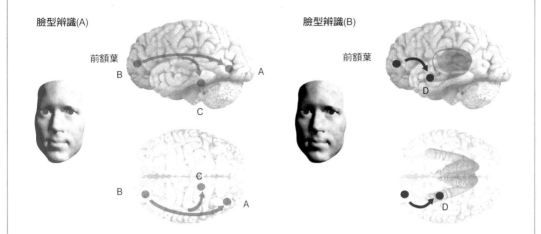

臉型辨識(A)

前額葉

B

A

C

臉型辨識(B)

前額葉

D

B

C

A

B

D

我看到你的臉

　　熟悉的面孔儲藏在大腦裡叫做面孔辨識單位（face recognition unit, FRU）的神經迴路（記憶）中，當一個人的影像進入意識時，大腦就會去搜尋面孔辨識單位尋找配對。假如找到了，這個適當的面孔辨識單位就會被激發，提取出來，附加到新的影像上。這種記憶的提取和刺激，對辨識的歷程是非常重要的。

　　新的影像可以來自外界，也可以來自內在，大腦對這兩者的對待是一視同仁的，所以想像一個你認識的人也會激發面孔辨識單位，就好像你正看著他的照片一樣。

　　面孔辨識單位就像其他的記憶一樣，假如你一直開著它，就不會消失。每一次面孔辨識單位被激發，就透過長期增益效應（long-term potentiation, LTP）的作用更深入大腦中。假如一個面孔辨識單位常常被激發，它就保持在「暖機」狀態，一觸即發，否則面孔辨識單位需要很強的刺激才能激發，通常要看到本人，或看到跟他有密切關係的人、跟他很相似的人才行。在極端的例子中，當一個面孔辨識單位被永久性的激發，已經開啟好幾天了，那麼幾乎任何一個東西都可以作為視覺提醒線索（這便是為什麼當我們期待見到一個人時，常會把跟他只有一點點相似的陌生人誤認為他）。

　　每一個人都有這個經驗，當你在戀愛時，或在悲悼時，你走到哪裡都看見他。這也是為什麼我們說某人「活在我們心中」，因為這個人的面孔辨識單位在你的心中，隨時隨地便被激發。

臉型辨識的神經通道是從視覺皮質(A)連接到前額葉皮質(B)。在這條路上經過一個區域，專門用來處理臉孔訊息(C)。

關於臉的訊息同時也送到杏仁核(D)，在此處為臉孔賦與情緒上的意義。接下來訊息又再送回前額葉，而得到完整的辨認。

「當我六歲時，我跟我哥哥
說，我覺得強盜很笨，他們
搶銀行時只蒙面而不蒙身體
。既然身體的其他部分都看
得見，又何必去蒙面？過了
很多年，我才了解，臉對大
部分人來說是很特別的。」
——比爾，一位五十歲的面
孔失認症患者

，所以產生面孔失認症，或稱臉盲（face blindness）。他
們可以看得很清楚，但是一個人的臉就像膝蓋一樣，看起
來都很相似，沒有什麼特別的地方。所以比爾說：

「有一天中午，我在一個不太擁擠的購物中心外面，在
人行道上碰見我的母親，我沒有認出她來。我們面對面走
近，擦身而過。我會知道這件事是因為我母親告訴我，她
很生氣。」

臉盲可能是皮質專司辨識的神經通道某處喪失功能。這
個病症的嚴重性依受傷位置的不同而有所不同，假如是在
辨識工作的初期，而且左、右腦通路都受損的話，後果是
很嚴重的。有個病人以為狗的圖片是一個人長了一大叢鬍
鬚，另一個人則為神經學家薩克斯寫的書提供了書名：《
錯把太太當帽子的人》（*The Man Who Mistook His Wife for
a Hat*）。

初期辨識處理如果輕度受傷，雖然還可以辨識臉孔，但
是看起來會很奇怪。一個病人形容所有的臉都是扭曲的，
另一個病人則只能從髮型來分辨是男性還是女性，他說：
「所有的臉看起來都是一個白色、橢圓型的扁平奇怪盤子
，上面黑色的圓盤就是眼睛。」假如問題是出在神經通道
的末端，這個人就只是「不善辨認面孔」而已。

面孔辨識是社交功能重要的一環，所以即使是輕度缺失
也會使生活很困難。一個有面孔辨認困難的人，要不是被
人家責怪見面不打招呼，就是因為認錯了人而讓自己發窘
。有一些輕度的面孔失認症患者可能不知道自己不正常，
他們只是覺得社交活動是件非常吃力、非常困難的事。

嚴重的面孔失認症患者覺得自己是社會邊緣人，困惑且
寂寞。比爾說：

「一般晚宴後，人們圍著桌子聊天，對我來說是件非常

無聊的事，就好像一個人出去約會了整個晚上，卻只看見他伴侶的腳一樣。要找到合意的工作很困難，因為很難與同事建立適當的關係。我甚至不知道我上一個工作到底有幾個同事，因為對我來講他們長得都一樣，我不知道某個人是否是我剛剛見過的人，還是另外一個。」

大腦負責辨識面孔的部位，是人類所獨有的。一位農夫在腦傷以後，完全無法辨識人，但還是可以毫不猶疑地叫出他的三十六隻羊的每一隻。這種後天的臉盲似乎更加強了他對羊的辨識能力，其他的牧羊人（正常人）只能叫出幾隻他們自己的羊而已。有些臉盲的人發現，他們只能從顛倒的臉來辨識，這點與正常人正好相反。

面孔失認症通常不牽涉到情緒辨識的通路。有一個實驗給臉盲的人看很多名人的臉，同時測量他們的心跳和膚電反應等作為情緒反應的指標。受試者通常是說，他不認識這些面孔，但假如這個面孔包含強烈的情緒表情，他們的身體就會產生如正常人般的反應。這叫作「隱性的辨識」，是一種潛意識的情緒。

臉盲的人遭遇無數的障礙：如何參加一個社交場合而不失禮或出醜？欣賞戲劇或電影時，要如何知道誰對誰做了什麼？如何知道該親吻誰、該跟誰握手？但是這些都是非常實際的問題。如果他們能建立個人身分，還是可以形成正常的感情聯繫，雖然他們的生活還是很辛苦，但至少比情緒辨識失常的人好，這種人在輸送臉孔影像到邊緣系統的通路上出了毛病，所以沒有辦法在把訊息送回到意識之前，替每張臉孔穿上適當的情緒包裝。

情緒辨識系統如果嚴重失去功能，會帶來很奇怪的感覺經驗。如果這個人同時也有混亂的信仰系統時，結果會是病態的。

佛利戈利妄想（Fregoli's delusion）是一直把陌生人當作親人，雖然他們的確看到陌生人跟他們所想的親人長得一點都不相似。這種病人對陌生人的感覺是很強烈的，強烈到他們會以為陌生人是由他們的親人所偽裝，而不願承認他們的辨識感覺有誤。

C小姐便是一個典型的例子，這位六十六歲的小姐認為，她以前的男友和他的女朋友在監視她，她說他們戴著假髮、假鬍鬚、墨鏡和帽子，有時候他們假裝是抄瓦斯表的人，想混進她家來。晚上她看見他們走過她的家門口，白天則站在街角；他們跟蹤她，換二十幾種不同的車跟蹤她。C小姐曾經去警察局報案，她也曾命令陌生人把他們的偽裝拿掉。她第一次去精神科看病時，比預約的時間晚了許多小時，因為她必須繞來繞去把跟蹤的人甩掉，「他們不斷的換衣服、更改髮型，但是我知道是他們，」她告訴醫生說：「他們實在應該拿最佳演技金牌獎，演得實在很好，不過我還是認得出來，我從他們站立和走路的姿態就知道。」

當醫生給C小姐服用多巴胺阻斷劑（dopamine-blocking drug）後，跟蹤她的人就消失了。多巴胺活化大腦皮質下的很多區域，C小姐所感受到的強烈認識感，可能就是因為皮質下通常負責熟悉度的區域受到過度激發。

在凱卜葛拉斯妄想（Capgras delusion）中，則是因為情緒辨識系統激發不夠，而不是過度激發。凱卜葛拉斯症患者可以正確的辨識人，但是缺乏跟隨辨識而來的正確感情。前面所說的「啊哈！」辨識沒有了，所以凱卜葛拉斯症患者不能相信他們看到的親人是真實的，因為他沒有感受到看見親人時的喜悅感覺。

為了要解釋這種外表和感覺上的不符，這些病人替自己

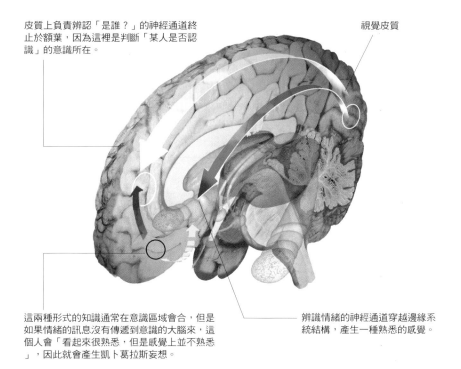

皮質上負責辨認「是誰？」的神經通道終止於額葉，因為這裡是判斷「某人是否認識」的意識所在。

視覺皮質

這兩種形式的知識通常在意識區域會合，但是如果情緒的訊息沒有傳遞到意識的大腦來，這個人會「看起來很熟悉，但是感覺上並不熟悉」，因此就會產生凱卜葛拉斯妄想。

辨識情緒的神經通道穿越邊緣系統結構，產生一種熟悉的感覺。

找的理由是，他的親人已經被外星人「掉包」，只是外表看起來像而已，裡面已經不是親人了。有一個人很確定他的父親已經被外星人抓走，換了一個機器人在他父親的軀體中，所以有一天他把父親的喉管切開，尋找裡面的電線。他們甚至連動物都認為可能是外星人偽裝的，有一個女人說，她的貓被掉包了，因為這隻貓「感覺不對」了。

　　就像佛利戈利症患者一樣，凱卜葛拉斯症患者也有認知上的辨識失常，正是這樣才使他們創造出怪誕的理由來解釋他們扭曲的知覺。認知上有缺失，通常可以從電腦斷層掃描上看到皮質受傷的部分，C小姐的電腦斷層掃描顯示，她的皮質在中風後有很大一塊損傷。

　　這就引起一個問題：假如沒有認知上的缺失，只是情緒

大腦的搜尋能力

本文作者

葛理葛雷
（Richard Gregory）

英國布里斯托大學神經心理學教授。這段文章是從葛理葛雷所著的《眼和腦》（*Eye & Brain*）第四版中摘錄下來的。

大腦中處理思想的部分跟別的部分比較起來年輕很多，與大腦其他提供視覺訊息的古老區域比較起來，又非常的「自以為是」。

知覺系統並不總是同意理性思考皮質的決定。對接受物理教育的皮質來說，月亮到地球的距離是三十九萬公里（二十四萬哩），但對視覺的腦來說，距離只有幾百公尺遠。雖然受了教育的皮質是正確的，但是沒有人將這訊息通知視覺的腦，於是我們還是覺得手伸出去就抓得到月亮。

視覺的腦有它自己的邏輯和喜好，這是皮質還不了解的地方。有些物體看起來很漂亮，有些很醜，但是我們不知道為什麼會這樣。其實答案要追溯到視覺腦很久很久以前的歷史上，卻在以我們的智力觀點來解釋外界的新機制中消失了。

我們認為，知覺是主動用訊息去成立及測試假設的歷程，顯然這會需要學習和參與，而且非視覺的經驗影響著我們怎麼去看這個東西。即使人臉的辨識也都是如此：朋友或情人的臉就是跟別人的臉看起來很不一樣；微笑不只是露了牙齒而已，還包含分享一則笑話的邀請……獵人可以在很遠的地方就分辨出是哪一種鳥在飛，因為每一種鳥飛的樣子都不一樣，他們學到用很細微的差別來分辨其他人認為是同樣的東西之間的差別。醫生也一樣，用X光或顯微鏡可以分辨出我們看起來都差不多的片子。無疑地，知覺學習占有一定的重要地位，我們只是不知道，建立基本的知覺需要多少的學習。

視覺系統會發展出使用非視覺訊息以及超越眼下感覺到的證據的能力，其實不難想像。當大腦不斷的建立和測試假設時，我們不但可以對目前的感覺作出反應，還可以對將來可能會發生的事情有所反應，而這才是生存最重要的。

建構世界

本文作者

佛瑞斯（Chris Frith）

英國倫敦大學學院神經心理學榮譽教授（也是本書的審訂者）。

我們經驗世界的方式其實是誤導的，我們以為是單向的歷程：光從外界物體上反射進我們的眼睛，訊息傳進我們的大腦，我們於是就看見東西了。如果是這樣，為什麼會有幻覺產生？幻覺就是沒有訊息送到我們的眼睛而我們看到了。這答案是我們的視覺其實是雙向的歷程。投射到我們眼睛的光其實是完全不足以告訴我們外界的

東西是什麼。我們必須從過去的長期經驗和現在目前的預期來解釋這個訊號。然後我們的大腦才能預測什麼訊號應該接觸我們的感官。我們的預測並不是很對，但是錯誤卻很重要，因為錯誤可以幫助我們改進下次的猜測。

這個機制是非常有彈性，但是這彈性的代價便是幻覺。幻覺也可以在這機制運作百分之百正常時發生。假如我們躺在一個黑暗的隔音室中，我們的感官就很快的適應了這個缺乏刺激的環境，我們就會知覺到隨機出現的一些低程度的光、音和觸感。過一陣子後，大腦就賦予這些隨機的噪音某些架構，幻覺就出現了。在另一個極端就是我們預期要看到什麼的心太強烈時，這個預期決定了我們的視知覺而不是我們感覺的證據。

我們的知覺機制還有很多可以出錯的地方。白內障或是視網膜的損害會使感覺的輸入變得不可靠。有些這種病人就經驗到幻覺，有人看到顏色和形狀（叫做邦奈特症候群，Charles Bonnet syndrome）。聽神經的損壞會產生幻聽。像LSD這種迷幻藥會產生視覺的幻覺，它的產生可能就是打亂了感覺訊號跟先前預期之間的互動，所以產生了幻覺。

精神分裂症者最顯著的症狀就是幻覺，通常病人會聽見聲音，有人在對他說話，或有人在說他的壞話。他們也常妄想和看到不存在的東西。的確幻覺和妄想常常是一起發生的，幻覺是假的知覺，妄想是假的信念，病人相信他被CIA跟蹤（迫害妄想），或電視上報新聞的人在對他說話。

請看這張歐巴馬的倒像，看起來相當正常，不是嗎？
現在請你把它轉正了來看。

你一定會嚇到吧！這是因為你的大腦辨識系統很習慣用來處理正立的臉，所以倒立的臉它處理得很不好。因此當一張倒過來的臉，它的眼睛和嘴巴是倒立的，但你的大腦會自動把這些細節正立過來，所以你只看到眼睛和嘴巴是正立的，但是整張臉卻是倒的，所以當你把圖轉正過來時，嘴和眼睛就在倒立的位置了，你看到的是倒過來的眼睛和嘴巴，就把你嚇了一大跳，這是我們大腦裡的臉孔辨識系統搞的鬼。

辨識系統失去功能，會怎麼樣？假設你的情緒辨識系統過度激發，所以通常只有在情緒上對你很重要的人出現時才會啟動的神經迴路，現在幾乎任何人出現都會啟動了，而結果就是，你不停覺得看到認得的人，但仔細看才發現不是。而由於你擁有正常對真實世界的完整理解系統，使你不會像C小姐一樣以為有人跟蹤，因為系統會阻止你作這種解釋。所以，慢慢的，你就學會只跟有很強烈熟悉感的人打招呼。

雖然這樣辨識別人仍讓你覺得痛苦，不過至少會讓你覺得跟別人有聯繫、有情緒上的依附感，而且對別人產生的興趣也比一般人多。跟別人談話會產生連續的情緒充電，看到老朋友會帶給你一陣快樂的感覺；熟悉人物的照片也

貝氏大腦

　　人類的大腦在建構時是遵循著一個相當標準化的生產線流程，所以我們看這個世界的標準也相當一致，雖然人們在審美標準上可能有不同的意見，但是兩個以上的人看同一件物體時，不會產生一個人說它是香蕉，另一個人說這是鸚鵡的事。

　　人類大腦對外面的世界有一些天生就有的先驗和假設。這些是不必經過學習就會的，例如，看到有一個東西快速的對我們飛過來，我們會本能的蹲下來以避開它，非本能的東西我們就需要學習了。一個四歲的孩子認為在耶誕節的前夕，有一個白鬍子老公公穿著紅色衣服會送禮物給他，會把這個很強的信念投射到聖誕夜晚上床頭的陰影和聲音，堅信聖誕老人來拜訪他了。再長大一點後，他會改變這個信念，問題是他怎麼從第一個信念轉換到後來的信念的？

　　一個理論是說人類大腦有一種統計推理的功能，這個統計推理就是十八世紀的貝葉士（Thomas Bayers）所發明的「貝氏推理」（Bayesian induction）。

　　貝氏推理如下：想像你在一個陌生的地方，看到一隻紅眼睛的貓。你在想只有這一隻呢？還是在這個地方所有的貓都是紅眼睛的。因此，你決定暫時不下決定，保持開放的態度——用統計學的說法，你讓兩邊都有同樣的機會來得出最後的結果。現在讓我們用彈珠來代表這個情境，你把一顆白的彈珠和黑的彈珠放進一個袋子中。第二天你又看到了一隻紅眼睛的貓，你又放了一顆白彈珠進入袋子中來代表這件事。現在，從袋子中隨便抓出一顆彈珠會是白的機率就升高了。也就是說，你相信這個地方的貓是有紅眼睛的機率從一半一半升高到三分之二了。再過一天，你又看到了一隻紅眼睛的貓，你又放了一顆白彈珠進入袋中，現在這個機率（或是說，你的信念）就從三分之二升到四分之三了。慢慢的，你最初的信念（這裡的貓有沒有紅眼睛）就被修正到相當確定這裡的貓大多數都是紅眼睛了。

　　每一次放彈珠到袋子裡去就代表了大腦每一次神經結構的改變（雖然這個改變是非常非常小的），你可以想像久一點後，大腦的結構就被經驗改變了——信念真的會改變肉體。

會使你產生興趣。

反過來看，假如你的情緒辨識系統不夠活化，你會很慢才認出你認識的人，這會使你看起來架子很大，不易與人親近。對你來說，跟別人面對面談話還不如寫電子郵件溝通，你也會儘量避免參加社交活動，一方面是社交活動對你來說很無聊，另一方面，你也怕得罪人。你可能覺得，如果跟最親密的人相處都沒有情緒上的依附感，一般人就更有疏離感了。

當你把這兩個行為模式對照起來看時，等於呈現出「外向」和「內向」是什麼樣子。那麼，情緒辨識系統的活動程度，也可以用內向和外向來測量嗎？

最近的腦造影研究顯示，外向的人的邊緣系統激發程度比內向的人大，這兩種人格類型的差異主要在於邊緣系統而不在皮質。就我們在前面所見，情緒辨識是邊緣系統的功能，所以邊緣系統越活化，我們的情緒辨識系統也越活躍。

不論情緒辨識系統在人格塑造上扮演著什麼樣的功能，它本身是形成人際關係的重要工具，這對人類這種群居動物來說是非常重要的。

製造幻覺的工廠

一位荷蘭的眼科醫生送出一份追蹤調查問卷，想調查那些接受手術治療病人的視力恢復情形是否理想。這份問卷是一位英國助理寫的，再轉譯成荷蘭文。其中有一個問題問病人的視力是否有所扭曲，如果有，他們看到的是什麼樣子。然而，因為翻譯的錯誤，扭曲變形（distortion）錯寫成幻覺（hallucination）。

醫生很驚訝的發現，有幾十份問卷記載了非常詳細的幻

像，相信靈異事件的人絕對會以此證明另一個世界的確存在。大部分的幻像都是有關日常生活細節的清楚影像，有時是陌生人，有時是他們認識的人。有一個人在任何地方都一直看見他的太太，但是假如他對著太太筆直走過去，這個幻像就消失了。糟糕的是，屋裡還有別人住，因此當他筆直對著他以為的幻像走過去，而這個幻象是個有血有肉的人時，傷腦筋的事就發生了。後來，這對夫婦終於發展出一套辨識的方法，以避免相撞。

有人報告說他看到一大幢建築物，然而他知道這裡是塊荒地。其他人看到一大群人在做不同的事，這些幻像通常維持幾個小時才消失。有位婦人報告說，她從窗口望出去，看到一大群牛在對面人家的院子裡吃草。她坐在窗邊看這些牛看了一整個下午。那是一個寒冷的冬日午後，到黃昏時她告訴朋友說，她覺得農夫不應該在這麼冷的天還把牛群放在外頭過夜，此時她的朋友才告訴她，外面什麼都沒有，而且一整天都沒有任何東西在那裡。

許多病人說，他們不敢把這些經驗講出去，怕會被別人認為是神經病，所以當他們接到問卷，問到關於幻像的事時不禁鬆了一口氣，這表示他們看到東西是手術後的副作用；但事實上不是。雖然視力受損的人常會看到幻像，但這些病人的視覺系統其實是完好無缺的。這份錯誤的荷蘭問卷所顯示出來的幻覺案例，絕對比你預期的還多。

那麼，這種現象是怎麼產生的呢？

大腦並不能看、聽或感覺到外面的世界，它是透過刺激來建構世界。刺激通常來自外界，例如光波會從物體表面折射回來，落在對光敏感的視網膜神經元上，這些訊號再刺激大腦根據所接受的訊息創造出影像。

有的時候，大腦會誤讀送進來的訊息（產生錯覺），或

自己製造刺激再解釋為來自外界。當這種情形發生時,除了用歸納法外,一個人沒有任何方法可以判斷這是真的來自外界還是來自他自己心中。

幻肢(phantom limb)這種感覺大約影響到60%的截肢病人,有時幾個月就消失了,有時則一輩子追隨病人,他們依舊感受到肢體的存在,雖然其實老早就不在了。有些剛截肢的人以為腿還在而站起來走路,沒想到因而受傷更嚴重。有的時候,病人覺得那已經不在的肢體還在受傷的部位,有個病人每次進出房門都側著身體,因為對他來說他的手臂是水平地伸出去的,雖然手臂在好幾年前就切除了。有個年輕人在摩托車車禍中失去他的手臂,但是他仍然不能躺著睡,因為他一直覺得手被壓在背後,這是他被撞飛出去時著地的姿勢,他被迫以這個姿勢躺在馬路上直到救護車把他運走。同樣的,有一個人在騎自行車時被撞而失去了雙腿,但是他仍然覺得他的雙腿還在踩自行車踏板,所以他覺得很累。

幻覺、想像和真實,這些對大腦來說其實是同樣的東西。假如你看到一個人正在想像外界景象例如他的臥室時,你會在他的大腦造影片子上看到,視覺區和辨識區的活化情形就跟他真的在瀏覽房間時一樣。不過,真正看到外界影像時,感覺神經元的活化程度比純粹想像時大得多。

你可以測量這其中的差異。請你看你現在房間的景象,一、兩分鐘後閉上眼睛,在心中想像房間的樣子。第一個印象可能很強,但是當你仔細想細節時,比如書架上的書名,印象就很淡了。這是因為視覺皮質上神經元的活化足夠對房間有整體的印象,但是沒有足夠的神經元能提供細節。

並不是每一個人都如此,有人有攝影機般的照相機記憶

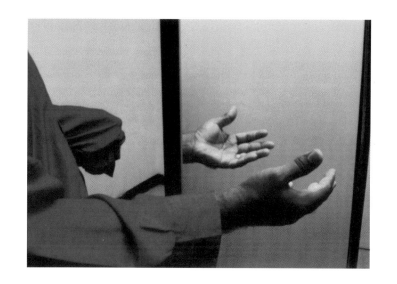

，這使他們可以很完整的重新建構出當時的景象。我們每個人小時候都有照相機記憶，有研究認為，50%的五歲兒童都有能力讀出「心像」的影像，就好像真的看到圖片讀出來一樣。例如，讓他們先看一張斑馬的相片兩分鐘，看完後閉上眼睛，在腦海中想像這張圖片，然後數出斑馬背上的條紋。這跟剛剛念出書架上書名的測試是相當的。

　　有少數的成人保留了這種視心像的能力。精神科醫生薛茲曼（Morton Schatzman）提出報告，一位名叫露絲的女士一直被她暴虐的父親所「迫害」。她會半夜突然醒來，發現父親睨視著她，或是走進她的房間時發現父親坐在她最喜歡的椅子上。有時她俯身抱起她的嬰兒，發現父親的臉重疊在嬰兒的臉上。她父親仍然活著，所以她知道這不是鬼魂，但是整個經驗跟鬼故事非常相似，包括能感覺到鬼魂的存在。「當我一個人在家時，我覺得房間中還有一個人跟我在一起，這個人要我死，」她告訴薛茲曼：「我覺得我身處危險之中，應該馬上逃離這裡。」

實驗者後來發現，露絲可以創造出強烈的心像，而且把外面真實世界完全阻斷。在一個實驗中，研究者用儀器測量她在看到某些刺激後的腦波。當她面對光時，她的大腦一開始的反應是正常的，但是當她想像一個人坐在她和光之間時，她的大腦不再對光波起反應，她所想像的那個人阻斷了她對外面真實世界的視覺。這個心像與「迫害」她的心像只有一個差別：她知道這個人是她自己創造出來的。一旦她知道她父親的存在也同樣是自己製造出來的心像以後，這心像就不再影響她，最後消失了。

　　幻覺可以被解釋成非常強烈的、自我製造的感覺經驗。有照相機記憶的人很可能比別人更容易體驗到幻覺。很多孩子跟一個「看不見」的同伴玩，他們可以看見這個想像的小朋友，就跟真的看見他一樣。

　　所有種類的感覺經驗都可以在腦內製造出來。例如耳鳴，可能是在沒有外界刺激之下，聽覺皮質受到激發所致。有人可以聽見整個交響樂團的演奏，就跟他們坐在音樂廳中聆聽一模一樣。據說俄國作曲家蕭士塔高維奇（Dmitri Shostakovich）可以把頭歪向一邊就聽到音樂，他有好幾首曲子就是這樣作出來的。二次世界大戰時，一顆炸彈在他身旁爆炸，碎片插入他的腦中，後來他頭裡就開始產生音樂。當他傾斜頭部時，這塊碎片很可能接觸到他的聽覺皮質，因而啟動了皮質的活動。

　　腦內聽到聲音可能是最常見的幻覺。精神分裂症病人的研究顯示，他們聽到的聲音其實是他們自己製造的，大腦的一部分製造出語音，然後在輸入聽覺的地方聽到。正常人通常沒有這種經驗，因為大腦會監控腦中自行製造語言的區域，而當這區域活化時，大腦會通知語音辨識的地區。這樣做可以防止把自己聲音當作是別人聲音的錯誤。

然而，有時候這個自動化區辨自己聲音和外界聲音的機制會損壞，所以許多哀悼親人的人會聽到死去親人的聲音，有些人則會聽到神在跟他說話，尤其在極度緊張或極度興奮的時候。

　　幽靈般的味覺或嗅覺也時有所聞。巴金森症患者在發病早期會有想像的嗅覺出現，沮喪的人常訴說聞到自己的味道，或嘴裡有不好的苦澀味。

　　身體的感覺也可以在腦內產生。我們對輕微的身體幻覺習以為常，例如癢的時候常覺有東西在爬。身體感覺區的幻覺可以說是最難受的，肢體切除後很多年，幻肢仍然可以引起非常大的痛苦。

　　大腦中心為了監控我們身體所送出來的錯誤訊息，也會產生非常嚴重的不愉快幻覺，舉例來說，生靈（doppel-ganger）是看起來完全像自己的幽靈，這可能是視覺聯結區的身體地圖部分出了毛病。

　　生靈的正式名稱是自體幻覺（autoscopic delusions），傳統上認為是死亡的先兆，所以被認為是很可怕的事。但是真正經歷過這種感覺的人通常說，他們其實不在意這個經驗。B小姐是退休的老師，英國布里斯托（Bristol）的醫生報告了這個案例。B小姐第一次看到另外一個自己是從她先生的葬禮回家的時候，她打開房門，發現有一個女性的身影面對著她，B小姐伸出她的右手去打開電燈，這個影子也伸左手做同樣的事，所以她們兩人的手在電燈開關上相遇。她跟醫生說：「當她的手碰到我時，我的手立刻覺得冷涼，我感到全身的血液都流光了。」雖然如此，B小姐並沒有害怕，只是有點吃驚，她不理會這個闖入的人，逕自脫掉她的帽子和大衣，她注意到另外這個女人也做同樣的事，直到這時，她才知道原來她看到的是自己的「

大腦中的作用模式

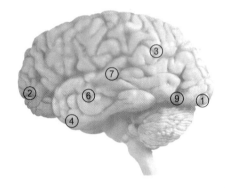

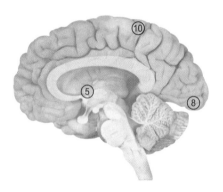

1. **眼睛和V1**：15%失去部分視覺的人報告說他們有幻覺。
2. **左額葉**：測試真實性的地方。這個地方受傷，會減低大腦區辨一個刺激是來自外界還是來自內在的能力。
3. **枕葉**：這個地方受傷會使物體一下子在，一下子又不存在，不能同時使兩個物體保持在視覺中。
4. **顳葉**：刺激這個地方（用藥物刺激或癲癇發作）會產生強烈的、一閃而逝的記憶，物體會看起來很奇怪，或一直改變形狀。
5. **顳葉／邊緣系統**：刺激這裡會產生強烈的快樂感覺，及跟上帝在一起的宗教感覺。
6. **聽覺皮質／語言區**：刺激這裡會產生聲音的幻覺。
7. **聽覺皮質上方**：刺激這裡會產生嘶嘶聲、撞擊聲或嘀嗒聲，大腦會把它解釋為無意義的噪音。如果外界沒有聲音進來而這區活化時，會產生耳鳴的現象。
8. **視覺形狀區（左腦）**：過度刺激這裡會產生幻影的輪廓。
9. **視覺臉型辨識區**：如果過度激發，會使一個已經移開的臉仍然留在眼前。
10. **頂葉／感覺皮質交界的地方**：會看到自己如幽靈般的影像。

替身」。她突然覺得很疲倦，就和衣倒在床上，一旦閉上眼睛，她就不再看到這個女性，這時她的體溫和力氣就回來了，「就好像這個靈體的生命又流回到我身上。」她解釋道。後來，她的替身每天都來找她，她發現她不只是看到這個人，還可以感覺到她的存在，就像一般人感覺到自己有兩條腿、兩隻手一樣，她感到她有四隻手四條腿：「這就是我，從當中分開且完全分離的。」

別的人對待替身就沒有這麼溫和了，F先生是三十二歲的工程師，他非常討厭他的替身，這個人的臉會出現在他自己的臉前面，而且模仿他的臉部表情，F先生知道這張臉是他的一部分，但是他還是花很多時間對這張臉做鬼臉，把它當作拳擊沙包來打。這張臉無法還擊，因為它只到頸子為止，並沒有身體與之相連。

有些幻覺是因為改變注意力而引起的。當你不注意外面世界時，會使內在製造的刺激淹沒了大腦。大腦腳蓋（tegmentum）受傷的人常報告有非常精細、色彩鮮艷的日常生活幻覺，有時景象很熟悉，有時卻很陌生，有些比真人大，有些比較小。有一個病人報告說，他看到整個馬戲團在表演，包括小丑、空中飛人和變戲法的人，這全部都在她的手掌中發生。大腦腳蓋是網狀結構上的一個組織，是控制注意力機制的一部分。

雖然這些幻覺很清楚、稜角分明，看起來很真實，但是通常缺少情緒表現。人們通常陳述，他們好像站在高處看下面的自己或站在遠處觀望，並不覺得這個替身跟自己有什麼關係。

這種態度在孩子們跟想像的玩伴一起玩時也可以看到。有些人宣稱他們有天眼，可以看到鬼，這些人通常也不介意他們跟鬼在一起。「他們又不能傷害你，怕什麼！」這

是他們的解釋。這顯示某些幻覺是大腦皮質受到刺激而產生的，並沒有活化到邊緣系統區域。他們可能看起來像真人，但是在潛意識層次，大腦「知道」他們不會有實質的威脅。所以，不論這個人有沒有意識的知道這個替身是由自我產生的，他們都不會太在意。

「往事重現」是創傷後壓力症候群常經驗到的，與前面提到的幻覺正好相反，這種記憶非常強烈、清晰，像真實情境一樣，帶來極度的恐懼。往事重現是一種記憶，不是新創造出來的東西，有時候記憶是片段的，有時是創傷事件的重演。往事重現與其他幻覺不同的地方在於，它由杏仁核儲藏的記憶所激發，出現時帶有全部的感覺和情緒的訊息；另外，大腦可能意識到這記憶是假的，但是在感覺上比真的記憶還要真實。

偏頭痛、癲癇及很多的化學藥品都能改變大腦活動而製造出幻覺，有些是增加或模仿興奮性神經傳導物質的效應，如多巴胺，使想像的感官感覺擴大，甚至與外界製造的刺激沒有差別。其他有些藥物會抑制大腦進行真實性測驗的區域。興奮性藥物通常是因為能製造幻覺而服用，而治療性藥物所產生的幻覺通常是不必要的副作用。

幻像和聲音通常在正常外界感覺刺激受到剝奪時發生，失去全部或部分視力或聽力的人，常發現他們有幻覺，這也是鬼通常在夜晚才會出現的原因。一旦沒有與之競爭的視覺刺激時，大腦會隨便找個街角的陰影，把它塑造成壞人的樣子，給他穿上在視覺聯結區所能找到、記憶中的任何衣服，例如僧侶的袍子或壽衣，你就得到一個鬼了。

這種事為什麼會發生？大腦經過演化，用來不斷注意外界發生的事情、產生感覺、對刺激作分類、塑形，都是為了確定沒有任何危險會偷襲我們或錯過任何機會。大腦要

一直保持活化，如果沒有外界的刺激，便會著急地尋找替代品，並將它們合理化。假如真的沒有任何刺激從外面進來，大腦會自己變得興奮。幻覺就像夢一樣，是連續不斷歌舞表演的一部分，使我們保持在最佳狀態，隨時準備好可以行動。假如舞台空了，鬼魂就會跑出來充數。

你是看到一個杯子，或兩張側臉，決定於你的大腦選擇哪一個當作主體、哪一個又是當作背景。假如你期待看到一個酒杯，那麼你會最先看到酒杯，而且比較持久；反之如果你期待看到人臉也會如此。你會比較容易看到你想要看的東西。

錯覺

1985年七月，一群愛爾蘭少女宣稱她們看到聖母瑪莉亞雕像會移動。這個座落在愛爾蘭科克郡巴林斯比鐸（Ballinspittle, Co. Cork）的雕像，據說會雙手扭曲、狀極痛苦，其他人也看到了。這個消息出現在每年新聞消息最清淡的時候，所以就登上了報紙。在二十四小時之內，又有其他人宣稱至少有四十座以上的聖母雕像會動，有的是揮手、降福，有的是四下張望。那一年夏天，有一百多萬人說他們看到了奇蹟。

如今，「聖母會動」就和二便士錢幣一樣是假的（譯註：英國的便士是一分錢，不是二分錢）。1985年後到處都有會動的聖母，這其實不令人驚奇，假如在某個特定情況下一直注視雕像，你的確會看到它在動。

請試試這個實驗。將房間所有的光源都阻擋住，在一個全黑的房間裡，點燃一根香菸放在菸灰缸上，然後坐下來，注視著菸頭燃燒，過一下子，你就會注意到香菸開始移動，有時它會朝一個方向移動，有時是另一邊，也可能會慢慢轉圈子，或是成弧度旋轉，好像在空中寫字一般。你越努力看，香菸就動得越厲害。

假如你凝視著黑暗房間的一個光點，光點便會移動，這個現象叫作自體動感效應（autokinetic effect），是由於你一動不動注視著一點，使你的眼球肌肉發痠所造成。眼球

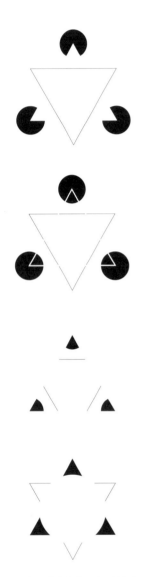

圖中那些虛幻的三角形是用不同的神經通道來建構，跟「真實的」三角形在大腦的不同的地方處理。

的疲勞通常會使眼球游離凝視點，而為了要繼續凝視在目標上，大腦就送了一連串修正指令到眼球肌肉上，這些訊息跟眼球不累時，大腦送出來叫眼球移動的指令是一樣的，所以大腦就把這種訊息解釋成「眼球在移動」，因此光點就被解釋成一個運動中的物體，它激發大腦視覺皮質區V5的神經元，V5是負責顯現運動的區域，所以，不需要奇蹟，你凝視的定點就會移動。

像這樣的錯覺，與幻覺間最大的差異在於，錯覺是錯誤的認知和建構，而不是假的建構。我們看見的外在世界，有很大一部分是錯覺。電影其實是一張一張靜止的照片，但是我們通常不會注意到這點，除非電影的效果不符合我們的預期。

有些錯覺是因為處理機制的關係，例如當強光被關掉以後，我們還會看到一個很亮的光圈，這是因為視網膜上對光敏感的神經元有殘餘的激發。有些錯覺則讓我們了解大腦更高層次的運作方式，乍看之下以為是感官錯誤所造成，其實是因為認知的錯誤，有時甚至是兩者錯誤的組合，例如聖母瑪莉亞的移動可能是生理上凝視一定點太久而產生，但是看到痛苦地扭著雙手或降福，則是將視覺上的錯覺轉譯成錯誤的認知。

認知上的錯覺會發生，主要是因為大腦充滿了偏見，包括習慣性的思考、直覺的情緒反應及自動化的知覺處理。我們通常不會感覺到這些的存在，一旦真的感覺到時，我們又以為它是普通常識的假設或直覺。這些偏見，在某個層次上，是事先設定在我們大腦中的。我們前面曾經提到，即使是嬰兒也有很強烈對事物的預期，會知道物體應該怎麼動，這便是為什麼嬰兒這麼喜歡玩東西突然消失的遊戲。物體在空間只能占據一個地方，不能有兩個物體同時

在一個空間位置，這種概念很清楚是我們神經藍圖的一部分。

這個「事先設定」的理論很有用，可解釋我們可以很快對所見到的外界事物做出恰當行為反應的原因。大多數時候，反應的效果都很好（這便是它會演化留下來的原因），但有的時候要付出代價。

舉例來說，我們對於物體大小會有偏見。假如你看到兩輛車在前方，一輛較大、一輛很小，你會假設大的車離你較近。過去你對直線透視的經驗織成一個神經網路，將所看到的「小東西／大東西」轉譯成「遠東西／近東西」。在這個神經通路開始執行之前，並沒有一個預先運作的檢查站用來檢驗這輛小車是否是兒童玩具車，因為它的位置使它看起來像一輛遠處的車子。如果你每一次看到兩輛車子時，都真的去驗證一下的話，會花掉很多的時間，那麼你永遠不可能過馬路了。所以當「大車／小車」的刺激經過主要視覺皮質進入聯結視覺皮質時，自動化的透視處理歷程就立刻開始行動；我們非常習慣於這歷程會給我們正確的答案，所以一旦發現結果是錯的，小車其實是兒童玩具時，我們會大吃一驚。

同樣的，當我們看到一個有曲線的橢圓形東西，光線從上面往下打光時，大腦會自動把它解釋為臉。因為臉的五官是突出的而不是凹進去的，所以建構的臉的概念是凸出來的，雖然它事實上是凹下去的。假如改變打光的方式從下往上照時，大腦就不再把它看成臉（這可能是因為太陽通常在我們頭上，臉通常是由上往下照亮的），而這個物體才會被看成它真正的樣子。

造成感覺上錯覺的偏見，通常是良性的；在沙漠中看到海市蜃樓是一個很殘忍的詭計，但是現在已經沒有太大作

赫曼格子（Hermann's Grid）

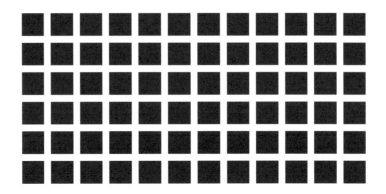

　　假如你凝視著這些格子，你會看到在「白色馬路」相交的十字路口有灰色的圓形。這是因為視網膜上神經元的生理機制所造成的，叫做兩側抑制（lateral inhibition）。當你看到十字路口的灰色圓時，你會發現它被四周的白色所包圍，但是當你把視線往下移離開十字路口時，這個灰圓就消失了。這是因為兩側抑制會使視網膜上的感光細胞停止活化，因為旁邊的感光細胞都在活化而抑制了中央細胞的活化。但是當你將目光向下移時，只有兩邊的感光細胞在活化，因此當你凝視十字路口時，中央細胞被抑制的的程度比在其他白線上厲害，所以就會看到陰影了。

　　魔術師就是利用這個方法使你看不見他的道具，例如他們要使你看不見支撐著飄浮在半空中身體的棍子，他們就在四周放了很亮的金屬物體或白布，而為了不讓你看到棍子，便用黑色的棍子且放在黑色的背景中。你原來應該可以看到比較黑的物體，但這些細胞被會發亮的東西抑制住了，所以你就沒辦法看到支撐的木條。

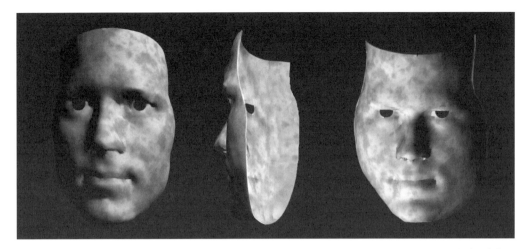

一個凹的面具會被看成像是凸起來的，只要有足夠的訊息能讓我們辨認出它是一張臉。當它作逆時針旋轉時，原本凹下去的地方會彈起來，看起來就像是凸的，因為腦中辨識臉型的區域知道臉孔是凸的，因此它就依照這點來建構影像。

用了。魔術師利用我們視網膜上的盲點玩把戲，但通常是娛樂性的而不是欺騙。另外，錯覺用來當作科學研究的工具，可以帶給我們很多的訊息。

但是思想上的偏見卻是另外一回事。由於認知的錯誤建構所造成的錯覺，比任何一個偉大的魔術師還厲害。純粹的認知錯覺——即影響知覺的是想法、念頭，而不是感官現象——可能跟感覺錯覺的產生原因一樣，都是要幫助我們很快對付複雜的挑戰。不過，想法、念頭比物體滑溜得多，假如我們依照偏見來處理事情，付出的代價會更高。

例如，你是陪審團的一員，負責審理一件謀殺案，控方沒有任何證據，只有被告的DNA符合屍體身上找到的凶手DNA。你知道，命案現場的DNA與隨機一個人DNA相符的機率是千萬分之一。你會定他罪嗎？

你可能會。這種證據在過去送了很多人進監獄。大部分的陪審員回家都能安心的睡覺，因為就統計上來說，「有罪」的判決是正確的。

不過，即使被告的DNA模式在每千萬人中只出現一次

，那麼在一個十億人口的國家中，就有十個人可能跟他一樣，假如這十個人都被關起來，你有任何理由說被告就是凶手而不是其他的九個人嗎？檢方並沒有其他任何證據來指控他，因此，從邏輯上來說，他的犯罪機率應該是十分之一而不是千萬分之一。

這些就像其他的感覺錯覺一樣，即使我們發現了錯誤，它的效果還是很強烈。上面的例子中，我們會先假設有罪，除非能證明無罪，這顯示一般人的偏見其實是根深蒂固的，我們會努力找事實來符合理論，而不是找理論來解釋事實。我們會說：「假如警察沒有理由懷疑他，為什麼他會被捉呢？」

在過去，這種特殊的偏見或許在幫助生存上有相當高的價值。在我們生存演化的真實世界中，一般來說，不管有沒有證據，假設一個被懷疑涉案的人有罪，基本上是行得通的，因為像對人權或是統計分析等方面的關注都是晚近才出現的，所以我們還很不習慣。在上面的例子中，我們很容易將「有罪」的判斷合理化。我們相信司法系統，認為司法系統對證據的蒐集有很多規範，所以我們認為警察不會隨便抓人，既然抓他，總是有什麼理由，通常不會追問為什麼當初要抓這個人。所以，我們就用古老傳下來的偏見去定他的罪了。

這裡有一些真正的、實際的考量。第一，觀念會改變，所以在昨天是公正的事，今天可能就變成可怕的誤導。在我們的例子中，電腦DNA資料庫可以避免上述錯誤，因為在資料庫可以比對所有人的DNA，而不只是警察懷疑的人。所以，警察在街上混亂人群中有效率地抓一個人關進監牢的機率，就大大的增加了。

對於統計的認知錯覺，帶給我們很大的錯誤代價。整個

金融市場崩盤，是因為不理性的直覺買賣；政府公共事務支出政策的錯誤，很多也來自對統計數字的誤解。認知錯覺使我們對於不能理解、背景知識不夠而不了解的風險會特別小心，卻對日常生活中會帶來危險的事不當一回事。認知錯覺也使我們去賭博而不作理性的投資。

我們以英國人選樂透獎的數字來作例子。他們可以選從1到49之間的6個數字，每個人都知道每個數字出現的機率都跟別的數字一樣，但是大多數人還是很直覺的、很堅持的選平均分佈的數字──每十個數字中選一個。只有少數人不會被這個錯覺所蠱惑；選1, 2, 3, 4, 5, 6或35, 36, 37, 38, 39, 40，這些選擇跟其他選擇有著同樣贏的機率──但是他們若是贏了，比較不必和別人平分這幾百萬英鎊的獎金。原因是兩個人以上都選了同樣的中獎數字，那麼獎金由他們平分，所以只有一個人獨拿時，獎金最高。既然這麼多人都喜歡「平均分佈」的數字，那麼兩個以上的人要平分這筆錢的機率也更高，所以最好的方式是選擇你所能想像跟別人不同的數字。

所以我們來到這個世界大腦中已有一套假設，只有在它跟輸進來的訊息相抵觸時，我們才會去更新它，我們也有天生的肯定偏見（confirmation bias），使我們對支持我們偏見的證據比較敏感，而看不見跟我們偏見不合的證據，例如看到不符合我們心中支持的候選人的證據時，我們會故意去忽略它。艾默利大學（Emory University）的心理學家在2004年美國總統大選前三個月抽樣民主黨和共和黨的支持者，給他們看他們候選人的一些資料。假如他們是理智的話，這些資料會使他們對自己所支持的人再想一下，這些人可能不值得他們的支持。當他們在看這些資料時，實驗者用功能性核磁共振掃描他們的大腦，結果發現大腦

瑪吉姑媽的聚合

本文作者

狄馬吉奧
（Antonio Damasio）

美國愛荷華大學醫學院神經科教授。本文是從狄馬吉奧所著的《笛卡兒的錯誤》（*Descartes' Error*）一書中摘錄出來。

影像並非以東西、事件、字或句子的仿真相片般的方式儲存。假如大腦像圖書館一樣的話，我們就會像圖書館一樣，書架永遠不夠。此外，仿真的儲藏方式會造成提取效率上的問題。當我們要提取一個物體、臉孔或情境時，我們得到的並不是完全相同的複製品，而是一種解釋，一種隨著我們年齡、經驗一起演化的，原始事件的重新建構。

然而我們都認為，我們可以在心靈的眼或耳中，重新喚回原來的經驗。雖然它們看起來是很好的複製品，但是常常是不正確或不完整的。我認為這種由意志回想出某個心像，是因為早期看到這個東西時發生了神經活化迴路，而現在活化的神經迴路與先前迴路非常相似所致。

但是我們如何形成依外界刺激組織而成的表徵，來讓我們體驗到這個心像的回憶呢？我認為，這個表徵是在神經迴路作用模式的指揮下，暫時建構出來的，這些表徵是神經活動的可能形態，儲存在我所謂的聚合區（convergence zone），這裡有許多神經活化的形態，是從多年的學習所累積下來的，跟要回憶的心像的活化形態有關。當這些活化形態送回到原先經驗這個心像時的感覺皮質（分布在高層次的聯結皮質的各處，如枕葉、顳葉、頂葉和額葉），以及基底核和邊緣系統時，便會得到新的心像。

儲存在突觸的表徵本身並不是相片，而是儲存成「可以被辨識成相片」的方法。假如你有一個「瑪吉姑媽臉孔」的表徵，這個表徵包含的不是她的臉孔，而是可以馬上激發而建構出差不多像她的臉孔的活化形態，這些形態則儲存在早期視覺皮質中。

這些散在各處的表徵必須差不多同時活化，才能讓瑪吉姑媽的臉孔在你的腦海中產生，而這些表徵位於視覺及高層次處理的聯結皮質處。如果你要產生聲音聽覺，也是以同樣的方式進行。

瑪吉姑媽並不只存在於某一個單一的地方，她是以許多不同的表徵形式分散在各處。當你想起瑪吉姑媽時，你擁有許多不同的她，而她是以你所建構的「那個時間窗口的她」的姿態出現的。

理智推理中心的額葉非常的安靜，沒有活化，反而是情緒迴路大大的活化起來，包括悲傷、厭惡和衝突情緒的迴路。受試者的大腦好像在抵抗送進來的訊息，想要擋住不讓它進來或把它的效應減到最低。掃描完後，實驗者再請他們談一談剛剛所見的訊息。結果大部分人都說他們沒有改變初衷，他們所看到的訊息並不重要，而且扭轉訊息的意思，反而用這訊息來支持他們原來的看法。當他們達到扭轉事實來支持自己的偏見後，大腦活化的地方改變了，現在活化起來的地方是報酬中心的迴路。所以，我們不但找到方法來支持我們的偏見，這樣做了以後，我們還獎勵我們自己，給自己報酬。

這些事與大腦的建構有什麼關係？幾乎每一件事都有關係。這些證據顯示，大腦建構理念、想法，跟它建構感官知覺是一樣的。關於我們「如何思考」的思考偏見，是由神經元的佈局與連接而產生，很多在我們出生以前就已設定了。

這種高層次的錯覺製造機制，跟使我們看到凹下去的面孔有個突出鼻子的機制比起來，有很重要的差別。兩者都是可以改變的，你可以儘量去試，但是你無法去除赫曼格子中的灰色小方塊。不過，你可以努力去除將別人定罪的錯覺，你可以去除認知的錯覺。思考可以改變思想。我們可以改變大腦的結構和活動，只要肯下決心去做；這是我們身為萬物之靈的最大成就。

第6章

跨越演化的鴻溝

就如每一個腦細胞都伸展出去與別的細胞接觸，每一個腦也設計要用來跟它的同類溝通。我們能夠體會別人想法的本事，不論是透過直覺或是語言，都使人類比別的動物更為優越；這也使我們創造出一個非常有組織的社會──稱之為「文明」──我們在這裡面生活，也可以團結起來改變我們的環境，這是其他動物做不到的地方。語言更使我們可以操控各種理念、創造出新的想法，而我們對別人心智狀態的了解，使人際關係變得複雜、微妙又深沈。

語言的出現改變了大腦原有的面貌，因為它使用了原來為感覺和運動而產生的大片皮質區，於是兩邊腦變得不對稱，同時也使人腦和其他動物的腦更加區別開來。

溝通工具的進展

溝通是大部分物種生存的必要條件。絕大部分的訊息交換透過潛意識傳達：荷爾蒙從一個動物的器官傳到另一個動物的鼻子，也將領土主權和性成熟可交配的訊息帶到；當危險來臨時，動物的耳朵一聽到聲音自動豎起，或是靠眼球轉動便可以在動物群中無聲的傳遞警告訊號；蜜蜂的複雜舞步是受到遺傳主導，可以指引出蜂巢到花粉團的路徑。

以前，無疑的，所有的動物之所以進行溝通，只因為別人的行為或環境中的訊號發生改變，因而必須有所反應。假如一隻動物很會解讀這些改變，便會有比較多的優勢。假如你鄰居聽到草中有聲音而有所反應，你一聽到他的反應就立刻採取你自己的行動，那麼你的存活率會大於你自己聽到草中有聲音再採取反應，因為你比獵食者早一步行動了。同樣的，有些動物會放出警報、有很大的反應動作，牠們會替跟在牠身邊或與牠交配的動物帶來比較好的生存機會，使牠們的基因可以傳下去。所以，在達爾文的天擇理論中，動物會不斷的改進牠們的溝通方式，直到所有的家族成員都能很快地解讀細微的臉部表情、身體動作或可見的生理改變。

有些物種在演化時，將溝通更往前發展了一步：開始特意進行溝通，即不再是為了某個生存目的而溝通，開始為了溝通而溝通；這帶來了很多生存上的利益。假設你是一隻狗，跟一群小狗在一起，而你不要某一隻小狗一直跳到你背上。你可以咬這隻小狗，可能很有效，但可能會傷害到牠而影響你基因傳下去的機會。所以你可以用責罵的方式，同樣帶來警告卻不會有危險。同樣的，馬、狗、魚都

有嚇退對方的一套行為，假如恐嚇對方有效，就可以避免一場惡鬥，以免危害到自己的生存機率。

人類的祖先由於可以自立行走、雙手解放開來，所以發展出手勢，到目前仍然在使用，而且常常比語言還好用。不信的話，試試看用語言解釋什麼是「螺旋」，但不要動用你的手，或是用語言來表達法國人的聳肩動作。演戲時，手勢常和台詞一起加強表達，手勢是語言的後補，當文字無法表達時可以幫忙（譯註：這點目前有爭論，芝加哥大學的麥克尼爾〔David McNeill〕認為手勢本身就是語言）。聾啞孩子在沒有學會手語之前，自己發展出一套手勢來溝通，他們還會把手勢串在一起形成句子。不過這種孩子並沒有發展出結構性的語言，因此無法晉升到抽象思考的層次，所以他們必須學正式的手語，跟說語一樣有規則和結構可循。

手勢後來被正式語言所取代，大約是在一百五十萬年到兩百萬年前的事。語言的發展給了人類一個工具，可以提昇到更高的意識層次。透過擺姿勢、模仿等方式進行溝通，提供了從具體的、現在這世界轉變到抽象世界的第一個跳板。語言打開了一扇門，通往擁有無窮可能性的世界。

想想看，假如沒有語言，你的記憶會是什麼樣子？假設你需要記住香蕉是很好吃的食物，你不能把真實的水果儲存在你的腦中，所以你能夠儲存的只是一個感覺的印象：形狀、顏色、光滑的表皮，和香甜的氣味。下一次你再遇見長形、黃色、像香蕉味道的東西，你會把它和你記憶中的感覺印象拿出來比較，你就知道今天交上好運了。

要解釋記憶如何儲存下來，這是最粗淺的方式，而且到目前為止都還適用。但是假設你要想想香蕉來帶給自己一些愉快的感覺時，該如何做呢？你如何把一個感覺記憶帶

入意識界？假如沒有符號，例如名字，你沒有辦法把一個物體從儲存記憶的地方勾取出來。也許可以用感覺來提醒，如閃過一個黃色的東西可以使我們想起香蕉，但是要主動提取是很困難的。一旦有了名字、標籤，你就可以把你的心智組織成一個檔案櫃，將外界事物的各種特徵收藏起來，這時，你就能依你的意願去抽取、調換、更改這些檔案了。這樣做提供了一個樣板，理念可以依此排列、建構、使新的想法成形，也就提供了一個模式來處理抽象的概念，如誠實、公平、權威等。

神經學家薩克斯在《看見聲音》（Seeing Voices，中譯本時報出版）一書中，曾經描述一個失聰男孩，他在一個沒有手語的環境中長大：

「約瑟夫可以看、分類、區辨和使用東西……但是他無法超越這個限制，無法將抽象的概念保留在心中，也不能反思、計畫。他所有事都從字面上去解釋，不能重組影像、假設或可能性，也無法進入想像的世界。」

一旦你能跳入想像的世界，就不再受你創造出來的心智概念所束縛：道德、正義、上帝等。把這些想法與別人溝通，你就創造出一個社會架構：行為的規範、司法系統、宗教等，而這些又帶給你更多用來表達的名詞；這些是永遠不可能用低吼或手勢來達成的。

語言的出現到現在還是個謎，但大腦提供了一些線索。主要的語言區在左腦的顳葉和額葉。假如你由上往下看腦的水平剖面圖，你會看到左邊有顯著的突起，而右邊同樣的地方則負責處理環境中的聲音和空間能力：韻律和音樂的旋律作用在這裡，物體在外面世界的「哪一個位置」也是在這裡記錄，而細緻的手部運動，包括手勢（但不包括正式的手語），都在這裡進行處理。除了靈長類有一點點

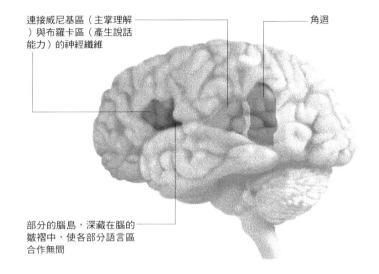

連接威尼基區（主掌理解）與布羅卡區（產生說話能力）的神經纖維

角迴

部分的腦島，深藏在腦的皺褶中，使各部分語言區合作無間

大腦的語言區主要位於左腦，大約在耳朵上方，主要分為三區，第一是威尼基區，使我們可以了解語言；第二是布羅卡區，負責將語言說出來（可能也負責建構「文法模組」）；第三是角迴，與意義有關。

突起之外，其他動物並沒有語言區，左、右腦相當對稱，牠們所發出的聲音跟環境中的聲音，同樣都是在兩邊腦處理。

　語言區域也跟皮質下處理感覺刺激的地方有著密切的連接，這正是各種不同感覺印象，尤其是觸覺和聽覺交會之處，於是得出一個合理的記憶。假設人類的祖先與今天靈長類大腦功能的設定很相似，那麼語言的確是從好幾個不同的重要功能匯集之處發展出來的。或許巧人（h. habilis，最早會使用語言的人類祖先）的大腦便已經開始增大，而人類所特有的技能也已經開始出現。聲音會跟手勢連在一起，手勢又會和感覺記憶綜合聯結在一起。語言的演化可能特別受到一種基因突變的幫助，這個基因叫FOXP2，這個基因在許多靈長類身上都能看到，但是人類的FOXP2在製造蛋白質的胺基酸長鏈上有兩個不同的連接。這兩個小小分子的差異改變了至少116個基因的活動，可以在實驗室培養皿中的大腦細胞中看出，這些基因跟神經元的發

展和膠原（collagen）、軟骨（cartilage）和軟組織的製造有關，這表示蛋白質幫忙塑造大腦和發聲器官，使語言的發生變得可能。

語言區一旦在左腦有了據點後，很快就占據了大部分的左腦，它擴展得這麼快，把視覺功能推到後面去，搶走了大部分原來屬於空間能力的地方。當然，視覺與空間感功能仍然非常重要，它們在右腦仍然保有原來的領地。這是腦功能側化的開始，人類的大腦在功能上是不對稱的了，而且比起其他的物種更為明顯。

語言工具

對腦來說，語言最重要的地方，不因為它是用來溝通的工具，而是因為它是有規則的溝通工具。所以，肢體語言並不在左腦語言區處理，尖叫聲、嘆息聲及喘氣聲也不在此，而正式的手語就在左腦語言區處理，因為手語具有語言的結構，而結構和規則正是大腦所在意的部分。

建構和了解語言的結構，與一般的智力是分開的，一個正常的孩子只要在「恰當」的時間之內接觸到一點語言，他就可以學會這種語言。有些人說的話比他們所要傳達的理念堂皇許多，他們可以滔滔不絕、長篇大論，但是沒有任何內容，初看時，你會認為這些人在社交上很有天才，但是認識久一點便發現他們是金玉其外、敗絮其中，空虛沒有內涵。

這種很會說話的情形如果推到極端就是威廉氏症候群（Williams Syndrome）。亞歷克士便是一個典型的例子。他不像其他的孩子一樣牙牙學語，也叫不出「爸—爸，媽—媽」。到三歲時，他有智障的徵兆出現，而且也還沒有開口說話。

然而到他五歲時，他終於開口了，而且是一鳴驚人。那是很熱的一天，在醫生的候診室中，亞歷克士很無聊，動來動去，最後決定研究桌上那台電風扇。他的母親把他拖走到安全的地方，但是他又走回來，並且把手指插進電扇的柵欄間，護士看到了，立刻把開關關掉，亞歷克士很不高興，立刻又把它打開，這時護士便走到牆邊把插頭拔掉。幾分鐘之後，亞歷克士到牆邊把插頭插回去，護士只好把電線拉到孩子拿不到的地方。

　　亞歷克士顯然非常不高興，他扳弄開關幾次又用力搖風扇的底座，每個人都等著看他大發脾氣，想不到他竟開口說：「老天爺！這台風扇壞了！」

　　從此以後，他的嘴便沒停過，說出來的是完整的、大人式的語言，好像老早就儲存著，只是等待正當時機才取出來用似的。當他九歲時，他的語彙對文法、句法的掌握不輸大人，他非常的自信，非常外向，在房間裡走動的風度，就像個使節人員在雞尾酒會裡一樣落落大方。然而，就內容來說，他的會話從來沒有超越他那天對電風扇的觀察，恐怕也永遠不會進步。

　　威廉氏症候群是基因突變引起的智障及身體缺陷，但是他們擁有卓越的語言能力。雖然他們直覺很強，很有同理心，但是他們平均的智商只有五十到七十，差不多等於唐氏症的程度。假如你請一個患有威廉氏症的孩子去櫥子裡拿兩樣東西，他們會弄錯，拿了錯的東西回來；他們也不會自己綁鞋帶、做加法運算。假如你請他們畫一幅人騎自行車的圖畫，他們會把所有的零件畫出來，一個不漏，如把手、踏板、輪子、車鏈等，但是分散四處，完全不像台自行車。假如你請他們在兩分鐘內盡快說出所有能想到的動物名字，你會得到長長一串各式各樣包括想像的、真實

的、稀有的、瀕臨絕種的動物名稱。例如有個小女孩列舉了暴龍、恐龍、斑馬、朱鷺、犛牛、無尾熊、龍、鯨魚和海馬。

患有威廉氏症的孩子很愛講話，常跟陌生人說個沒完，充滿了古怪的驚嘆號，而且不斷引述別人的話：

「……於是她跟我說：『噢，糟糕！我把蛋糕留在烤箱中了。』我跟她說：『Heavens to Betsy！（譯註：這是一種文具品牌的名字，商標圖案為一個兩手上舉、滿臉驚訝的小孩，由此可見患有威廉氏症孩子的詞彙很豐富）今天的下午茶要搞砸了。』她則說：『我想我得馬上回去，看能不能在完全燒焦之前搶救它。』我說：『好啊好啊！』」

雖然她很會說話，但是內容通常是很平凡、瑣碎的，而且有時候威廉氏症患者說的話是虛構的，是自己編出來的故事。他們並不是想騙人，編這個故事也不是想得到什麼好處，對他們來說這只是語言，而不是傳遞訊息、用來聯絡自己和別人的感情並維持親近關係的工具。

鏡像神經元

跟別人親近並且了解別人是所有正常人的主要需求，的確，對所有依賴群體合作才能生存的物種來說，這都是他們最主要的需求。它重要到在智力之前便先演化出來，因為智力的發展需要有意識的尋求合作。它直接建構在哺乳類的大腦中。

驅使社會合作的一個機制，也是最重要的一個機制，就是鏡像神經元。鏡像神經元是當一個人（或動物）做某個動作時，或當他們觀察別人做這個動作時，所活化的大腦細胞。登錄情緒和思考的神經細胞也有同樣的效應，有些大腦細胞在人們感覺到某種特別的情緒或想到某個特別的

念頭時，會活化起來，但是這些神經細胞在看到別人做同樣事時，也會活化起來。鏡像神經元的效果以及廣義的情緒和思想的鏡像作用提供了觀察者一個立即直接、自動化的知識，知道別人在想些什麼。例如，當你看到一個人在搬很重的東西時，你大腦中本來要產生搬東西這個動作以及感覺所花力氣和那個重量的鏡像神經元會活化起來，所以你會感到好像你也在搬這個重物的感覺。因此你根本不必去想別人的感覺是什麼——你從你自己立即的經驗中馬上就知道了。

這種很直覺的知道別人的感覺或在想什麼的能力被認為是模仿和同理心的基礎。這是為什麼我們只要看別人怎麼做，我們就會做，以及當我們看到別人在受苦時，我們不只是知道，我們還可以感受到別人的痛苦。鏡像神經元可能在道德的發展上也扮演了重要的角色。

鏡像神經元是在1992年意外發現的，義大利帕馬大學（University of Parma）的研究團隊在瑞索拉蒂（Giacomo Rizzolatti）的領導下，想要找出猴子大腦運動皮質區的哪一個神經元在做某個動作時，會活化起來。有一天，他們把探針放在猴子的前運動皮質區（premotor area）想來測量猴子拿東西起來吃時，神經細胞的活動，在實驗的當中，一位研究者偶然拿了一個東西放進嘴裡吃，猴子大腦中放了探針的神經元就大大的活化起來了。

猴子本身並沒有做任何動作，牠只是看到人在拿東西吃，但是牠大腦做同樣動作的皮質細胞就活化起來了，好像牠自己在拿東西吃一樣，研究者並沒有把這個神經元的活化以為是儀器出了毛病——大多數人會這樣想，因為以前從來沒有人會想到運動神經元在觀察別人動作時，也會活化——研究者在猴子面前做了很多動作，結果發現這些本

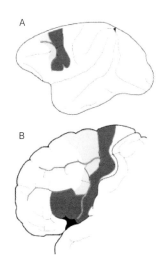

鏡像神經元最早在猴子的前運動皮質區發現的(A)。在人類的大腦中，它向前延伸到額葉，而額葉與情緒與意圖有關(B)。

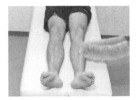

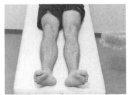

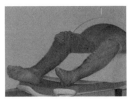

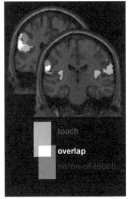

來在做某個動作時會發射的神經元在看到別人做同樣動作時也會發射（譯註：請參閱《天生愛學樣》，遠流出版，作者為帕馬大學團隊的一位研究者，書中對鏡像神經元發現的經過、所做的重要實驗有詳盡的描述）。

鏡像觸摸

鏡像神經元使我們知道當另外一個人在做這個動作時，他們的感覺，同時也知道當他們被觸摸時，他們的感覺。有一個研究是觸摸受試者的腿，同時掃描他的大腦，然後請他看別人的腿被觸摸的影片，也掃描他的大腦。

左圖顯現真正碰觸和看別人被碰觸時，大腦活化區域重疊的地方。左、右小腿被碰觸時，大腦活化的地方為紅色，看別人被碰觸時大腦活化的區域為藍色，而被碰觸及看別人被碰觸都會活化的區域——鏡像區域——為白色。在這個實驗中，鏡像神經元好像只有在左腦，但是在其他的實驗則是左右腦都有。

另外一個實驗顯示鏡像神經元甚至可以讓我們自動了解別人的意圖，在這個實驗中，實驗者給受試者看一隻手正拿著一個杯子。在一個情境中，桌上整齊的排著刀叉及餐巾，盤中有著餅乾和食物，顯示一個茶會正要開始；在另一個情境中，桌上杯盤狼藉，還有餅乾屑，表示已經吃過了，當受試者在看圖片時，實驗者掃描他的額葉皮質。額葉是大腦找出動作意義的地方而不是模仿動作的地方。結果發現不同的神經元被活化了，這表示雖然兩張圖都是一隻手正拿著杯子，但是大腦了解這兩個動作是完全不同的，第一張圖表示這個人正要吃，第二張圖表示這個人在收拾殘局，拿杯子去洗，因為大腦對同一個拿的動作背後意圖的解釋不同，所以活化的神經元也不相同。

用眼睛說話

自閉症在很多方面是威廉氏症的鏡影。如果說威廉氏症的孩子忙著把不相干的事件連在一起,把想像的事件組合成一個合理的故事,那麼自閉症孩子的世界則是片段的、陌生疏離的,他們無法與別人溝通,有時是無法有效率的溝通,有時則是根本不想溝通。

「自閉症」這個名詞包括的範圍很廣,一種極端情形是,自閉症孩子唯一可見的功能是連續不斷的搖擺身體,而另一種極端則是有高智商、成功事業和正常家庭生活。有部分自閉症患者擁有卓越的繪畫、計算或彈奏樂器的技能,但是智商非常低。他們有個共同的標記就是缺少同理心:自閉症的孩子不了解別人心中想什麼,別人心中的世界可能跟他們的完全不一樣。

有些大腦影像研究顯示自閉症患者不懂得別人心中在想什麼(mind-blindness)可能有一部分原因是鏡像神經元系統出了問題。有一個研究觀察了高功能自閉症患者和控制組的鏡像神經元活動,在他們模仿和觀察情緒表情時,用功能性核磁共振儀掃描他們的大腦。雖然兩組表現得同樣好,自閉症兒童在額葉區處理情緒的地方幾乎沒有活化。自閉症越嚴重的孩子,大腦中鏡像神經元的活化就越少。

另一個研究顯示,成人的自閉症患者與鏡像神經元活動

「人們都是用眼睛彼此溝通的,不是嗎?他們在說什麼?」——一個患有亞斯伯格症的受試者

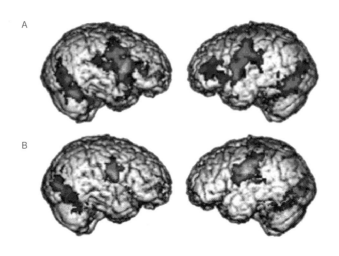

(A)為正常大腦的活動情形，包括額葉的鏡像神經元活動，(B)為自閉症孩子有大腦活化降低的情形

A

B

有關的皮質聯結區比正常人薄了許多。這講起來是有道理的：自閉症是溝通上的問題，他們沒有辦法跟別人分享感覺、信念和知識。

知道別人心中在想什麼的直覺能力叫做「心智理論」（theory of mind），你可以從下面這個故事來了解自閉症兒童的心智狀態。自閉症的孩子不會自動了解慾望要受到規範，對他們來講，他們的需求全是得立刻滿足才行的，所以他們在想要的時候就伸手去抓所要的東西。故事中的孩子就是這樣，想要什麼就伸手去抓，他的父親花了很大的功夫，一遍又一遍的教他說不可以直接伸手拿餅乾，必須在指出他要的東西後，等大人拿給他。一般來說，這個孩子會遵循這個規則，不再伸手直接去抓他要的東西，不過每隔一陣子都會無理由的大發一頓脾氣。

有一天，這位父親正好從窗外看到他兒子一個人站在房間裡，手指著放餅乾的櫃子，孩子完全不知道爸爸在窗外偷看他，這位父親決定站久一點，看孩子會怎麼做。孩子指著櫥櫃五分鐘後開始不耐煩，十分鐘以後脾氣就上來了

，到十五分鐘時就全身蜷縮、哭叫打滾。這孩子顯然在等待別人拿餅乾給他，但是他不知道如果房間沒有人，他指再久也不會有人拿給他。他無法了解，指東西的意義是告訴別人他想要什麼，是把自己的意思放入別人的心中，而他無法了解這點，是因為他根本就沒有「別人的心智」這個概念。

雖然我們都把它認為是理所當然，事實上，能夠有「心智理論」的概念是個相當複雜的情形，你必須，第一，了解你自己是跟你的思想和感情和你所經驗到的知覺是不同的，這是兩個可以區分開的個體。你必須能把你心中的觀點投射出來，然後回頭看你自己，了解你自己是世界上的一個物體。一旦你可以做到這個巨大的觀念上的跳躍後，你必須知道世界上的一些物體——那些看起來有知覺的人和動物——其實有很多經驗存在他們的大腦中，就像你有很多經驗存在你的大腦中一樣。

對正常人來說，這些困難的工作都是潛意識的歷程。唯一要動用到他們的新皮質來做這件事的就是自閉症的孩子，下面這個實驗就是衛爾康認知神經研究所（Wellcome Department of Cognitive Neurology）的心理學教授烏塔・佛瑞斯（Uta Frith）（譯註：她和本書英文版審訂者克里斯夫妻倆都在同一研究領域中，為區分起見，故譯出全名）、哈皮（Francrsca Happé）和他們的同事做的。

讓一組正常人在閱讀文章時接受正子斷層掃描，文章有兩種版本，第一種是：一個小偷剛剛去偷一家店，在他跑回家時掉了一隻手套。有個警察正好看到便在後面大喊：「喂！你！停住！」警察不知他是小偷，只是想告訴他東西掉了。小偷轉過身來看到是警察，馬上就投降了。他高舉雙手，承認他剛剛闖空門，在本地的一家商店裡偷竊。

第二個版本則是：一個小偷潛入一家珠寶店，很有技巧的開了鎖，躲過電眼的監視，他知道如果觸到紅外線，警鈴就會大作。悄悄的，他打開了儲藏室，看到閃閃發亮的珠寶。當他走進儲藏室時，踩到一個軟軟的東西，他聽見一聲尖叫，一個小而有毛的東西穿過他身邊跑出店門，警鈴立刻大作。

聽完每一個故事之後，實驗者向受試者提出問題，同時掃描他們的大腦。第一個版本的問題是「為什麼小偷會投降？」，第二版本的問題是「為什麼警鈴會大作？」。第一個問題需要受試者能夠了解小偷心裡是怎麼想的，而第二個問題只需一般的常識即可。

大腦掃描顯示，正常受試者在回答這兩個問題時，用到的是十分不一樣的大腦區域。需要評估別人會怎麼想時（即第一個版本的小偷），是前額葉中間的地方會亮起來，這裡也是演化程度最高的部分。受試者回答第二個問題時，這個部分並沒有亮。

前額葉亮起來的區域，與大腦的許多地方都有密切的連接，尤其是要讀出故事「字裡行間」或背後意義時，需要提取儲藏訊息及個人記憶的相關大腦區域。這種能力與心智理論有密切的關係，也是自閉症患者所缺少的能力。

第二種腦造影研究顯示，自閉症患者缺少這些能力的原因是因為這些區域沒有啟動。在這實驗中，一組亞斯伯格症患者也在剛剛聽完兩個版本的故事後做大腦掃描。亞斯伯格症是自閉症的一種，患者擁有正常或偏高的智商。當然，這些受試者會比正常人回答的速度慢一些，但是他們會有答案。他們在回答第一個問題時所用到的大腦部分與正常人非常不一樣，前面所說的前額葉中間部位完全沒有亮，亮的是下面一點的地方。從先前的研究得知，這地方

是一般處理認知能力的地方。

　　這表示當亞斯伯格症受試者要知道小偷心中怎麼想時，是使用我們用來解決第二個問題這種直接因果關係的大腦模組。他們是用解填字遊戲的方式，一個一個線索去找（譯註：填字遊戲是報紙娛樂版常有的字謎，直的和橫的答案會共用某些字母，玩者依提示填入最恰當的答案）。

　　除了不能解讀別人心中的想法之外，亞斯伯格症患者對於解讀別人肢體語言和面部表情的能力也非常差。劍橋大學實驗心理學系的巴倫—科恩（Simon Baron-Cohen）找到一位很有天分的女演員，她可以正確表達出很多心智狀態。他們拍了十張她表演基本情緒（如悲哀、快樂和憤怒）的照片及十張複雜情緒（如狡詐、羨慕和感興趣）的照片。然後，將照片中有整個臉或只有部分的臉（眼或嘴）給正常人和亞斯伯格症患者看，請他們判斷是何種情緒。

　　結果顯示，兩種不同的情緒解讀層次，分別用到不同機制。要判斷基本情緒似乎要讀整個臉才行，只看眼或嘴是不夠的，然而當表情變複雜時，正常人看整個臉或只看眼睛的部分，都覺得一樣容易正確判斷。這顯示到達某一個程度的複雜性時，新的溝通方式就要加進來，即巴倫—科恩所謂「眼睛的語言」（language of the eye）。亞斯伯格症患者似乎不懂得用這種語言溝通。顯示基本情緒時，他們可以跟正常人一樣正確判斷，但是當情緒變複雜時，他們就不知該怎麼解讀了，他們尤其對只看眼睛感到困惑。

　　一旦知道他們的腦部是怎麼工作之後，我們就能了解，為什麼自閉症的人吸收訊息很慢或很難與別人一起生活。有人估計，目前每三百人中就有一名是亞斯伯格症患者（幾乎都是男性），但是他們不太可能被正式診斷出來，因為他們的智力可以彌補這個缺失，替他們遮掩過去。然而

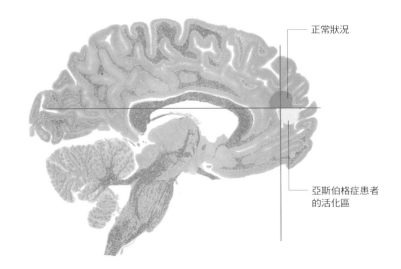

大腦掃描圖顯示，當正常人讀到跟別人心智狀態有關的故事時，前額葉內側會亮起來，但是亞斯伯格症的人讀同樣故事時，不同的區域（在正常人的下方）亮起來。

正常狀況

亞斯伯格症患者的活化區

，他們的行為比較奇特，通常會固守著一定的做事方式，完全不能有一點變更，而且非常投入某種嗜好，通常是收集需要分類的東西。在社交上，他們是完全的失敗：他們聽不懂諷刺人性弱點的笑話，也不會被閒話所迷惑，他們滔滔不絕講幾個小時別人完全沒有興趣的題目，宴會時留得太久，直到主人下逐客令才走，或在別人說話時打盹。幸好他們不會覺得困窘，因為他們根本不知道別人心中會怎麼看待他。

有些有自閉症傾向的人在專業上有很好的表現，他們的奇怪之處只有在喜歡獨處、缺少同理心和一心一意的追求興趣這些方面可以看出。許多很成功的學術界人士被認為有自閉症。

雖然大多數有輕微自閉症的人覺得獨處比較自在，但是也有些人遵循社會習俗結了婚。維持婚姻很重要的一點是能看穿對方的心，知道對方的意，因此與亞斯伯格症患者結婚的人，常會覺得他們的婚姻中少了某些很基本的東西，雖然他們講不出來是到底是什麼。精神科醫生瑞

提（John Ratey）在《人人有怪癖》（*Shadow Syndrome*，中譯本遠流出版）一書中，曾引述一位亞斯伯格症患者的太太蘇珊的話，她的先生丹，表現出典型的亞斯伯格症特性。

「我感到最困難的是，一旦有情緒上的或有不好的事件發生時，丹會作出不合宜的反應。昨天我發現沒有得到我申請的工作，我很難過地哭泣，丹用小男孩般的聲音說：『噢，下次運氣會比較好！』然後就繼續去談別的事情。有一次我受到很大打擊時，丹只是說：『噢，我們去游泳好嗎？』我知道他不是故意的，他本來就是這樣，沒有辦法改變，但是在這婚姻中，我有時覺得非常寂寞。」

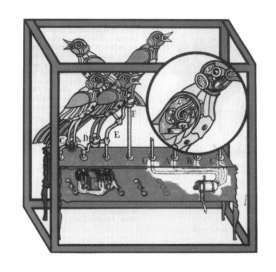

動物的聲音，包括鳥唱的歌，都與語言不同。動物的聲音很多都是天生就設定好的，而且是從無意識的腦產生的。

音樂

音樂通常被認為是上天對人類得天獨厚的恩賜，是少數幾種我們只為了喜歡而做的事。最近有證據顯示，對音樂的了解與創造就跟語言一樣，是大腦受到基因影響而產生的。五個月大的嬰兒就可以聽出音樂中小小的改變，而到八個月大時，他們已經可以熟記一般旋律，假如你改變了一首熟悉歌曲的一個音，他們都會顯露出驚訝。

到現在為止，沒有任何無目的功能可以演化出作用機制來，所以音樂在以前一定有某些能夠幫助生存的益處。最可能的原因就是，音樂是溝通系統的原型。支持這個說法的證據來自地球上最無智慧的動物都會欣賞音樂。

不久以前，俄亥俄州的心理學家潘克賽（Jaak Panksepp）播放各種音樂給雞聽，觀察牠們的反應。在所有的樂

曲中，搖滾樂團平克佛洛依德（Pink Floyd）的歌曲「The Final Cut」引起最顯著的反應。雞聳起牠們的羽毛，頭慢慢的從一邊搖到另一邊，給人很強的感覺，像是美國胡士托（Woodstock）露天音樂會中那些嬉皮的反應一樣。

潘克賽認為，雞毛聳起來，等於人在聽某些音樂時感覺到激動、興奮或毛髮豎立發麻的狀態。

最常被提到能夠引起發麻感覺的樂曲是突然改變的和聲，或是本來預期曲調會逐漸上升（如從E調改為升F調，

寂寞的腦

本文作者

拉馬錢德朗
（V. S. Ramachandran）

加州大學聖地牙哥校區大腦與認知中心主任。本文探討：語言的媒介是喬姆斯基所宣稱的那種突然蹦出來的很精密的只有人類才獨有的語言器官嗎？還是說老早就有一些比較原始的手勢溝通系統存在我們的大腦中，提供了鷹架讓口語得以出現？

瑞索拉蒂發現的鏡像神經元可以幫助我們解決這個古老的謎團。有了鏡像神經元的機制，你就有基礎可以了解人類心智最令人不解的謎：如讀心智（mind reading）、同理心、模仿學習，甚至語言的演化，任何時候你看到別人在做什麼事（或甚至開始要做一件事），你大腦中相對應的神經元就會活化起來，這使你可以「讀」和了解別人的意圖，所以就發展出一個精密的別人心智的理論了。

鏡像神經元也可以使你模仿別人的行為，從而設定複雜的文化傳承的舞台，變成我們人類的特質，把我們從完全是基因規範的演化中解救出來。此外，就如瑞索拉蒂注意到的，這些神經元也使你能夠演啞劇，從而了解別人舌頭和嘴巴是怎麼動的才發出這個聲音來，於是它就提供了語言一個演化的機會。一旦你有了這兩種能力：閱讀別人心智的能力及模仿他們說話發出同樣聲音的能力，那麼你就啟動了語言演化的鈕了。你不再說它是一個獨特的語言器官，這個問題就不再看起來這麼神祕了。

這些說法並沒有反對人類大腦中有特定的語言區域。我們這裡談的是這些語言區域怎麼發展出來，而不是說它們存在或不存在。

鏡像神經元是在猴子大腦中發現的，我們怎麼知道它也存在於人類的大腦中呢？為了找到答案，我們研究一種很奇怪的病叫作身體失辨認症（anosognosia）。大部分右腦中風病人的左邊完全癱瘓，

使你預期下一步會升G調），但是曲譜沒有這樣做，反而延緩升G調的出現，甚至反而倒著走回去等等。在這種時刻，情緒的模式是放鬆—興奮—緊張—發洩—放鬆。

除了使你頭皮發麻、不寒而慄之外，音樂還可以使我們腳癢想跳舞或讓我們安眠。在超級市場裡，音樂還可以影響我們決定買哪一種的葡萄酒。

大腦需要做很多工作，才能把衝擊到耳膜的聲波建構成音樂。傳入訊息的每一個部分，包括音調、旋律、節奏、

所以他們會抱怨。但是有5%的這種病人完全不承認他們癱掉了，雖然他們的心智是正常的。這就叫做「否認」症（'denial' syndrome）或是身體失辨認症。我們很驚訝的是，有些這種病人不但否認自己的癱瘓，同時也否認別人有癱瘓，雖然那個人不能舉動他的手是非常清楚的可以看得見，其他人也看得見，但他們就是不承認。否認自己癱瘓就已經夠奇怪了，為什麼要去否定別人的癱瘓？我們認為這個奇怪的現象可以從鏡像神經元的受損來解釋。這好像任何時候你想判斷別人的動作，你必須在腦海中作個虛擬實境，模仿那個相對應的動作，如果沒有鏡像神經元，你就不能這樣做了。

第二個證據來自人類大腦的腦波實驗。當人們動自己的手時，大腦的MU波會被阻擋，完全消失。我們發現當一個人在看另一個人動他的手時，自己大腦中的MU波也會消失，但是假如他看一個木偶做同樣動作時，MU波就不會消失。

鏡像神經元當然不可能是這些謎的唯一答案。恆河猴和猿類都有鏡像神經元，但是牠們卻沒有發展出像人類這樣的文化（雖然最近有研究顯示即使在野外的黑猩猩也有粗淺的文化）。我會認為鏡像神經元是個必要卻不是充分的條件：類人猿類出現鏡像神經元而且進一步發展是關鍵的步驟。原因是一旦你有了某些最小量的「模仿學習」和「文化」，這個文化自己就會產生選擇壓力來發展出更多的心智特質使我們成為人。一旦這開始出現了，你就啟動了這個自動催化歷程，達到了人類意識的頂峰。

位置和音量大小，都是分開處理的，最後才組合在一起，加上情緒的部分，成為我們感受到的音樂。在這個過程中若有任何的缺失，就會像辨識不能症一樣，造成各種程度的音樂辨識不能症。一個人可能每一個音都聽得很清楚，卻不能知道在演奏的是「耶誕鈴聲」（Jingle Bells）或是「一八一二序曲」（1812 Overture）。

也有人無法聽出兩個音的差別，或聽不出彈錯的音，但是這些人都能夠判斷曲子是快樂還是憂傷，這是因為音樂在邊緣系統的處理是平行的，邊緣系統只注意到情緒的部分，再送出粗略的評估，這便是為什麼「音盲」（tone-deaf）的人卻可以判斷曲子的快樂和憂傷。發麻的效應可能主要便來自這種潛意識的情緒處理，因為它不是意識大腦的處理歷程（雖然我們有意識的感覺），所以雞也跟人一樣可以感受到。

某些音樂會產生情緒拔河（emotion-tugging）效應的原因可能跟動物之間聲音也帶有情緒信息很相似。例如人類和動物的嬰兒有時哭聲非常淒厲，使人聽了脊椎發涼，因為你把他從母親的懷抱中奪走。在動物中，這種哭聲會

文字與音樂在不同的區域處理。左圖顯示，當受試者在聽一串字時，左邊的聽覺皮質會亮起來，右圖則顯示，聽到音樂時，右腦的聽覺皮質亮起來。左腦的語言中心分成兩個不同的區域，兩者各有自己特殊的功能。

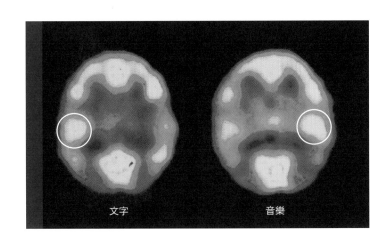

文字　　　　　　　音樂

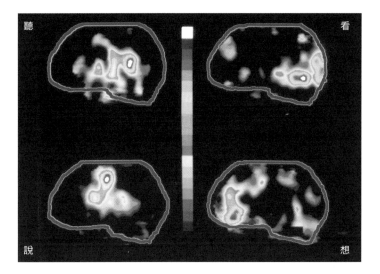

同一個字因它呈現的方式不同，在大腦的處理地方便不同。左上圖為聽一個字；右上圖為看一個字；左下圖為說一個字；右下圖為想一個跟這個字有關的其他字。

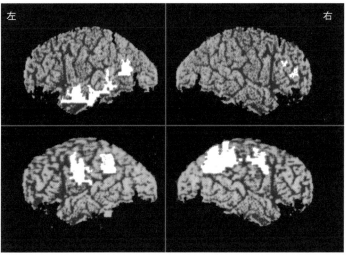

當你看一個字時，可以把它看成語言的一部分，也可以看成它背後所代表的概念。這兩種不同的情況是由不同的大腦部位作用。上圖是一個人在看到字時，要決定這個字有多少個音節，下圖為決定這個字的意義是什麼。同一個字激起完全不同區域的活動，包括不同的意義在不同區域提取記憶。

使催乳素立即下降──這是大腦中跟親子聯結（parental bond）最有關係的一種生化物質──它也會馬上使母親的體溫下降。當孩子再回到母親的懷抱時，孩子會發出「肯定」的哭聲（譯註：這種哭聲通常都比較小聲所謂的暗啜抽泣，讓母親知道他剛剛受了委屈，需要母親的安慰和確

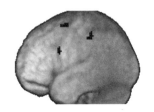

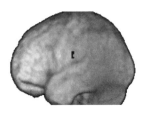

在正常的大腦中，聽覺的鏡像神經元（上圖）比自閉症患者（下圖）更加活化。

定不再被抱走），這種哭聲跟樂曲要結束時，最後那種一切都很圓滿的樂音很相似。在這同時，母親的激乳素也上升，她的體溫也回升，比較溫暖。研究發現女性對這種體溫的上下改變比男性敏感，跟這理論非常的符合。

或許，發麻是一種很淡薄的發抖，驅使一個母親去尋找她的孩子。我們在聽到樂曲迴峰路轉時所感受到的情緒，也跟這些尋找親人的訊號有關。

音樂對人際關係的聯結有很強烈的效應。不論是先天或後天訓練而對音樂非常敏感的人，他們比別人更快就察覺出來語言中所帶的聲調情緒成分，也比別人產生更多的同理心。鏡像神經元再一次發揮了它的作用，研究發現讓受試者聽到日常生活動作的聲音及讓他看到人們在做這些事，大腦活化的地方就好像受試者自己在做這些動作一樣。聽到別人在啃蘋果會激發聽的人大腦中他自己在吃蘋果同樣的反應（譯註：中國人說「見人吃飯喉嚨癢」）。

就像看別人會引起自己大腦中的模仿一樣，聽聲音也會引起自己大腦中同樣的反應，假如這個聲音是很熟悉的話（譯註：給猴子聽剝花生殼的聲音）。在另一個研究中，鋼琴家和非鋼琴家在聽一段音樂時，掃描他們的大腦。兩組人都在聽覺皮質的地方有活化，但是鋼琴家在運動皮質區掌管手指頭運動的區域也活化起來了。也就是說，鋼琴家好像在彈，而非只是在聽。

文字

雖然孩子要到兩、三歲才會說話，但是語言的印記在他們發出第一個聲音就已經蓋下去了。對沒有訓練過的耳朵來說，嬰兒的哭聲好像都一樣，但是仔細的研究發現他們的哭聲跟他們母語的聲調（melody）很像。在懷孕的最後

閒聊的重要性

　　大約在五萬年到十萬年前，有一件令人想不透的事情發生了。從化石看來，類人猿突然發展出像我們一樣的大腦來，然而並沒有任何的文化改變來促成這種突然的成長。又過了五萬年後，很多不同的工具、樂器和洞穴的壁畫突然的出現了。

　　在大腦生理改變和文化表現之間，一定有某件事情發生了。大部分的語言學家認為這個「某件事」是語言。我相信，我們的祖先在發展出語言能力之前，已經溝通了很久、很久的時間（大約有五十萬年之久），或許是語言的某個部分使文化突然變得複雜了。

　　更或許，我們應該倒過來想，會不會是文化的改變使得語言開始發展呢？

　　靈長類腦部的大小跟它們的生活團體大小有關。人類的腦剛開始擴展時，可能跟所需要的社交技術有關：要記得本族中誰是誰，是敵人還是朋友。在團體變大時，有種非常必需的社交手腕便是閒聊，這是一種互相交換訊息的需求。閒聊可能使額葉開始變大，隨之便是語言的發展。

　　目前這仍然是臆測，但是我認為答案可以在基因中找到。假如要說出合乎文法的語言需要某些基因的話，我們可能有辦法找出語言的基因，再從我們的近親身上去看這些相關的DNA在做什麼，就可以找到基因的來源。就基因上而言，大腦是個很昂貴的器官，它需要不只一次的突變才能產生像語言這麼複雜的東西，但是的確有可能追溯這些突變而到達演化的源頭。

本文作者

史密斯
（John Maynard Smith）

英國索塞克斯大學的榮譽生物學教授。

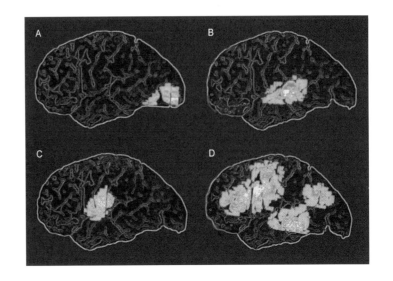

幾個禮拜，胎兒可以聽到子宮外界的聲音，他們會去學習模仿這個聲音。所以當他們出生時，德國嬰兒會哭得像德國口語的聲調形態，即尾語音是下降的聲調，而法國嬰兒的哭聲是上揚轉彎的聲調。

要了解一長串的語音是什麼意思，是一件非常複雜的工作。第一，大腦必須先辨識出傳進來的聲音是語音，這個最初步的辨識工作在視丘及聽覺皮質進行。然後，聲音被送到語言區去處理，而環境的噪音、音樂和非語言的訊息，例如低吼聲、尖叫聲、笑聲、嘆息聲、驚嘆的「啊」聲等，則送到右腦去處理。

了解語言在腦部何處進行處理的知識，大部分來自腦傷病人的研究。有些人有特殊的徵狀，他們可以很流利的說話，但是不知道自己說的是什麼，或是可以讀卻不能寫等等。

對95%的人來說，語言皮質是在左腦，四周圍繞著聽覺皮質。它占顳葉的絕大部分，並且伸入頂葉和額葉。語言

皮質有兩個主要的區域：布羅卡區和威尼基區，這兩區在一百多年前就被發現了。但是腦造影的研究顯示，大腦其他地方也參與其中，如腦島，這是藏在西爾維亞裂溝（Sylvian fissure，大腦皮質主要的地標，將顳葉和額葉區分開來）之間的一塊皮質組織。每一塊語言區可能又再細分，如感覺皮質一樣，成為許多處理不同功能的次區塊。

一旦傳進來的聲音被鑑定為語音之後，字就被分割出來並賦與意義，同時，訊息中間的停頓、不清楚、糾纏在一起的語音，就被分解成字或片語。這兩種處理過程是同時間平行進行的，因為若聲音沒有意義，大腦是無法建構出語言訊息的，這也是大腦具有平行處理能力的另一個例子。你可以試著去聽外國人聊天，判斷句子從哪裡開始、哪裡結束，你會發現幾乎不可能，更不要說分離出子句來。同樣的，如果沒有架構，也無法得出意義。舉例來說這句子裡沒有標點符號而我相信你已經知道閱讀沒有標點符號的文章的痛苦而標點符號只是語言結構的一部分如果我這些字像這樣一團混亂漫無章法那你怎麼辦而要得到意義那麼我就變得很重要。你看吧（譯註：原文舉了一段沒有標點符號的句子當作例子，中文讀者隨便翻閱一本古書，便可以領略箇中滋味）。

語言學習過程中，有一個重要的能力在很早的階段就必須發展出來，那就是分辨音素的能力；音素是兩個音之間的最小差異，如「pa」中的/p/和「baa」中的/b/，這兩個音的差異只在於空氣從聲帶出來時，聲帶閉合的早或晚所造成，即所謂的「聲音開啟時間」（voice-onset-time, VOT）。假如你不能分辨/p/和/b/，你就不知道自己聽到的是「爸爸」還是綿羊「咩咩」叫了。有人認為，不能很快的分辨這些音素，就是特定語言學習缺失症（specific

請算一下這段文字中有多少字母F。答案在下一頁。

FINISHED
FILES ARE
THE RESULT
OF YEARS OF
SCIENTIFIC
STUDY
COMBINED
WITH THE
EXPERIENCE
OF YEARS

你有看到六個「F」嗎？可能沒有，大部分人只看到三個，通常是忽略了「OF」中的「F」。這是因為大腦處理短的、熟悉的字時，是把它們當作一個單一的整體來處理，而不是像處理長的或不熟悉的字似的，可以把字分解成比較小的單位。這兩種字（內容字和功能字）可能是在大腦不同的地方處理。

language impairment, SLI）的主要原因，導致智力正常、注意力沒有缺失的孩子無法正常學習語言。神經學家發現，在威尼基區附近有一個一公分平方的區域，當子音出現時，這地方就會亮起來，假如用電磁抑制的方式使這地方不能活化，那麼病人要辨認靠子音來區辨的字就有困難，但是他們仍然可以辨認以母音為主要區辨線索的字。患有特定語言學習缺失症的孩子，很可能這個地方沒有正常的活化。

大腦中負責處理輸送進來的語言訊息並建立其架構的地方，到目前還沒有找到（假設真有這麼一塊地方）。語言學家喬姆斯基及平克（Steven Pinker）認為，大腦中有個語言器官（language organ），但是沒有說明它應該長什麼樣子或應該在哪裡。腦傷病人失去建構句子的能力時，受損處通常都在語言皮質區的前面，有個可能性是，句法是在布羅卡區附近產生。另一個可能性則是，兩個語言區中間的下皮質區是處理這個建構的地方。平克認為，語言器官可能不是一個整整齊齊的模組，比較像公路上動物被壓死、血肉模糊那樣的一整片神經活動。或許，根本沒有用來處理句法的模組，只不過透過大腦很多不同區域的神經互動或運作而已。

字義分析是在威尼基區處理的，假如主要聽覺皮質區和威尼基區中間的神經連接中斷了，就會產生很特殊的語言失常現象，叫作字聾（word deafness），有這個毛病的人聽不懂別人說的話，但是可以讀、寫和自己說話。有一個病人是這樣說的：「聲音進來，但不是字。」另一個病人說：「語音像一連串的嗡嗡聲，沒有任何的韻律」。

威尼基區受傷會有另外一種失語症。威尼基型失語症（Wernicke's area）的病人說話流利，文法結構也都良好，假

如你隔著一段距離聽他們說話，你會覺得沒什麼不對，正常得很，但是仔細聽時，就會發現他們說的都是無意義的字、錯字，這些錯誤取代了原來的字，使得整個句子變得沒有意義和內容。患有威尼基失語症的人也不能了解他們自己所說的字，因為他們無法監控自己說的話，因此他們也無法了解自己說的話是無意義的。因為無法溝通，所以威尼基氏失語症病人的一般智力無法測量，但是從他們推理的能力看來，智力是沒有受到影響的。

下面這張有點奇怪的圖，是心理學家用來評估病人各種能力受損情形的波士頓失語症診斷測驗（BDAE）中的一張圖片。一個威尼基氏症患者如此形容這張圖：

「呃，這是……媽媽永遠在這裡做她的工作在那裡使她更好，但是當她在看的時候，這兩個小孩看其他的地方。小的那個排磚到她的時間這裡。她在另外一個時間做事因為她正要做。所以兩個小孩一起工作，一個偷偷摸摸跑到這裡做他的事以及他有的時間。」

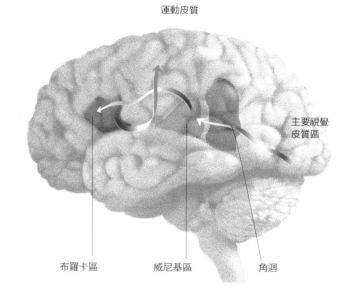

閱讀和寫字需要的不只是語言區的活化，視覺皮質將書本上的訊息送進腦裡來，運動皮質則需要活化肌肉以便寫字。所以訊息必須在這些區域之間自由流動。假如聯繫中斷了，就會有某種型態的失讀症產生。

運動皮質

主要視覺皮質區

布羅卡區　　　威尼基區　　　角迴

　　威尼基失語症者所製造出來的名詞真令人印象深刻。有個病人想要表達他的職業，他說：「我以前是這個的執行者，而抱怨是去討論『因調』看它們各是什麼種類……」

　　這些話毫不費力的從失語症患者嘴裡流出，雖然內容很奇怪，但他們在說這些話時毫不困難，因為控制說出話來的地方是在左腦前區的布羅卡區。

　　布羅卡區在額葉靠近運動皮質的地方，緊貼著控制下顎、喉頭與舌頭與嘴唇的部位，這個地方似乎就是協調鄰近的運動皮質來做發音吐字的工作。這個地方受傷的病人可以了解別人說的話，也知道自己要說什麼，只是說不出來而已。他們所能說出來的字大多數是具體的名詞或動詞，所有的功能詞如介係詞、連接詞等都省略，以打電報般精簡的方式說出。一位布羅卡氏症患者在描述剛剛那張偷吃餅乾的圖片時說：「餅乾罐子……掉下來……椅子……水……空。」也有些嚴重的布羅卡氏症病人一個字也不能說

，通常這些病人都能以最簡潔的方式將他們想講的話表達出來。鄧波（Christine Temple）教授在她的《大腦》（The Brain）一書中曾經描述，她去看一位重感冒的布羅卡氏症病人，病人一看見她便說「鼻子」，他的意思表達得非常清楚。

這兩個主要語言區附近若受傷，會帶來各種非常不一樣的失語症狀況。例如，布羅卡區和威尼基區的連接若受損，病人無法重複別人跟他說的話，這是因為進來的訊息通常在威尼基區呈現，而無法傳到布羅卡區去將話說出來。也有人無法停止重複別人對他講的話（可叫作「傳聲筒」），這是因為連接兩個語言區的神經纖維通道太過活化，所以進來的訊息太自動的送往說話區去將它說出來，使別的大腦區域來不及阻止它。

偶爾，嚴重的腦傷或中風會使語言區周圍的皮質受傷，使語言區被孤立起來，這種病人口不能言，也聽不懂別人說的話，但是他可以重複別人的話，或接著別人的話頭將一句很熟悉的話說完，例如有人起頭說「玫瑰是紅的」，病人可以接下去念「紫羅蘭是紫的」（譯註：這是四句孩子們朗朗上口的童詩「玫瑰是紅的，紫羅蘭是紫的，糖是

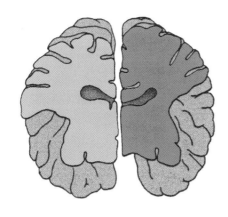

在人類大腦裡，左腦半球裡負責處理語言的區域顯著比右腦大，而在其他動物的腦裡沒有發現有這種差別。雖然有一些研究指出，在某些靈長類的左腦上也已經發現有這個現象。

甜的，但不像你那麼甜！」〔Roses are red, violets are blue, sugar is sweet, but not as sweet as you!〕），表示語言相關的各部分可以獨立存在於其他的智力功能之外。

孩子通常是在會說話之後才學會讀和寫的，不像語言可以很自然就學會。這可能是因為，讀和寫在演化上是相當後期才有的技能，跟語言不一樣，所以我們可能還沒有演化出特別的機制來處理這兩種行為，而是以演化用來說話的系統、辨識物體系統的一部分及手勢系統，來做讀和寫的工作。

就像語言一樣，處理文字也是在好幾個不同的區域進行的。讀和寫需要動用到大腦的視覺（如果是盲人點字則用觸覺）區域，加上細緻的手指控制以操弄各種書寫工具。所以跟讀、寫有關的區域，很自然就座落在掌管這些功能區域的旁邊。

在威尼基區後上方有一個地方叫作角迴（angular gyrus），位於枕葉、頂葉和顳葉三者的交會處，這三者恰好是掌管視覺、空間能力和語言的地方，而角迴便位於視覺上字的辨識結果送往前面語言區的要衝。這個地方受傷會嚴重影響讀寫的能力，而假如只有附近地方受傷，病人還是可以寫，但是不能讀自己所寫的東西。有一位病人J.O.可以聽寫，寫出來的字也很正常，但是無法默讀自己所寫的字。假如要她大聲的念出來，聽到她自己的聲音後，她便知道字的意思了。她說：「我看到字，但是意義沒有跟著出現。」這是因為視覺皮質到角迴的神經通路受損，所以字的視覺訊息無法對應到它的意義上去。她可以大聲念出來的原因是視覺訊息對應到聲音的方式有很多種，她無法認出整個字，但是可以把字拆開，用字母對照發音的方式，將這個字念出來，一旦聽到自己念出來的聲音，因為其他

的語音處理歷程是完好的，所以她就了解字的意義了。

在一個重視文字的社會裡，閱讀的重要性更不待言。大部分知識的傳授都是靠閱讀，所以如果一個人有失讀症（dyslexia），常會被人誤以為智力有缺失，這種情形到今天仍是如此。

失讀症有許多不同的形式，所以也可能有許多不同的原因。有一種失讀症看起來很像是大腦某個特定的模組沒有活化。當用正子斷層掃描檢視失讀症患者閱讀文字時，他們大腦活化的情形與正常人不一樣，語言處理的區域沒有同步活化，使得進來的字無法很協調地處理。這個實驗掃描中上智商的正常人和失讀症患者的大腦，發現正常人在進行字的處理時，語言區的激發是一致的，也與腦島同步激發。腦島深藏在皮質內，是各個語言區的橋梁，負責協調各區的活動。而在失讀症病人身上，腦島並沒有激發，而且各個語言區是各自活化的。

失讀症患者在生理上確有不同，使得以後對失讀症的診斷較為簡單。目前大腦造影掃描還沒有普遍到可以用來診

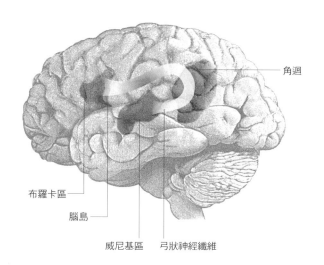

角迴

布羅卡區

腦島

威尼基區　　弓狀神經纖維

有些失讀症可能是由於兩個語言中心連接缺失造成，即「失聯結症」。正子斷層掃描研究顯示，當失讀症患者進行比較複雜的閱讀測驗時，布羅卡和威尼基這兩個語言區並沒有和諧且一致的活化。這是因為腦島附近一個重要的神經連接中樞沒有活化，跟正常人不同。這個通路的中斷使文字無法同時被了解（威尼基區功能）和被說出來（布羅卡區功能）。

斷，但是發現一種失讀症的神經機制，至少可以制定診斷用的功能測驗，不需再沿用一般性的讀寫測驗。

同時這也帶給失讀症患者一個希望，或許將來可以從生理上治療。假如問題出在兩個語言中心的連接，或許可以放入一個人造橋梁，例如大腦節律器之類的東西。

語言發展

嬰兒天生就會注意語音，甚至也許在子宮內就開始注意了。假如我們把嬰兒在子宮內的踢腿動作當作一個指標，他們似乎喜歡聽熟悉的故事，而比較不喜歡聽陌生的故事。他們喜歡聽人的聲音，尤其是母親的聲音；小嬰兒出生幾個星期就會主動引發「對話」，即一邊是「母親式的說話方式」（motherspeak，即說話很慢、咬字清楚、聲調很高的一種大人對小小孩的說法方式），另一邊則是咿咿呀呀。

大約在兩歲的時候，語言發展開始突飛猛進，因為連接兩個主要語言區的通路開始活動，威尼基區負責語言的了解，而布羅卡區則是負責將語言說出來。語言一開始時是在兩個腦半球發展，到五歲左右，95%的孩子都將之轉移到左腦去，把右腦的位置讓給其他功能，包括手勢在內。

語言發展最清楚的一個指標是「牙牙學語」，嬰兒在八個月大時開始發出像語言一樣的聲音。在接下去兩個月之內，這些聲音很快的發展成他們的第一個字。嬰兒語言的發展與額葉的活動程度在時間上密合，在這同時，嬰兒也發展出自我意識。他們不再指著鏡子中的自己以為是另一個小孩，假如你把一個紅點塗在他們臉上，他們在照鏡子時會用手去擦抹自己的臉，而不再去擦鏡子中的臉了（兩歲以下的孩子便會去摸鏡子）。

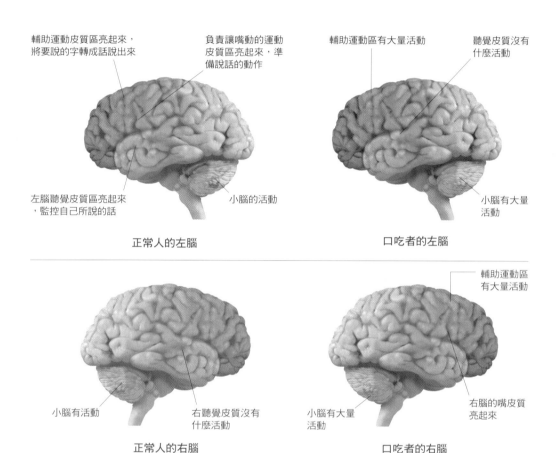

輔助運動皮質區亮起來，將要說的字轉成話說出來

負責讓嘴動的運動皮質區亮起來，準備說話的動作

左腦聽覺皮質區亮起來，監控自己所說的話

小腦的活動

正常人的左腦

輔助運動區有大量活動

聽覺皮質沒有什麼活動

小腦有大量活動

口吃者的左腦

小腦有活動

右聽覺皮質沒有什麼活動

正常人的右腦

輔助運動區有大量活動

小腦有大量活動

右腦的嘴皮質亮起來

口吃者的右腦

有口吃的人在朗讀時，大腦的活動形態與沒有口吃的人不同。口吃的人在朗讀時，右腦比較活化，這顯示口吃可能是因為左、右腦在競爭主控權，兩邊都想要說出字來，就造成了口吃現象。口吃者的腦也顯示缺乏聽覺的回饋，也就是平常把自己聲音送回來的回饋神經通道活化得不夠。由於口吃者與別人一起朗讀時，他們的口吃現象就消失了，這很可能是因為別人的聲音提供了聽覺的回饋。

語言和自我意識的同時出現，顯示兩個大腦相關區域是平行的成熟：語言區和額葉；或許這兩個地方緊密的連接在一起。語言帶給孩子一個形成「自我概念」的工具，藉此在自己經驗之外來探討與別人的關係。一旦孩子可以這樣做後，就可以制定使額葉產生功能的計畫，或許是當語言中心甦醒時，送訊號把額葉也叫醒。

　　只要孩子在嬰兒期接觸到語言，語言對孩子來說是很自然的，但假如不幸沒有這種機會時，大腦在生理結構上會有所改變。

　　1970年在洛杉磯附近，有個小女孩從出生起便被單獨關在房間裡，成長過程中幾乎沒有接觸到人。這個房間空無一物，沒有東西看，也沒有東西可玩。她被發現時已經十三歲了，她不會跳、不會跑、不會伸展四肢（她被綁在訓練大小便的小椅子上十三年），眼睛也無法聚焦，唯一會說的話是「住手！」及「不要！」。她被救出來以後，語彙增加得很快，但是文法能力始終無法增加（而對正常的孩子來說，文法的學習是不費吹灰之力的）。

　　腦造影的研究顯示了原因：這個孩子的大腦功能組織與正常人非常不一樣。當她說話的時候，她的右腦活化，而不是像一般人那樣用的是左腦，但她的右腦並非病態，因為有5%的人（這些人大多是慣用左手）語言中心在右腦。但是在吉妮（女孩的名字）的情況中，她的語言中心萎縮了，所以當她被救出來並有人開始教她說話時，她的大腦把語言當作環境中的聲音，所以在右腦這一邊處理。這個區域之所以還有作用，是因為她在被關的歲月中，偶爾有一些環境的聲音，如遠處的鳥叫聲、隔壁廁所沖水的聲音及地板承受重量時所發出的吱吱聲，這些聲音使得她的右腦沒有萎縮，後來可以用來學習語言。

外語能力

　　我們一出生就有能力學習語言，但是假如小時候只在單語的環境長大，學習其他語言的窗口很快就關閉了，這是因為，假如沒有在早期接受到刺激，區辨聲音所要用到的神經線路很快便萎縮了。所以長大後才學習第二外語的人，說話很少有不帶母語口音的。日本人無法區分英文中的/l/和/r/，因為在日語中並沒有這兩個音的區分。同樣的，說英語的人也無法說某些日語中的音素。

　　第二語言在大腦不同的區域處理，這是為什麼有些因中風而腦傷的人無法說自己的母語，卻能夠繼續使用他長大以後才學的外國語。

第 7 章

記憶的心智狀態

人的大腦中有幾千億種印象，有些很快就消失，有些會維持一輩子，我們稱之為記憶。就像進來的訊息要被分解再重新建構成知覺，知覺也被分解再重組成記憶，每一個部分被送到大腦不同的地方去儲存。每一次提取就使事件進入更深的神經結構中。最後，「記憶」和「擁有記憶的這個人」便成為不可分的一個整體。

記憶如何形成？

記憶是許多不同事情的集合名稱：它是你想到小時候住的房子時來到你心頭的影像；它也使你跳上腳踏車就可以騎，不需要思考先踩哪一隻腳；它也是你回到小時候害怕過的某個地方時，所產生某種不自在的感覺；它是某條走得很熟悉的路，也是你知道「艾菲爾鐵塔在巴黎」的知識。記憶未曾處理的資料同時也提供了我們想像力的材料，尤其我們對未來的看法。我們不會夢到從來沒有看過的東西（譯註：一個從來沒有看過汽車的非洲人，怎麼夢都不會夢到汽車），我們會以過去經驗的點滴做基礎，不是自己的親身經驗就是感同身受的別人經驗。所謂心智創造力就是把我們過去經驗打碎，再把這些馬賽克重新排列組合成新的圖片。

所以，假如你找不到記憶在大腦的哪個地方處理，也就不奇怪了，因為它是那麼的複雜、有這麼多的層面。每一個不同的記憶儲存在不同的地方，有不同的提取方式，必須靠幾十個不同的大腦區域通力合作，才得出我們所謂的記憶。不過現在記憶的奧祕慢慢被科學家揭開了。

要了解記憶，你必須檢視神經細胞，因為記憶就是在這裡製造的。

不論你說的是哪一種記憶，基本上它們都是同一件事情：一組神經細胞同步激發活化，形成某一個特定的型態。思想、感覺、知覺、念頭、幻覺，任何大腦的功能（除了癲癇發作時那種隨機的神經激發）都是由同樣的情形造成的。某個形態，比如說，聽覺皮質中的一組神經元同步激發，使你聽到某一個樂音。另外一個形態，在另外一區產生，會帶給你害怕的感覺；另一個是藍色的感覺，再一個

，是澀澀味道的感覺，如嚐一口酒。記憶的形態便是這樣的，唯一的差別在於，當刺激的訊號停止後，記憶還被保留住。記憶的形成是由於一個形態不斷重複，或是有強化登錄的因素存在，因為每次這一組神經元同時激發，就會更增加下一次它們一起激發的機會。神經元同步激發的方式，就好像火藥線上每一個火藥分子微粒那樣，一個接一個的蔓延開來。它們跟火藥分子不同的地方是神經元可以一再激發，這種激發可快可慢。如果激發得比較快，送出來的電流就比較強，就比較可能引發它的鄰居細胞活化，一旦鄰居被活化了，細胞膜表面會發生化學成分的改變，使它以後更容易被鄰居所激發。這個歷程叫作長期增益效應（long-term potentiation, LTP）。假如鄰近的細胞沒有再被激發，它會保留這個「預備」狀態好幾個小時甚至好幾天。假如第一個神經元在這預備期間活化了，鄰近的神經元便會作出反應，即使第一個細胞的激發速度很慢。第二次的活化使它更準備好再度活化，所以到最後，重複的同步激發會將神經元聯結在一起，只要一個細胞有一點風吹草動，其他的細胞就馬上跟著激發，記憶就這樣形成了。

記憶是一組神經元每次被激發時都以同樣的方式一起活化。神經元之間的聯結是靠「長期增益效應」這個歷程，使這些神經元形成一個單一的記憶。

A. 細胞1接受一個刺激而活化，假如它活化得夠快，會使鄰近的細胞2也激發。細胞2會因這樣的活化而改變細胞膜上的化學狀態，原先在細胞內的感受體會跑到細胞膜的表層，這使細胞對它的鄰居更敏感。細胞2可以維持在這個升火待發的準備狀態達幾個小時甚至幾天之久。

B. 假如細胞1在這期間又活化，只要很弱的活化狀態就可以激發細胞2。每一次這兩個細胞同步活化，兩者之間的連接就越緊密，最後它們永久的結合在一起，當其中一個活化了，另一個也會活化。

C. 如果兩個細胞一起活化，它們結合起來的能量足以使任何鄰近的、原本與它們有弱連結的細胞活化。這樣的同步活化重複幾次後，這三個細胞便結合在一起，形成一個獨特的活化形態，這就是記憶。

━━━━━ 神經連接
╍╍╍╍ 夠強的連接可激發鄰近神經元活化
┈┈┈┈ 弱連接

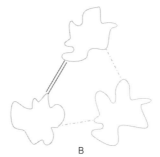

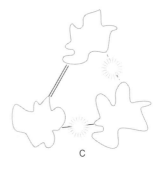

A　　　　　　　　B　　　　　　　　C

一個思想或一個知覺是否會變成記憶，受到許多事情影響。以剛剛那個澀味來說好了，假如你第一次嚐到這個味道時，把它當成（即登錄成）一般紅酒的味道，那麼當時聚集在一起、帶給你澀澀感覺的神經元，它們之間的聯結就不會很強，或許過不久，這個聯結就消失了。假如聯結消失，你就會忘記這個味道，下次你再嚐到時，你會像第一次那樣不熟悉。但是這個澀味的神經元其實會保留一個很淡的影子，下次你再嚐到這個味道時，神經元彼此之間有種特別的吸引力，所以你會有一點點似曾相識的感覺。

　　但是，假如你是在學習品酒的課程中嚐到這個澀味，你就會特別注意它和別種酒的澀味有什麼差別，這時，澀味所形成的神經模式就會被重複激發，每一次激發就更強化了下一次的激發。所以最後這個聯結就很強，只要有一點刺激，聯結就會被啟動，使味覺變得熟悉而且立刻可以被察覺，同時也會幫助我們喜歡這個味道。辨識，尤其是感覺的辨識，是我們快樂的主要部分，這便是許多味覺，包括澀味，都是後天學習而得的原因。

　　一個澀澀的味覺記憶是一件很基本的事情，只是使你下一次遇見這個味道時會辨識它而已。假如你在嚐它時，將它與一個名字聯結在一起，你就將製造澀味的神經形態與製造「澀」字的神經形態聯結在一起，你的澀味記憶現在就有味道和名字了。所以當下次有人說某種酒很澀時，你便知道他在講什麼了。假如你再把製酒過程的知識或它的化學結構知識加進去，你對澀的記憶就更豐富了。記憶的層面向度越廣，就會越有用，也越容易被提取出來，因為每一個層面都提供你一個把手，讓你從記憶的儲藏室中將它拉出來。一個多層面的澀味記憶甚至使你可以說：「這酒不錯，香醇中帶一絲澀味。」

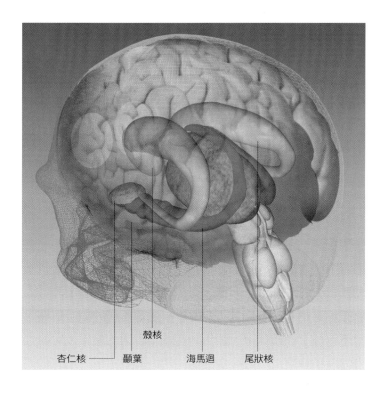

人類的記憶系統：記憶包含了許多不同的大腦區域。
顳葉：長期記憶永久儲存在這裡。
殼核：程序記憶儲存在這裡，例如騎自行車。
海馬迴：記錄和提取記憶，尤其是個人的記憶和關於空間的記憶。
杏仁核：潛意識的創傷記憶可能儲存在這裡。
尾狀核：許多人類的本能（記錄在基因上的記憶）源於此處。

殼核

杏仁核 ── 顳葉 海馬迴 尾狀核

　　這種記憶最後都到了所謂的語意記憶（semantic memory）中，這是儲藏我們所「知道」的東西的地方，但不包括我們個人與這些東西的關係。當然，最初形成記憶時，有很大一部分與我們個人有關。關於澀的記憶，包括當你第一次嘗到這個味道時你在哪裡、誰跟你在一起、他們說了些什麼等等。但是，除非這些私人記憶有特別的意義在裡面，否則不久後它們就消失了，你所記得的就只是澀的知識。你所「知道」的大部分東西都是這樣來的。美國的首都在哪裡，這座山是什麼形狀，以前這些事都與你學習它們的環境連在一起，但是關係的部分慢慢褪去，剩下的是光禿禿但有用的「事實」知識。

　　關於個人細節的記憶與語意記憶非常不一樣，大腦處理

的方式也很不相同。這些記憶被稱為事件記憶（episodic memory），通常都與時間和空間有關，包括「曾經去過那裡」之類的親身經歷記憶。這種私人的記憶，與你知道白宮是在華盛頓特區是不一樣的。當我們回憶事件記憶時，是包括我們當時的心智狀態的。

所謂「心智狀態」（state of mind）是一個包含感官知覺、思想、感覺和記憶，全部融合在一起的整體感覺。要得到這個心智狀態，千百萬個神經細胞的活化形態必須像交響樂團演奏一樣，創造出一個新的「大形態」出來，每一個意識的瞬間都有一個這樣的「大形態」。假設你坐在陽台上欣賞著海景，喝著紅酒，聽著音樂，一邊想著孩子駕船出去怎麼還沒有回來。在那個時刻，你大腦中的「大形態」是由許多跟恐懼有關的小小主題所構成的；這個大形態包括了酒的味道，藍色的經驗，音樂的旋律，可能也有你孩子臉龐及你最後看到他們時的情景，或許還有他們上次晚回家事件的記憶，包括救生衣的影像，海岸巡邏隊，以及當他們終於回來以後，你怎麼責備他們的話。這整個神經活動一直在改變，一個念頭下去立刻被一個新的取代，只要你的注意力是被這個主題所吸引，整個大上加大的形態會一直可以被辨識出來。

大部分像這樣的大形態從來不會進入記憶中，激發過一次就消失了。即使是大上加大的形態，整體來說，也只是留下一個朦朧、模糊的印象而已。然而，有些記憶像探照燈似的，突出在我們的長期記憶中，如童年在海灘的某一段記憶，可以感到太陽的灼熱，以及細熱的砂子從手指間流下的感覺；遙遠已經被遺忘的假期，卻有一、兩個鏡頭永遠的保留下來；一個已經死去多年的朋友，奇怪的卻有很清晰的印象。為什麼有些大腦形態被保留了下來，有些

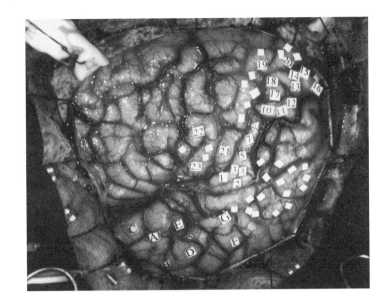

加拿大腦外科醫生潘菲爾動手術把癲癇病人的腦殼打開後，將數字貼在會引發記憶的大腦區域。

又褪色了？

　　大部分情況下，是因為情緒的關係。那些盤踞在心中的影像，在當時，不論是什麼原因，是在一個情緒極端興奮激發的狀態下，因為「興奮」的定義就是興奮性神經傳導物質湧出，增加了大腦某些地方神經元的活化率。還有另外兩個效應，二者都有幫助生存的價值：第一，增加知覺的強度，以產生很多人在危機中所感受到的、清晰明瞭的慢動作影片影像；第二，增強長期增益效應，使當時發生的事情比較容易記住，而且將來可以避免（假如是不好的事情）或去追求（如果是好的經驗）。

　　上述的情景可能會進入長期記憶中，因為其中包含了好幾種強烈的感官刺激：海的景色，音樂的聲音，酒的味道，每一種都是一個提取的「把手」；任何一個把手將來都能將整個場景提取出來。更重要的是，整個情景浸潤在恐懼之中。假如最後孩子們安全返航，時間久了就會變成一

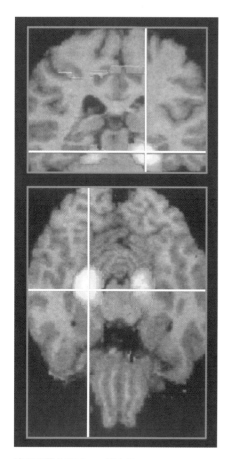

這兩張圖片顯示，一個人看到電影中駕車穿過熟悉城市的情節時，大腦亮起來的地方是海馬迴。

個模糊的記憶，但假如最後是警察來敲門，告訴你出了意外，你可能一輩子都忘不了當時那海的景色，音樂的旋律及酒的味道。

事件並不是直接就進入長期記憶的，過程需要二年左右。在那之前，它們都很脆弱，很容易就被抹擦掉了。

就是這個把訊息從海馬迴送到皮質再送回來——被稱為「固化」的歷程，慢慢的把浮動的印象變成長期記憶。每一次原始神經形態被提取出來，它就像在玻璃或石頭上刻字一樣，刻的次數越多，刻痕越深，一直深到皮質的組織中，保護著這個記憶痕跡不會衰退，直到它最後變成永久性的刻痕。

一旦神經元的活化形成緊密連接，往後這個事件的任何層面都成為提取的把手，可以將整個事件提取出來。假如你曾經歷上述等待消息的事件，多年後，同樣的音樂旋律會把整個事件叫出來，像洪水一般將你淹沒。

海馬迴的重新再播放是在睡眠時發生的，在海馬迴細胞上所做的單細胞紀錄發現它們與皮質細胞一直在對話，彼此之間一直在送訊息，好像彼此在問答對話。有一些問題是在「安靜」（quiet）睡眠的階段發生的（譯註：相較於安靜的睡眠階段，另一個作夢時期為快速眼動期〔Rapid Eye Movement, REM〕）。我們所作的夢通常是很模糊而且即刻忘記。直到記憶完全登錄到皮質上，它們還是很脆弱，還是很容易就會被抹擦掉，即使它們已經建立了也還不是固定的。記憶並不是一個經驗的回憶，而是你最後一次回憶這個經驗時的回憶，所以你的記憶一直

作夢夢到記憶

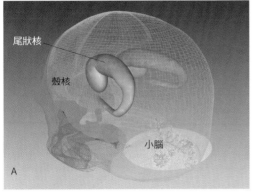

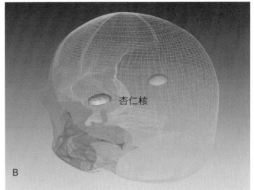

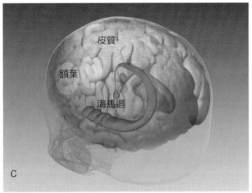

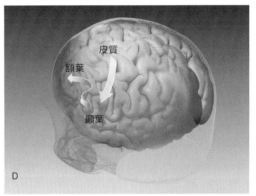

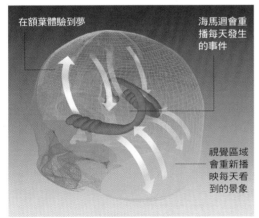

在睡覺作夢時，腦中會重播最近的經驗，
使經驗更深刻的進入記憶中

變成長期記憶的事件，會先在海馬迴中儲藏二到三年，
在這期間，海馬迴重複將經驗送到皮質去，每一次重複
演練都使皮質的感受更深刻。最後，這個記憶已在皮質
上牢牢的占據地盤，海馬迴就不需要再重播了。
海馬迴的重播動作發生在睡眠時，夢一直把白天發生的
事叫喚出來，經由海馬迴使皮質活化。

A.**程序記憶**：像如何騎自行車這種「如何做」的記憶是
　儲存在小腦和殼核。深刻的、牢不可拔的習慣則儲存
　在尾狀核。

B.**恐懼的記憶**：例如恐懼症或「往事重現」，儲存在杏
　仁核。

C.**事件記憶**：個人過去經驗的記憶是記錄在海馬迴，儲
　存在皮質，散佈在皮質的每一個角落。這種記憶的提
　取要靠額葉，這點與語意記憶是一樣的。

D.**語意記憶**：這些事實記錄在皮質，儲存在顳葉，而提
　取時運用到額葉。

一個記憶的不同層面——比如當你聽到「狗」這個字時，第一個進入你的大腦的思想——是非常零散的，可以連到幾百萬個各種各樣的想法。如狗的樣子是儲存在大腦的視覺部分，以及其他跟狗有關的影像——狗屋、狗玩的球，狗吃的骨頭，及被驚嚇的貓。狗的聲音——吠或哀鳴——則是儲存在聽覺皮質。當你想到狗時，這些跟狗有的元素，都會從海馬迴中擷取出來，放在一起，重新組合成一隻完整的狗。

不停在改變在重新發展。記憶一直改變的歷程其實跟它第一次透過固化留下痕跡的歷程很相似。我們底下會看到，每一次我們回憶一件事，它就改變了一些，因為它又混進了一點現在發生的事。重新固化（reconsolidation）就是重新改變了一點的記憶有效的取代了前一個記憶，像電腦的可重複讀寫光碟片一樣，新檔案把舊的蓋過去了。

假如把海馬迴整個切除，病人只能記得眼前的事，當他注意力一轉移，事情就煙消雲散，像是從來沒有發生過一樣；這個人將永遠活在現在。比較輕微的損傷可能使病人還是可以學習新的事實，但是無法留下個人的記憶。

有理論認為，各種記憶零件儲存在它們最初被紀錄下來的皮質各處，例如回憶個人事件所活化的大腦區域就很廣泛，也支持這個理論。

然而，海馬迴不是把長期記憶推給皮質去儲存後，自己就萬事不管了。與事實和童年回憶不同的是，我們對空間

的記憶就儲存在海馬迴中，創造出一張內在地圖。最近有一個對倫敦計程車司機進行正子斷層掃描的實驗證實了這一點。實驗者請這些司機躺在掃描儀中，請他們在腦中想像倫敦的地圖，當實驗者給兩個定點名字時，請他們想像該如何穿梭在倫敦的街道中。

當他們走著熟悉的路線時，海馬迴都亮了起來。但是請他們回憶顯著的地標物時，海馬迴並沒有亮。

雖然海馬迴在記錄和提取個人事件時都是必需的，但是關於恐怖的記憶則是儲存在杏仁核中。創傷後壓力症候群患者所經驗到的「往事重現」這種情緒反應，便是從這裡產生的，因此，這些病人在重新經歷原始經驗時，會產生事件當時身體上和心理上的感覺。

我們的記憶機制有多可靠？有一個檢驗方式便是，回頭看記憶出錯時發生了什麼事。

產生誤導作用的記憶

記憶會改變，很多記憶塵封很久之後，突然跳了出來，那麼，有可能一個很強烈很重要的記憶被埋葬了幾十年後，又重新再出現嗎？一個人有可能在幾十年後回憶起他童年的創傷經驗嗎？還是這種記憶是假的，只是不稱職或邪惡的治療師種下的惡果？法庭要求科學給一個簡單的是／非的答案，但事實上，記憶是個複雜的事情，以目前有的線索看來，「回復的記憶」和「假的記憶」兩者都是真實的現象。

假記憶是很平常的事（譯註：讀者可以參考《記憶vs.創憶：尋找迷失的真相》一書，遠流出版）。我們日常生活的記憶中包含了很多想像的成分，但平常不會注意到，除了感到困惑的時候，例如「我可以發誓我把鑰匙放在桌上

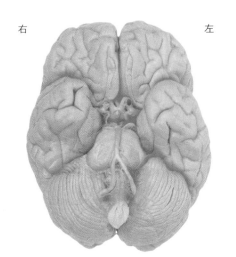

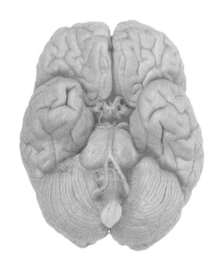

當要求受試者回憶個人或事件記憶時，海馬迴便會活化（上圖）。在熟悉的地方走動，也會引發海馬迴的活化，不過只活化了右半邊（下圖）。

右　　　　　　　　左

啊！」，或是誤解的時候，例如「還沒有好啊，我是說星期四，不是星期二！」。這種事會發生是因為人類的記憶是一個重新建構的歷程，不是錄音機，也不是錄影機。它很像童子軍課玩的耳語傳話，一件事傳來傳去，傳到最後就跟原來完全不一樣了。

這種走樣的過程在一開始登錄時就發生了。大部分的感官知覺在登錄時並未包含意識成分，而且只有一小部分會被保留下來。這些被保留的部分，在幾個小時之內也褪去了。所以，過去的知覺經驗只有一小部分可以進入長期記憶中，而個人生活的片段又因為每一個人看事情有自己的觀點而被扭曲。假如請兩個人同看一個繁忙的街景，然後請他們回憶當時發生了什麼事，他們的回憶會依他們當時覺得哪些才是重要的、有趣的景象，而有很不相同的報告。他們當時對於現場的解釋現場，可以使同一個場景成為好笑的或者是恐怖的。所以，記憶不純粹是記憶當時發生的事情，它經過了認知的解釋、剪輯之後才收存起來的。

每一次記憶被提取出來，都經過一次竄改變造的機會。我們每一次回想事情，每一次都會添加一些、去掉一些、扭曲一些事實，或把已經忘掉的空隙填補起來。我們甚至會有意識的添加一些幻想，例如當時其實沒有說，事後卻跺腳責怪自己，後來重述時便把當時沒說的補上去了，使故事更完整。這些剪輯過的新版記憶被放回儲藏的地方，下次再叫出來時，添加的部分跟原來的部分

就很難區分了，因此，我們的記憶就逐漸變形。

　　因此，要改變或製造一個假記憶實在是非常簡單。心理學家羅芙特斯（Elizabeth Loftus）和琚克瑞（Jacqueline Pickrell）就用「提醒」的方法，對人們提示從來沒有發生過的事，而把一個假的記憶種入這些人的心田中。她們把四件童年時所發生的事情告訴二十四位受試者（這些資料由受試者的親人所提供），其中三件是真的，一件是假的。這個假的經驗是耶誕節前在擁擠的購物商場走失，最後被找到的故事。受試者每天回想一下事情發生的細節，並把每天多回憶出來的項目紀錄下來，後來有四分之一的受試者非常確定這個假的記憶真的發生在他們身上。

　　即使一件重大有紀錄的事件我們對它的記憶也可能非常不準確。2005年7月，倫敦發生一連串的恐怖分子攻擊事件，有一件是恐怖分子把炸彈放在倫敦的公共汽車上，炸死很多人。報紙當然登了很大的相片，很詳細的報導了當時的情形。但是當時並沒有用錄影機去記錄，是目擊證人的證詞而已。

　　在公共爆炸事件發生不久，心理學家去訪談一群人，問他們有沒有看過關於爆炸的監視器錄影畫面。84%的人說有，然後再問他們：「炸彈爆炸時，這輛公車是正在路上走嗎？」大部分的人都很詳細的報告說：「公車才剛剛靠站，讓兩個人下車，然後有兩個女人、一個男人上車。他把一個袋子放在他旁邊，一個女人坐在門旁邊。當公車開走時，突然一個很大的爆炸聲，每個人都開始尖叫。」

　　雖然很多人會覺得假的記憶就跟真的經驗一樣，但大腦卻可以分辨出不同。最近的腦造影研究顯示，回憶真實的事情與假的記憶時，大腦活動的區域不同。哈佛大學的薛克特（Daniel Schacter）請十二位女性看一系列的字後，用

正子斷層掃描儀拍攝她們回憶時大腦活動的情形。這些字有些是她們曾經看過的，有些是不曾看過的，她們需要指認出哪一些是看過的。結果，那些真正出現過的字，激發了海馬迴和語言區，而那些其實不曾出現過，但受試者以為出現過的字，激發的大腦區域除了上述的海馬迴和語言區之外，外加眼眶皮質。這個區域在前面曾提到，發生「呃，這事有點奇怪」時，大腦會亮起來，也就是事情不是很對時，大腦會送出問號、提醒我們的地方。這個地方的活化顯示，即使我們自己可能沒有意識到，但是大腦在某個層次上的確「知道」這個記憶是不對的，會繼續不斷從皮質送出問號。假如這個實驗結果正確，或許有一天，腦造影可以取代測謊器，在法庭扮演相同的角色，或甚至在心理治療上，幫忙確定記憶是真的還是想像的（譯註：薛克特給受試者看的字串中，每一個字都與目標字有很高的聯結，但是這個目標字從未出現在字串中。因此，當最後目標字出現在測驗中時，受試者會誤以為目標字曾經出現過，因為每一個字串中的字出現，都使他們聯想到目標字，經過十二次的聯想，受試者就分不出是真的還是想像的了）。

那些習慣性說謊的人（臨床上叫作confabulation，虛構的故事），可能是潛意識想要填補過去生活上的空白，假如他們又還有一些其他的病情，如顳葉的癲癇，他們所編出來的故事可以比美科幻小說，如被外星人綁架的生動經過等等。但是通常他們的謊言是瑣碎、平凡、不會引人注意的，只有說的人才深信為真。有時候，這些故事半真半假，有個病人跟他的醫生說：「我曾經在生產線上工作（正確），將金屬圈掛在冷凍火雞腿上（正確），在城南（不正確）的鷹眼包裝公司（不正確）。」

這種習慣性說謊的現象，有點像前面提到威廉氏症候群患者編故事的現象，兩者都是想把事情組合起來，使不相干的事變成一個合理的整體。在某個層次上，每個人其實都常常這樣做，我們的大腦不停地尋求最好、最合理的方法來解釋傳進來的訊息，或是把不完整、片段的記憶（我們每一個人都有）修補得完整。為了使事情看起來有秩序、合理，大腦有時會將不相干的片段連在一起，用最可能被別人接受的方式，組織成一個半真半假的整體。例如一個不符合我們預期的視覺刺激，我們會自動添補，形成我們所要看見的東西。

大腦同時也希望事件遵循一個標準化的說故事公式：有開頭、中間和結尾。有研究顯示，當人們回憶出不符合公式的經驗時，他們會將之剪輯以便符合。有一組接受焦慮症治療的病人被要求每天要寫日記，日記顯示他們在接受治療時，情況是起起伏伏的，有時好一點，有時又壞一點。但是在治療結束時，許多人報告說，他們沒有比治療前好，也就是說，治療沒有用，不曾改善他們的情況。但是一年以後再請他們評估治療的成效時，幾乎每一個人都說治療很有效，令他們很滿意。

習慣性說謊跟一般這種把事情理清弄整齊是不一樣的，有些人會面不改色的說謊，他們織了一個關於過去歷史的、綿密的、虛假的網，這種人通常無法維持穩定的人際關係，因為謊話都是有破綻的，很快人們就會發現，這種人不可信任，不喜歡與他們來往，這種人的生活其實是很不快樂的。

習慣性說謊與額葉受傷有關，使人懷疑大腦內建的「測謊器」在這些人身上失去功能，所以他們才會在說謊時感到非常的自在，面不改色。這種損傷在酗酒者的哥薩克夫

症候群（Korsakoff's syndrome）中常看到。這種人有嚴重記憶缺失，所以他們編造故事似乎是要想填補他們記憶上的大片空白，以取代原有的記憶。

消失的時間

在記憶研究史上，被研究得最詳細、最透徹的個案，就是失憶症病人H.M.的行為。H.M.在1950年代初期，因患有癲癇動過大腦切除手術後，對後來發生的事情沒有任何一點的記憶，是記憶研究史上的蓋吉。他的不幸提供了研究者一個少有的機會，得知一個平常被保護得很好的區域，一旦破壞時會有什麼情形。他的例子同時也讓我們看到，人格和經驗（心智）最深沈的層面乃根植在肉體（大腦）上。H.M.在八歲時曾經騎自行車出過車禍，使他的腦在受傷後引發嚴重的癲癇，到他二十七歲時，癲癇發作的頻繁使他完全無法正常作息，因此決定開刀將異常放電的部位切除。於是，他兩邊海馬迴被切除三分之二，周邊的組織及杏仁核也被一併切除。

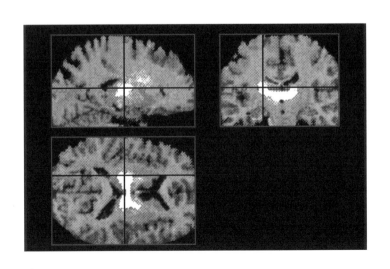

這是失憶症患者的大腦掃描圖，亮起來的地方位於視丘附近，顯示出血流量不正常減少。取自'The Thalamus in Amnesia : Structural and Functional Neuroimaging Studies.' Reed. L. J. et al. *Neuroimage*, S 630, Vol.5 No.4 1997。

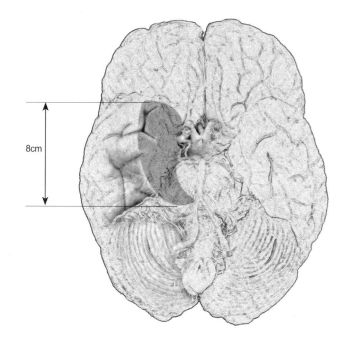

H.M.被切除的大腦部分，包括海馬迴在內。切除了這些地方，也失去了他的過去歷史。

　　H.M.的生命時鐘，在他躺在手術檯上時就永遠停擺了。剛開始只有手術前兩、三年的記憶被洗掉了，再往前推的記憶仍然存在，也就是說，他記得二十五歲以前的生活細節；而二十五歲以後的生活則是一片空白。

　　我們在腦部開刀或腦受傷的病人身上常常看到這個情形，他們會有後向失憶症（retrograde amnesia），受傷當時及之前的記憶會喪失。但是H.M.不只是無法記得手術之前兩、三年的事，最主要是他無法記得手術以後發生的新事件。每件事在他的腦中只有幾分鐘的壽命，之後就從此消失了……

　　你可以想像一下這樣的生活。正常的意識像條小河般，在時間中流過。每一個瞬間都是一些知覺的聚集，但是這些流進來的訊息，在這條河的範圍之外都是無意義的。假如你不知道前面那一瞬間發生了什麼事，你也無法知道現

在發生了什麼。我們的計畫、動作、思想都決定於知覺的連貫性與一致性，即使是我們的「自我認同」，也需要知道過去的經驗是什麼，才知道自己是怎麼樣的一個人。

H.M.沒有這種連續性，他沒有這種使生命有意義的連續性，被永久的冰凍在「現在」之中。他的生命之河停在他二十五歲那時候，他的自我也停在那裡了。他跟別人說他是個年輕人，他談論他的兄弟、朋友，但是這些人早就過世了。當他照鏡子時，他的表情非常恐懼，因為他看到一個老人在鏡中回望他，而他不知道這個人是誰。給他看鏡子這件殘忍的事，一下就被他的遺忘所彌補，因為幾分鐘後，他已經忘掉所看的東西了。

H.M.現在已經垂垂老矣，研究者也不再要求他繼續參與實驗。在過去的歲月裡，他幫助心理學家做了無數的測驗，每天與實驗者一起生活，但是每一次實驗者都得重新自我介紹。他自1953年起便不再認識新朋友，永遠被陌生人包圍著。他對心理學家要求他做的各式各樣測驗，從來沒有一絲不耐煩，因為不論做過多少次，對他來講每次都是新鮮的。

雖然他從來不記得做過心理學測驗，但是有些測驗他卻會越做越好，例如寫出字的鏡像，剛開始時非常的困難，但是正常人在練習之後會進步，H.M.也會。他後期的表現使他自己非常驚訝，因為他從來不記得曾經做過這種練習。同樣的，他也可以學會彈新的鋼琴曲，但是他從來不記得曲名或曾經學過，不過只要實驗者起個頭，他就可以接下去彈。

H.M.所學會的這些技能，都屬於程序記憶（procedural memory），是屬於「怎麼做」，而非「是什麼」型態的記憶。他可以學會這些技能是因為，程序記憶是在一個分

製造記憶

　　即使在學術界中，大家對於「記憶有多容易被改變」的意見仍很分歧。但是，很清楚的是，假如「被虐待」有可能遺忘，那麼回憶的錯誤和扭曲就不可避免。一個人受虐故事中有不可能發生的部分，並不表示其他的部分就不是真的。同樣的，有一些細節可以被驗證，並不保證其餘的都是真的。每一個個案，都必須在科學的架構下判斷真偽。

　　我們登錄和表達外在世界訊息和自己內在世界的過程，大部分是自動化的，大腦中所得到的是一個跟事件相呼應的心智記錄，這個記錄並不完整，也不是一對一的登錄，所以是零碎的、需要加以解釋的。

　　當一個事件被提取出來而且是零碎的，我們的認知就會立刻運作使它合理化。這時，依照此回憶當時的情境所創造的另一個記憶就出現了，其中包括了回憶當時的認知運作，如問題解決和伴隨的情緒。還有其他訊息也可能包括在裡面，所以當你又要回憶這個事件時，你提取出來的很可能就是這個已經有錯誤的新版本。

　　例如，受試者看一組幻燈片，描述一樁交通事故的發生，裡面包含「停」的告示牌。後來實驗者又在別的測驗中告訴他們，裡面出現的牌子是「讓」的告示牌。最後的測驗是要他們選擇，究竟是哪個告示牌出現在最原始的幻燈片中。結果有80%的人選擇「讓」的告示牌。

　　受試者會把新的訊息組合到舊的事件中，而自己毫不自覺。但是如果把這兩張幻燈片依原來的次序放映時，受試者就不會犯錯。這是因為在恰當的情境中，有正確的提取線索時，你就可以提取到原始的記錄，而避免後來的錯誤版本。這個實驗有兩個意義：第一，除非提取記憶的環境很正確，不然我們會提不到所需要的回憶；第二，後來插入的事件會被誤認為原始的版本。

本文作者

摩頓（John Morton）

英國醫學研究評議會認知發展單位主任。很少有「回復記憶」被證明是真的。雖然沒有理由排除記憶可以被隱藏的可能性，但是也沒有任何證據顯示記憶可以被埋藏或「壓抑」，然後又以原始的風貌被提取。

謊言：大腦露餡

　　下圖顯現說真話的大腦（左圖）和說謊話的大腦（右圖）間的差別。說謊的大腦活化得比較厲害是因為它需要更多的能量去抑制真話跑出來（譯註：可見人性本善），而且編矇得過的假話也要很多能量。大腦的掃描顯示說真話是大腦預設的設定（即本來沒事都是採用這個設定），說謊則需要經驗技巧去發展，我們要特地下工夫才會做得好。

　　目前已有一些法庭採用大腦掃描圖來測謊了，它以後可能會取代目前的測謊機。不過，這目前仍有很大的爭議，有人認為實驗室所做出來的測謊圖片跟真實世界的複雜度有很大的差別。但是目前用的直覺判斷和心電圖、膚電反應等等也是非常的不準確（如SipKE, Roepstorft A., McGregor W, Frith CD. (2008) Detecting deception: the scope and limits *Trends Cogn. Sci.* 12(2):48-53）。

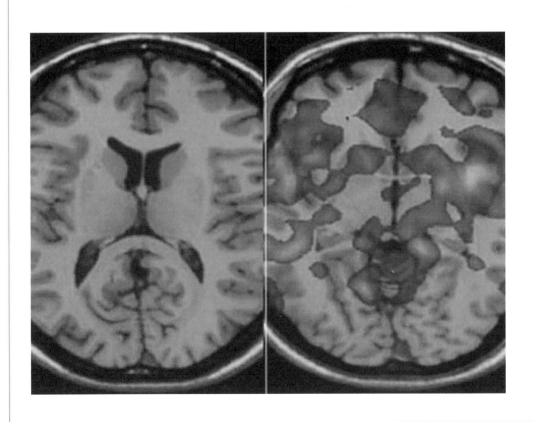

相信和不相信

　　人類大腦如何看待一句話，當它認為這句話是真的時，大腦的反應與它認為這句話是假的時不一樣。它認為是真的時，會有更多的思想與行動出來，但它認為是假的時候，它會把這念頭趕走，不再去想它。

　　這個區別「相信」和「不相信」在大腦功能上的差異的作法是請受試者躺在大腦掃描機內，給他看各種各樣的句子，然後請他作判斷，他認為這個句子是真的還是假的。

　　結果顯示，在看一句話是對還是錯時，雖然大腦高等認知功能的區域都有活化起來，但是接受或拒絕一句話似乎還是決定於比較原始的情緒區，這一區包括跟思想和判斷的情緒反應有關的前扣帶迴，以及腦島皮質，腦島對幸福圓滿（wholesomeness）很敏感，所以這個地方在活化表示我們其實是厭惡謊言的。

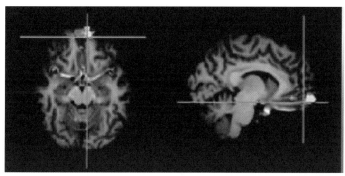

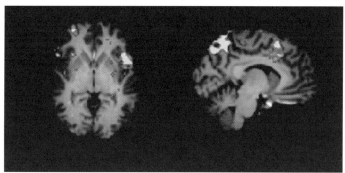

相信的腦（上圖）在跟聯結的情緒（binding emotions）和思想有關的地區有活化，而懷疑的腦（下圖）在腦島的邊緣，在額葉和顳葉腦葉相交的腦溝深處有活化起來。腦島對「厭惡」很敏感，顯示說謊是被當做一個討厭、不健康的東西，身體想要把它拒絕、拋棄掉。

散的區域進行處理，包含了小腦和位於皮質下的殼核。這兩處在H.M.的手術中都沒有被碰到。一般來說，這個「如何做」的機制不像海馬迴的機制那麼容易受損，所以有些嚴重記憶缺失的人，都還保有這種形式的記憶。許多阿茲海默症患者都還保留著如何揮高爾夫球桿或如何游蝶式的記憶，雖然他們其他的記憶都喪失了。

這種事件記憶和程序記憶雙分離的情形，最戲劇化的可說是「神遊」（fugue）狀態，正式的名稱是心因性失憶症（psychogenic amnesia），病人失去對個人事件的記憶，而保留了語意事實的記憶。我們在電視劇中常常看到這種對白：「我是誰？」他們甚至認不出自己的家人。這些人的情況跟H.M.不一樣，他們的失憶是因為那些記憶現在無法提取了。這些被埋葬的記憶偶爾也會在失憶症患者自己都不知道的情況下突然跑出來。例如，一位傳教士名叫布恩（A. Bourne），他在短暫的失憶期間，替自己取了一個名字叫布朗（A. Brown），一個非常相似的名字。布朗是個很虔誠的教徒，每星期都去做禮拜。有一次在作見證時，他講了一個他身為布恩時的經驗，雖然他一點都不記得作為布恩時所發生的事情。另一位失憶症患者跟她的家人重修舊好了，因為醫生要她隨便撥一個電話號碼，結果，她隨便撥的那個電話就是她母親的號碼。

有身體或精神創傷的人可能對這件事或這件事情發生的那段時間有分離的現象，表現出不是我的事，或我記不得的行為，在這心智分離（譯註：短暫時間不知道自己是誰，也不知自己身在何處）時期不正常的大腦活動可以在邊緣系統看到，尤其是海馬迴和杏仁核。這可以從一位二十二歲女性大腦的掃描圖中看出。她不記得四年前創傷發生以後的任何事情，她報告被一個蒙面盜綁架搶劫和強暴，

但是她的記憶很模糊，像作夢一樣，所以不確定這是不是一個真的記憶。研究者給這位女士一序列的相片請她辨認。有些是她在四年前創傷發生前的中學同學，有的是她念大學的同學（大學同學是她應該要認得但不記得，因為那時創傷已發生），第三組則是陌生人。她有意識認識的是她高中同學，但是不認識大學的同學。用功能性核磁共振儀掃描她的大腦時，她看高中同學相片會正常的活化海馬迴和杏仁核的神經細胞，這兩個地方跟處理熟悉的記憶有關，而看大學同學的相片時，她大腦的反應跟看陌生人的臉沒有差別。

另一個案例是一位四十多歲的男士，因為中風的關係，有十幾年的生活完全是一片空白，大腦掃描顯示他在看早期的相片時，大腦的活化是正常的，但是後期的相片大腦的活化就降低了，他的大腦不願意去重新建構這些事件，因為這些事件都帶來太多痛苦的感覺。

這個研究顯示這種阻斷記憶發生在知覺處理的早期，遠在它們進入意識時，就被擋掉了。

心理或生理受到巨大創傷的人，對於所發生的事件和事件發生的時期會有失憶症的現象，但是他們對發生的事情仍然有潛意識的記憶。一位男性被一個同性戀者強暴了以後非常痛苦，幾次企圖自殺，他的羅夏克墨漬測驗（Rorschach test）都呈現出一個人被另一人從背後偷襲的結果。另一位被強暴的女性在不知情的狀況下被帶回強暴現場，她突然變得很激動、很憤怒。她是在鋪著磚頭的人行道上被攻擊的，在回到現場之前，她一直說「磚頭」和「人行道」總是出現在腦海中，揮之不去。現在她知道原因了。

潛意識的記憶瀰漫在我們生活四周。社會心理學家翟雍

（Robert Zajone）的研究顯示，人們通常喜歡以前看過的東西，即使不記得看過也無妨。我們對別人的反應依我們是否見過而有所不同。有個研究給受試者看一系列的陌生人面孔，以很快的速度閃過去，使受試者不能細細辨認。過一陣子以後，實驗者拿一堆相片請受試者評分，看哪一些是有吸引力的面孔。這些相片中，有些是曾經快速閃過的，有些是不曾看過的。雖然受試者都不記得曾經看過這些相片，但是他們很一致的把曾經出現的相片打了較高的分數，認為這些比較有吸引力。接下來第二個實驗是，實驗者請剛剛評定吸引力的受試者，參加A君和B君領導的討論小組，判斷某些詩的作者是男性還是女性。事實上，這個程序只是個障眼法，其中A君的相片曾在上一個實驗中出現過，但是時間很短、一閃而過，而B君的照片則從來沒有出現過，不過受試者完全不知道他們曾經看過A君的相片。當A君和B君意見相左，即受試者的那張票是決定性的票時，受試者都會加入A君那一邊，實驗的均衡操作使受試者選A的唯一可能解釋是，他們先前在潛意識中看過他的相片。

透過潛意識辨認出某個刺激，在心理學上被稱為促發作用（priming），而像上述快速閃過去的面孔叫做促發物（prime）。如上面實驗所示，一個中性或好的促發物通常會帶來良好的感覺，但是一個令人討厭的事物會使受試者感到害怕或有攻擊性，然而他們自己完全不知道為什麼。

有關恐懼的內隱記憶是在杏仁核中進行編碼，由於不是在皮質中，所以不能用努力想的方式把它喚出來到意識界，因為皮質的活動會壓抑杏仁核的活動。或許這便是當我們放鬆、休息而心智不集中時，杏仁核中的創傷記憶會躍入我們的意識界的原因。例如心理治療時的自由聯想，受

試者在放鬆的情況下，第一個想到的字往往是關鍵字。這個現象與在心理治療時所經驗到的回憶有重大關係。現在我們知道有些記憶是假的，不過這並不代表其他的記憶也是假的。在意識界是零碎片段的記憶，在杏仁核中有可能是完整的，有可能在生命的後期突然出現。最近有一個研究調查了129名受到性侵害的女性（都有醫院的記錄證明），16%的人說曾經有一陣子她們忘記發生過什麼事，但是後來這個記憶又回來了。她們常常有片段的回憶出現，與創傷後壓力症候群的患者很像。這顯示這些記憶是儲存在杏仁核中，而不是在皮質中。

長期的壓力會影響海馬迴。有創傷後壓力症候群的越戰退伍軍人，他們海馬迴的細胞組織比其他的退伍軍人少了8%，而童年被虐待的人在長大之後，海馬迴比別人少了12%。這些人都有記憶缺失的現象，除了他們所經歷的創傷以外，對最近發生事件的記憶也比較差。這種海馬迴的萎縮現象是因為長期有濃度很高的壓力荷爾蒙，我們曾在前面看到，這種荷爾蒙會加強記憶，但是假如大腦一直不

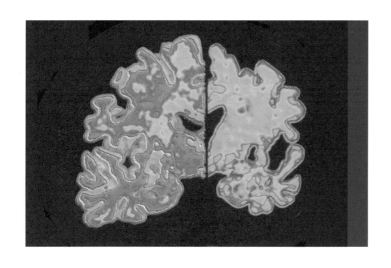

阿茲海默症發展嚴重時，大腦會萎縮。左邊是正常的腦切片，右邊為阿茲海默症後期患者的切片。

斷泡在這種壓力荷爾蒙之中，海馬迴會因為不斷產生很高頻率的回憶，回憶歷程因而受損。

嬰兒期的創傷可能會使記憶分變成兩個不同的部分，在同一個大腦中，各自創造出不同的性格來，造成多重人格（multiple personality disorder, MPD）。第一個有記錄的多重人格出現在1817年，但是這個病症一直到1957年，電影《三面夏娃》（*The Three Faces of Eve*）拿到奧斯卡金像獎後，才引起世人的注意。當時認為多重人格是很稀少的，但是今天有些心理治療師認為有1%的人有多重人格的問題。

多重人格是另外一個專家和大眾的意見兩極化的題目。有些精神科醫生認為這是無稽之談，是一群利慾薰心的治療師及過度想像的病人所編弄出來的事，有些則認為這是一個合法的病情，它有生理上的症狀。在1990年代，這個病引起很大爭議，因為治療師把它跟童年的性侵害聯結在一起，而且矛頭全部都指向童年的性侵，沒有其他原因。從那以後，對多重人格和其他分離性精神疾病的興趣就減弱了，自然它的爭議性也就沒有人再提起了。

像多重人格這種分離性的精神病是被認為病人對世界的經驗是片段的，一些應該是正常要被記得的經驗在它們進入意識界之前被阻擋掉了，我們每一個人都會把一些本來可以保留的經驗刪除，如果不這樣，我們會被那些知覺、思想、情緒和感情所淹沒。把意識界縮小到可以應付的地步，我們才能有效的應對每一天發生的事，我們常會為了趕完手邊的工作而延誤進食，把胃送過來飢餓的訊息忽略，或餓到胃痛時也不理它。或是在早上趕著送孩子上學時，把所有的問題放在腦後，等回頭有空再處理。不過就算是極端的分離症，在某些情況下也是有用的。例如醫生和

護士必須把他們的感情和工作區隔開來才能進行他們的工作，假如他們看到病人在痛苦自己也感同身受的話，他們就會被憐憫心、同情心所淹沒，沒有辦法去幫助病人了。有的時候，分離的機制太過頭會永久性的卡住，所以有的醫生會失去憐憫的感覺，即使下了班，離開了工作，也感覺不到這種情緒了。

多重人格就像暫時性的「神遊」狀態似的，是分離症的一種，將自己一部分的記憶切下，使一部分的自己生活歷史從記憶庫中消失，提取不到了。

在分離症中，有一部分的時間，通常是在創傷之前的那一段時間被隔離開來了，在多重人格中，則是這個人的記憶被放在櫃子中去了，找不到了。這結果就是這個人沒有了整個完整的人格，他的記憶是片段的自傳記憶。每一塊切開的「自我」中都是整個人的某個部分，例如有一塊可能是童年的自我，另一塊可能是憤怒的自我，第三塊又可能是男性的自我，等等。每一塊可能不知道別塊的存在，或是跟它們有意識性的連接，所以一個人可能從一塊人格，毫無痕跡的滑入另一塊中，取了另一個名字，有了不同的年齡、不同的經歷和人格特質。

當掃描多重人格病人的大腦時，它顯現改變的不只是這個人的行為而已，好像一套行為消失了，另一套行為取代它而出現。神經的形態則是隨著改變來配合這改變了的行為。大腦掃描甚至可以看到記憶的改變，不同的人格它可以提取到不同的記憶。

有一個研究發現11名婦女都有兩個顯著不同的人格。在某一個人格中，她們可以回憶出某些童年的創傷，而在另一個人格中，她們完全否認有這個記憶的存在。當她們在聆聽別人朗讀她們自己在另一個人格中的故事時，實驗者

掃描她們的大腦，包括描述她們在聽自己創傷的經驗，結果發現在非創傷人格中的她對聽到自己創傷經驗的故事時，大腦的反應跟聽到別人的故事一樣，是安靜的，沒有活化的。當她們轉換到創傷人格時，這個創傷經驗的錄音帶馬上激發大腦跟「自我」有關部分的強烈反應。她們的大腦並不是只是登錄「我聽到了」，而且「記得這個經驗」，就像她們行為所表現的一樣，這兩個人格是有兩個不同的自傳記憶的。

另一個大腦掃描的實驗對象是一位四十七歲的婦女，她可以毫不困難的在聽到指示之下，從一個人格轉變到另一個人格。當她在做人格轉變時，她大腦處理記憶的地方會暫時性的關閉，就像是關上一個盒子的記憶，準備打開另一個盒子的記憶似的。第三個人格轉變實驗是用腦波儀，結果發現兩個不同的人格有著兩種不同的大腦神經元活化形態。這表示受試者在不同的人格狀態下，有著不同的思想和感覺。即使職業演員想要模仿這種情況也沒有辦法出現腦波形態的改變，請受試者自己去演出另一個自己時，大腦也沒有這種形態改變出現。改變的不只是行為而已，她們大腦的想法、感受、回憶事情的方式都改變了。

對未來的記憶

記憶使我們可以重溫舊夢，它同樣也提供我們想像未來的基礎。

我們能夠想像還未發生的情境實在是種了不起的能力，人的想像力從每天的例行公事到藝術家、作家和非常興奮的孩子看到前所未有的景象，是一條很長的向度，向度的一端是冰箱裡的雞肉剩菜如果加上洋蔥、蘑菇，淋上咖哩粉，這道晚餐會是什麼味道，到另一端藝術家的創作，即

使是最不起眼的創作能力都比其他物種強。

　　初看之下，記憶和想像力似乎很不同，前者跟已經發生過的事有關，後者是沒有發生過的事。但是最近的腦造影研究發現想像力是依附在記憶上，記憶是想像的基石。當我們在想像發生某件事時，我們其實是根據我們過去的經驗來推測未來可能會發生什麼事，然後再把這些推測切碎、打爛，混合起來變成一個看起來完全不同的東西。即使是最富想像力的幻想世界景象也是來自你所看過的東西——我們不可能發明而沒有原料，就好像如果儲藏室空空如也，我們不可能燒出一道菜（譯註：相當於中國人說的巧婦難為無米之炊，一個非洲人如果沒有看過汽車，他怎麼夢，夢不到汽車，創造發明都不是無中生有，而是有所本）。特別有想像力的人是他們把過去的記憶（經驗）切得更碎，拌得越均勻。他們是經驗多的人——從周遭能夠吸收更多的資訊，而且能聚焦到新奇的東西上。

　　所以記憶並不是我們自我的一部分，而是我們所建構的想像中的自我的大部分：我們的傳記、回憶、想像力甚至我們的人格都包括在內。把這些從一個人身上剝去，這個人就變成薩克斯筆下的H.M.，一個漂流在生命的海洋中的迷失的水手。

記住未來

本文作者

麥瑰爾
（Eleanor Maguire）

倫敦衛爾康信託神經影像
中心教授。

記憶是幹什麼的？很顯然，它使我們累積外界的知識，發展出概念知識，記錄顯著性的個人事件，把它放入我們的自傳中，最後讓我們知道我們是個什麼樣的人，我們的自我是什麼。直到最近，大部分的記憶研究都在研究過去發生的事，檢視這些知識和事件的紀錄和它們可能的神經機制，但是，就像卡洛（Louis Carroll）在《愛麗絲夢遊奇境》（*Alice in Wonderland*）中觀察到的，「記憶是倒過來工作，只對過去的事有效。」事實上，現在大家都同意，人和其他的有機體會記得過去只為了用它來預測未來。

假如回憶過去和預測未來是很緊密相連的，那麼我們會認為兩者應該有著相似的大腦結構。結果發現的確如此──兩側海馬迴受傷的病人會有失憶症，記不得過去發生的事，而這種病人也無法想像他們的未來會怎麼樣。

有一個實驗是用功能性核磁共振去掃描正常人的大腦，發現回憶過去的事和想像可能的未來都活化大腦相同的部位，包括海馬迴。很有趣的是，這些大腦部位不是只是處理過去和未來的經驗，同時也處理假想的經驗（如看科幻或言情小說）非過去也非未來的虛構出來的經驗，但是海馬迴受傷的失憶症病人就沒有辦法去想像虛構的事件。

所以回憶或想像過去、虛構和未來的事件可能都有共同的大腦物質。事實上，好幾個其他的認知功能──空間導航（spatial navigation，辨別方位，在陌生地方行走）、作白日夢、和心智理論的各個層面──也都用到相同的大腦部位。

現在問題就來了，像海馬迴這樣的大腦結構怎麼可能有這麼多的

功能？一個線索來自對海馬迴失憶症病人的研究。這些病人無法將想像的經驗整合成一個完整的、合理的東西，顯示他們沒有辦法把空間情境聯結在一起，表示海馬迴在把片段的事件或情境元素結合在一起這個功能上扮演了關鍵性的角色。它在支持先前經驗的回憶上也扮演關鍵性的角色，記憶是個過去事件可塑造、動態的表徵，而不是固定了、不能改變的紀錄。

　　一個新的、很受支持的理論是認為上述那些各種不同功能所共同使用的大腦區域和認知處理歷程可以用情境建構（scene construction）來解釋。事件或情境的建構需要心智去啟動和維持一個複雜的和合理完整的事件和情境。情境建構使這些事件和情境在大腦中先行內部彩排，因而先啟動了這些內在的神經機制去創造出一個模擬的情境，在這裡不管是過去、現在和未來的情況，都可放在一起去演練一番。

　　這個可以預先經驗假設情境的能力，使我們在計畫未來時先行一步。能夠在腦海中正確的建構出未來的情景，然後再做決定，可以幫助我們評估不同結果的喜好程度，這也可以讓我們知道要怎麼佈局才能讓這結果出現。但是對人類來說，情境建構歷程其實遠不止用在預測未來上，它還幫助我們評估某個目的是否合宜，例如，劇作家和小說家常在腦海中把他們電影或小說中的情節演一遍，用的就是情境建構。他們這樣做並不只是為了預測未來，而是為了評估這樣安排劇本是否有美感會感動觀眾或讀者。所以這個建構的歷程，這種可以很有彈性的重新組合儲存的訊息以新的面貌出現的能力，是人類智慧的最高表現，它使我們的創意無限，發明無止境，雖然這些創意仍然受到一生經驗的規範。

第 8 章

通往意識的高地

額葉是形成概念的地方、建構計畫的地方、思想與思想結合形成新記憶的地方、也是浮光掠影在心中保存的地方，直到被存放在長期記憶之中或湮沒消失為止。

這部分的腦是意識的所在地，是大腦下層生產線產品最後送抵的高地。自我意識由此而生，也在此，情緒由身體的生存系統轉換成主觀的感覺。

假如我們要在心智地圖上插一面「你在這裡」的牌子，額葉正是箭頭所指的地方。在這裡，我們對大腦的新知識呼應著古老的知識；這裡也就是古老知識所說的「第三隻眼」（the Third eye），通往意識最高點的關口所在。

人類大腦做的每一件事都很神奇，但並不是每一件都非常了不起。電腦的計算可以做得比人腦快且正確，錄音帶可以重播，而且非常正確，狗的嗅覺比我們人類靈敏，鳥唱歌或許比我們好聽，所以並不是我們人類可以做出什麼而使我們這麼了不起（一個完全癱瘓、不能講話的人依舊是人，所以並非取決於我們可以做什麼）。我們了不起的地方是在我們的腦子裡：具有豐富的意識和高度的發展。

你可以在人腦漫遊了半天而不會遇到意識。行為主義學家壟斷了美國心理學界大半個二十世紀，從來不曾承認過意識的存在。現在，行為主義學家所堅持的嚴格客觀性已經被主觀經驗的狂熱所取代了。這是目前世界上最好的科學家和哲學家正在研究的課題。

對於「意識」及它延伸出來對「心智」的研究有兩大學派：一是認為，意識是超越理解能力的先驗哲學，其實這就是笛卡兒的二元論（Cartesian dualism），即心靈的世界與物質的世界是分開的，而我們的大腦是座落在物質的世界裡。另一派則認為，心靈世界其實是大腦活動的產物，所以意識是屬於物質世界的，它可以被探索，最後可以被解釋而不必訴諸超自然。

願意接受「解釋意識」這個挑戰的人（而不願承認意識是不可穿透的神祕），必須面對一個大問題。意識是有目的的嗎？或者意識是神經複雜性的副產品？它是一個單一、連續的意識河流還是錯覺？假如你可以把一個活的大腦中的訊息取出來，使它與身體分開，好像把電腦訊息下載到隨身碟一樣，意識可以這樣做嗎？如果可以的話，它會位在哪裡？當你把意識取出來時，它還能夠繼續它的虛擬存在嗎？

目前這些問題並沒有答案，但是有一些很有意思的線索

，尤其是尋找意識的神經運作機制，可以提供很多了解大腦內部運作方式的精闢看法。

許多的證據指出，意識是來自大腦皮質的活動，尤其是額葉。你可以問你自己這個問題：究竟「我」的這個感覺是在哪裡產生？假如你跟大多數人一樣，你會指在你鼻梁的上端。這個地方的後面就是前額葉，也是額葉中與意識的產生最密切的地方；這地方也與我們對情緒的有意識認知以及注意力集中有關。最重要的是，這地方賦與世界意義，給了我們生活的目的。精神分裂症、憂鬱症、躁症和注意力缺失症都是因為額葉出了問題。我們對於額葉知識的增進，以及了解促使它活動的化學物質，讓我們有信心可以幫助病人重返健康正常的生活。

額葉是我們從人猿進化到人類時新長出來的大腦皮質的一部分，占皮質總面積的28%。在所有動物中，這比例是最大的。額葉的後區是控制我們身體動作的地方，包括語言區（布羅卡區），專司將語言說出來這動作的執行，而旁邊的運動皮質區則是控制發聲器官的動作。在運動皮質前面是前運動皮質區，又叫作做輔助運動皮質區，這是控制我們計畫性動作的地方，一個動作在計畫好了以後，先在此處彩排演練一番後才執行出去。

前運動皮質區是個重要的「地標」，它將感覺和運動皮質與額葉隔開來；額葉是人類最偉大的成就，專管概念、計畫、預測未來、選擇性思考，並將知覺組合成一個整體，最重要的是它使知覺變得有意義。

從前運動皮質區再往前，你就進入了前額葉皮質，這是整個大腦中唯一不必一直處理感覺訊息的地方，它不必管生活上的瑣事如走路、開車、煮咖啡或從沒有什麼特殊性的環境中收取感覺訊息；所有這些動作，沒有前額葉還是

可以做得很好。但是一旦有不對勁的事情發生了，或我們開始思考而不再作白日夢時，前額葉就立刻活動起來，我們立刻進入全意識狀態，好像從黑暗的隧道突然進入耀眼的陽光之下一樣。

額葉與皮質的各個地區都有很多茂密的神經通道相連接，同時也與邊緣系統有連接。這些通道是雙向的，可以將深埋在皮質下區域的訊息送上來，也可以將皮質的指令送下去。訊息必須送到額葉才能發揮功能，但是如果下面送上來的訊息太多，便會抑制表層的活動，反之亦然，這表示突然送上來的情緒如洪水般會把理智淹沒掉，而一個謹慎小心、全力以赴的認知作業，也會減弱情緒的作用。這便是為什麼恐懼時會突然覺得腦中一片空白，而年輕人想延長性交行為時，心中會默想微積分的緣故。

覺識，知覺，自我覺識，注意力，反思——這些都是構成意識的不同「零件」。我們的意識經驗的品質決定於有多少零件的參與，以及如何參與。這有一點像印刷的過程，先建構好一個影像（將各個部分的顏色塗好），用單色的墨水將影像的輪廓大致勾畫出來；第二步將輪廓確定；第三步將顏色一層層上色。在過程中，墨水的渲染構成了即將完成的圖畫，雖然影像中只用了五種顏色，但是整體混合成上千種色彩。當然這張畫是出於有許多先前準備作業的結果：必須有原始的圖案、文件或照片事先存在，再設定用數位碼方式或是以蝕刻金屬版方式印刷。我們的心智運作歷程也一樣，在意識產生之前有許多神經系統在大腦的各部位參與作業。然而，就像最後印出來的影像可以只用幾種顏色搞定一樣，正常人所擁有的意識可能也只需要幾個大腦「零件」的活化而已。

額葉對意識的重要性，是陸續從腦傷病人的個案中發現

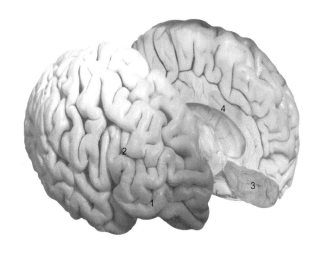

(1)**眼眶額葉皮質**：負責抑制
不適當的行為，使我們不
成為慾望衝動的奴隸，能
夠放棄眼前報酬以換取長
遠利益。
(2)**背側前額葉皮質**：使我們
可以把事情保持在腦海中
一陣子，並可以操控訊息
以形成計畫或概念。這區
域同時是決定事情輕重緩
急的地方。
(3)**腹內側皮質**：感受情緒、
使知覺產生意義的地方。
(4)**前扣帶迴**：使我們注意力
集中在思考的事情上。

的，蓋吉的例子更指出，特別的部位有著特別的功能，如
自我覺識、個人責任、目的性和意義等。即使如此，在腦
功能造影技術發展出來以前，很難想像「人之所以成為人
」這麼重要的概念只落在「前額葉」這麼小小的地方而已
。甚至，目前功能性的腦造影技術已經讓我們看到，最高
的心智狀態其實是落在額葉的幾個「點」而已。

雖然意識來自大腦皮質，卻還需要整個腦來支持。腦幹
、中腦和視丘都很重要，因為這些地方是控制意識關於注
意力系統的一部分，將神經傳導物質送到皮質的各個部位
去。這些區域的活動有時可以在昏迷不醒狀態的人身上看
到，雖然活動不足以引起意識，卻可以引發意識性的行為
。例如病人的眼睛鎖住會動的東西，跟著它移動，使人誤
以為病人在看「正在行走的人」。他們也會抓緊一樣東西
不放，如果用針刺他，臉上也會有痛苦的表情。這些動作
都是反射反應，而不是意識的行為。

有人認為來自皮質的意識沒有辦法確定知道，他們是對
的。這部分的證據都是否定的，雖然許多人宣稱他們在所
謂臨床上死亡（clinical dead）的狀態下，例如開刀時，有

經驗到事情，但是沒有一個人在沒有功能性大腦皮質作用之下，有過任何跟意識相符的行為。皮質是經驗的關鍵這個假設對目前醫學上倫理的決定很有幫助，包括關掉腦死病人的生命支持系統，以及從腦死但仍在呼吸的人身上摘取器官。如果發現這樣是錯的，它必然會揭起軒然大波，對過去的摘取器官或拔管行為產生道德上的批判。幸好，新的腦造影技術研究結果顯示完全沒有必要去重新思考這個問題。

如果要有意識，大腦需要做些什麼？有個線索來自關於盲視的研究，這是一種很稀少的腦傷情況，卻可以使研究者觸及意識的邊緣。

盲視患者可以看得見，卻不知道自己看得見。有盲視的人意識是正常的，所以他可以報告出他們大腦「知道─但又─不知道」的狀態。這個現象讓我們看到，一個完全有意識的腦跟一個比較沒有意識的腦在作心電感應。

最早發現盲視是在第一次世界大戰時。有人發現眼睛已經瞎了的士兵會躲避砲彈，然而這些士兵並不知道自己在做什麼，所以後來有人用各種方法研究這些士兵。有些盲視可以用跨顱磁刺激（Transcranial Magnetic Stimulation, TMS）的方式在正常人身上引發出來，因為跨顱磁刺激可以有效的「關掉」主要視覺皮質區（V1）。V1是從眼睛送進來的訊息在大腦中最早接觸的地方，從這裡，刺激開始變成有意識的視覺。當它被關掉、不能作用時，人們沒有辦法用正常的方式去看，他們會報告看不見，但是在實驗室的測試中，他們仍然可以伸出手去抓一個移動的東西，而且會改變他們手的方向，以抓到那個東西。不過盲視的研究主要是在盲人或半盲的人（因為V1受損的緣故）身上做的。在V1的神經元的排列是每一個神經元只負責

它自己在視野上的轄區。假如有些神經元死亡了，那麼原來它負責的地方就無人看管，那塊視野就變成了盲點。

牛津大學的威斯克倫茲（Larry Weiskrantz）是第一個用實驗的方式研究盲視的人，他發現，在這種腦傷病人的盲區內移動物體，他們常可以正確指出物體的位置，雖然他們自己並不知道。後來，他又發現病人可以說出物體的形狀以及移動的方向。下面是威斯克倫茲跟一位受試者的談話，這位受試者對於放在他盲點裡的東西，每一次都能正確的指認出位置。

「你知道你今天表現得怎麼樣嗎？」

「不，我不知道，因為我看不見，我什麼都看不見。」

「你可不可以告訴我你是怎麼猜的？你為什麼說它是水平或是直立的？」

「我不能，因為我看不見，我真的不知道。」

「所以你真的不知道你都做對了？」

「不知道。」

盲視可能是原始視覺系統的殘留部分。在我們演化的過去歷程中，所有帶有光的訊息都送往皮質下去處理，使我們可以集中注意力在刺激，並引發出恰當的生理反應。這完全是為了使動物行為秩序化的實際作為，並沒有將馬上會危害到安全的訊息考慮在內。這個系統跟我們如今在蜥蜴身上看到的一樣，任何發生在牠視覺空間以外的訊息，牠完全不關心，只注意在牠舌頭可及處有關蒼蠅的訊息，對遠處的蒼蠅完全沒有興趣。靜止的東西跟會動的東西所引起的反應也不相同，因為大部分靜止的東西是不能吃的，也不會發動攻擊。蜥蜴的視覺系統純粹是為了生存，不是讓蜥蜴用來欣賞畢卡索的；人類早期的視覺也是如此。

盲視的研究發現並不是只有動作被報告出來，有一個表

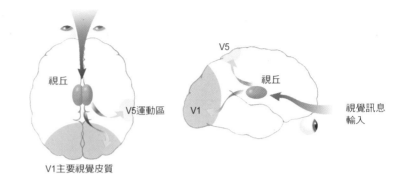

大部分視覺輸入送到主要視覺皮質的V1區，使我們感受到意識經驗。還有一個小的神經通路直接通到V5區，這便是有些盲人看不見卻能感受物體運動的原因，即所謂的「盲視」。

視丘

V5

V5運動區

視丘

V1

視覺訊息輸入

V1主要視覺皮質

現得最好的視盲者可以報告目標物的顏色和形狀，甚至他看不見的那個人臉上的表情。視覺並不是唯一的可以有意識或潛意識看東西的感官，研究者也發現有盲觸（blindtouch）和盲嗅（blindsmell）。

例如有一個實驗是請受試者去聞兩個水杯中的液體，一個是香蕉的味道，另一個臭的味道，因為調得很淡，受試者無法偵察到任何味道——但是如果要他們去猜哪一個是好聞的，哪一個是臭的時，他們都能正確的指出來。

像這樣的研究顯示沒有進入意識界的感官訊息也可能影響我們的行為。有的時候，我們去到一個地方會覺得「感覺不對」。某些人似乎會由於我們不能理解的理由而受到歡迎，或許就是我們潛意識在處理他們身體香或臭的味道的關係吧！

由於皮質比下面的舊腦更複雜、更有彈性，所以能夠對視覺刺激作出比較精密、有效的反應。逐漸地，當皮質演化出更多更好的策略時，大腦就重新分配功能來善用皮質之長處。越來越多帶光的訊息進入皮質，就刺激了更多灰質的成長，這些又使更多的反應策略可以產生，因此就更鼓勵帶光的訊息進入皮質，如此循環不息，造成今天的皮質；同時，原來皮質下的系統就變成疊床架屋、功能重複

的區域了。然而，盲視讓我們了解，一旦沒有皮質的牽制，這古老的系統到底可以做些什麼。有些網球好手可以在球還沒有被皮質感應到、還看不見的情況下就出手打到球，可能就是由於盲視的功勞。

從某個層面看，盲視跟植物人的反射反應沒有兩樣，都沒有意識的成分在內。然而，有證據顯示，盲視稍微接近意識一些。如果一定要有盲視的受試者回答時，有些人承認他們有一點朦朧的知覺。例如有個病人說：「我感覺有個東西在那裡……當它動時，我覺得有個東西朝我而來。」此外，參加這個實驗的受試者顯現出學習效益，表現會越來越好。這表示雖然盲視是屬於潛意識的部分，但它已顯示出通往意識之路的起點。

盲視和自動反應的差異，可以從大腦的活動上看出來。反射反應並不牽涉到皮質的活動，例如抓緊東西或對針有刺痛的反應，在無腦畸形兒（anencephaly）身上也可以看到，所以皮質在反射反應上是不需要的。相反的，功能性核磁共振的腦造影顯示，盲視的病人在看東西時，視覺皮質的V5這個專門處理運動的區域有亮光，雖然他們的主要感覺區V1（專門負責正常視覺的區域）沒有亮光，這表示盲視可能不是完全沒有意識的，它輕觸到皮質，所以可能從一條很少走的小路悄悄的把活動訊息送到皮質，產生了意識的第一瞥。

這對我們期待對意識有所了解還差得很遠。要使一個模糊不清的意識變成一個完全的知覺，那麼這個感覺刺激必須被主要感覺皮質區（如果是視覺就是V1）所感應、表達。這些與潛意識完全無關的區域組成一條生產線，從感覺刺激的一堆材料著手，到最後將訊息交到額葉，建立一個處理完備的心智架構。另外，滿載著情緒的知覺部分，

大腦中的意識

大腦中發生了什麼事才能使我們意識到一個經驗？大腦掃描的圖片顯示當一個人有意識的覺識一個感官感覺時，他們的大腦呈現顯著性、一致性的活化形態，跟大腦只是登錄這個刺激所呈現的活化形態完全不同。

看起來，在意識出現之前，大腦有某種程度的興奮性活動，大量的神經元需要同步發射才會使意識出現。這個同步發射就把一個經驗各個不同元素綁在一起，形成單一的知覺。要產生眺望夕陽的經驗，大腦跟顏色有關的部位，尤其紅色，跟形狀有關的部位，以及跟夕陽有關的記憶，還有跟夕陽有關的字都得同步發射才行。最低程度的興奮發射是40赫茲（40Hz，每一秒40次）。

注意力

意識最關鍵的必要條件應該就是注意力。大腦最開始時是身體的警報系統，所以我們可以把警覺性想成一個特殊的機制，用來確保大腦在危險的時候保持在最有效率的狀態。

假如大腦發現有個刺激可能是危險的、有威脅性的，比如說草叢裡有沙沙聲，我們的網狀組織激發系統就會釋放出腎上腺素到整個大腦中，將所有不必要的活動都關掉，所以一個保持警覺的大腦在腦造影掃描中看起來是非常安靜的。這種效應同時也抑制身體的活動，使心跳減低，呼吸減慢。

當大腦在戒備中，等待事情發生時，這些活動是靠上丘（superior colliculus）、丘腦末端內側隆起處（lateral pulvinar）以及頂葉在維持，這些區域負責掌管注意力方向及注意力集中。一旦訊號進來，大腦各部門立刻啟動，活動力比一個不處於警覺狀況的腦高了許多。

思考一定要有注意力，意識可能也需要。大腦不停地掃描環境，這通常是腦幹中自動化機制在作用。即使是植物人的眼睛也有掃描動作，因為腦幹的自動化系統還是完好的。

上丘如果受損會引起動眼失用症（occulomotor apraxia，譯註：眼球不能追蹤新的會動的東西），這會使一個人在功能上像個瞎子（功能性的盲，因為眼球不能轉去看新的目標）。如果頂葉受損可能會使一個人不能把他的注意力從某件事物上移開。聚焦跟丘腦末端內側隆起有關，這是視丘的一部分，它的功用像個探照燈，照在刺激上，使刺激鮮明被注意到。一旦它被鎖住了，它就把目標物的訊息傳送到額葉去，額葉就把注意力鎖在這刺激上了。

注意力需要三個元素：警覺性、轉向刺激發生的地方、集中視覺焦距。

警覺性主要是中腦一群神經核的作用，中腦位於腦幹的上端，負責的這個系統叫做

網狀激發系統（Reticular Activating System）。腦幹主要是由神經纖維很長（樹狀突）的神經元所組成的，有些樹狀突一直通到皮質。有些神經核與意識有關，如果這種系統受到干擾就會產生腦震盪的現象，若受傷則會產生永久性的昏迷不醒。其他有些神經核控制著醒／睡的週期。第三組神經核則負責控制大腦的活動程度，當它們受到刺激時，會釋放出很多的神經傳導物質，使大腦各個地方的神經活化。與前額葉活化最有關係的神經傳導物質是多巴胺和正腎上腺素，刺激這一組網狀神經元會產生阿爾法波（α波），是與警覺性有關，頻率20~40赫茲的電波。

注意力的方向性是由上丘和頂葉的神經元在作用。上丘使眼睛轉到新的刺激，而頂葉使注意力從現在這個刺激中脫身離開。如果上丘受傷會使眼睛無法鎖定新的刺激，因此這個人就看不見了，變成功能性的盲人。而頂葉受傷則會使一個人無法從刺激中脫身而出。

不論一個東西是有意識的看到還是只是登錄了而已，有一部分是決定於大腦是否已經把它的注意力調到這個刺激上面，前額葉背側皮質的高度活化跟注意力的方向有關，頂葉內部皮質跟把送進來的訊息結合起來有關，這些地方的活化使大腦在一個隨時都準備好的情況下，馬上可以做有意識的知覺。例如，手被觸摸時如果馬上知道，這個人在被觸摸前大腦中神經反應就是這種形態，然而接受同樣強度的觸摸但是這個人不知道，他的大腦就是在不同的狀態。

注意力缺失

注意力缺失及過動症（Attention Deficit Hyperactive Disorder, ADHD）的現象是因為缺乏集中注意力的能力，注意力廣度很差，身體扭動不安，通常在兒童期就會被診斷出來，有些情況會嚴重到無法正常遊戲和上學。腦造影的研究讓我們清楚看到，這些孩子有神經機制上的功能缺失，問題主要出在大腦的連線沒有完成。這些孩子的邊緣系統已經全力啟動，但是掌管注意力、控制力和綜合訊息的皮質區卻還沒有準備好，還未完全活化。雖然一般人認為注意力缺失是個童年的情況，現在越來越多的成人也有ADHD，這種人的特性是不太能計畫未來，去組織手邊的東西和專注在某一件事上面。有70%在童年時有ADHD症狀的人一直延續到成人期，大腦掃描這些成年的ADHD患者時，顯示他們大腦在執行的區域連接的組織比一般人少。

安非他命類型的藥物可以提昇大腦中興奮性神經傳導物質的濃度，以減低注意力缺失的現象。這種藥物所激發的皮質活動可以抑制邊緣系統的活動，以思考來取代行動，而得到比較有控制力和注意力集中的行為。

治療ADHD的藥物會刺激這些缺少激發的地方，使得大腦可以集中注意力到眼前的事情上。

則在邊緣系統（尤其是杏仁核）進行平行運作，再把訊息送到額葉。

要產生整體的意識，光是使知覺突然間在額葉出現是不夠的。在心智不太正常的人身上，還有一些大腦活動在後面、側邊、額葉低處發生，與正常人不一樣。注意力缺失症患者睡眠時，或在退縮型的精神分裂症患者身上也同樣可以看到這種情形，尤其是僵直型精神分裂症患者的額葉活動特別低。這類型患者發病時，對外界完全不會有反應。有一位婦女幾個月躺在床上，不說話也不動，後來問到她當時的感覺，她說，她知道身邊周遭發生了什麼事，但是這些事都不能引發出她有任何思想。「我無法說出任何話，因為沒有任何東西進入我的心。」她心裡沒有話要說，難怪不開口了。

要將這種處於半睡眠狀態的腦喚醒，額葉必須有更多的活動嗎？讓我們來看看「思考」「覺識」這些活動到底在哪裡。

自我

不像在僵直型精神分裂症的那位女士，我們不是對自己的經驗沒有想法、沒有批評，我們是透過一個嚴密的概念矩陣叫做我（I）或是「自我」（self）來檢視經驗的。

這個「我」不停的在判斷我們的感官感覺、我們的情緒，和我們的知覺，對我們的行為負責任。它創造出一個有意識的區隔，把我們認知的反思跟我們其他的經驗區分出來，使我們可以感受到我們的知覺，對這個知覺做出反應。它也使我們知道自己的夢想和記憶──這是自我產生的經驗和外界事件的差別。更重要的是，在像人類這種社會動物中，它使我們把自己看成世界上的一個物體，一個有

工作記憶

　　過去,我們將記憶看成一個長期儲存訊息的圖書館,童年的記憶都放在那裡,而把短期記憶看成暫時保持一個訊息,直到不用了為止。當實驗技術精進了以後,我們就發現,記憶和思考之間其實沒有固定的界線,因此一個新的名詞就產生了,用來描述我們如何處理知覺、記憶和概念:工作記憶(working memory)。

　　英國布里斯托大學的貝德利(Alan Baddeley)教授所發展的工作記憶模式有下面三個部分:

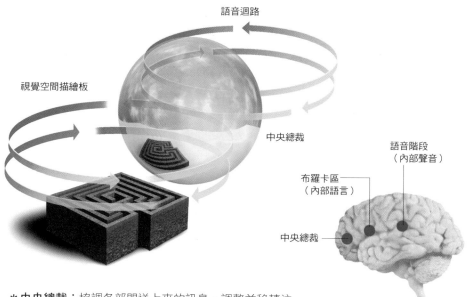

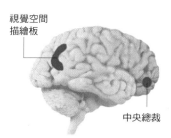

A.語音迴路(左腦)

B.視覺空間描繪板(右腦)

＊**中央總裁**:協調各部門送上來的訊息,調整並移轉注意力的焦距,組織送進來的訊息,利用兩個暫時儲藏的系統提取舊的訊息,並與新進來的訊息牽上線。

＊**視覺空間描繪板**:將視覺影像暫時保留住。

＊**語音迴路**:將物理音與語音訊息暫時保留住。

　　腦造影的研究顯示,當人們在處理認知作業時,這三個部分的活動彼此精確地相互呼應。

　　這三條神經迴路一起工作使我們可以把重要的進來訊息維持在心中,同時把它們跟已有的知識結合在一起,去創造出在目前情況下最恰當的行動計畫。

獨特觀點，而不是只有普遍性觀點的動物，這個理解，又使我們了解到別人也是這個世界上的物體，他們也有一個內在世界，也有各自不同的觀點。

人類並不是一出生就有這個自我，它是在我們成熟的過程中，一點一點的發展出來的。

我們前面有看到，記憶和想像是來自相同的神經活動，當事情真的發生時，大腦才有這些活動。所以當你只是想像或是回憶經驗，你無法區辨它們是發生在你的大腦內，還是大腦外。因此你就沒有辦法對進入心智中的東西做任何「概念性」的運作。你只能經驗它，好像在一個極短瞬間的感覺似的。

它開始於勾畫出內在的地圖，每一塊地圖是登錄在神經活化形態上的念頭，最基本的地圖就是告訴我們哪邊是我們身體的邊界、外界的開始。後來個人身體的地圖會包含讓我們知道自己在這世界上的空間位置，最後會發展出比較抽象的自我地圖，這就是心智的自我，又叫「本我」（ego）。每一個表徵都在大腦中有不同的位置，實體的自我主要座落在大腦的後端，而抽象的自我則在前面。

嬰兒可能不區分他們自己的身體和其他的物體。只有在大腦中的身體地圖開始接受外界訊息後才開始區辨。他們的地圖並不詳細，這個我／非我的地圖並不忠誠的代表嬰兒實際的形狀，只是大約像嬰兒而已。身體和它內在表徵最後會吻合，因為大腦地圖經過嬰兒不斷的外界撞擊，透過痛苦，才發現他們身體的疆界在哪裡，表裡才如一。每一次撞擊，孩子多學會一點他自己真正的形狀，根據這個知識再去修改內在的地圖。

正常的時候，這兩件事——內在身體地圖和實際的身體——最後會完全密合，但是也有不密合的時候。假如在幼

為了要解釋一個干擾短期記憶實驗的結果，我和我的同事希區（Graham Hitch）發展出這個模式。我們請學生學習一串文字、閱讀一篇短文或做一個推理測驗，在這同時，我們要學生重複背誦電話號碼，用來占據他們的短期記憶。結果發現這種「短期記憶的喪失」對記憶表現有影響，但是沒有我們想像的那麼大。我們認為，這是因為語音迴路被電話號碼癱瘓了的緣故。

我們認為，語音迴路可以分成兩個部分：儲存快速消失（大約一到兩秒）的語音痕跡，以及一個經由非語音方式複誦這些痕跡並且登錄進入長期記憶的複誦系統。所以，以視覺呈現的一組字母，可以利用對自己念出來的方法而記住。但是如果持續複誦，先前的記憶痕跡就褪色變淡而消失了，所以我們一般只能記得在兩秒鐘之內所能說出的字數。

語音迴路受損的病人，只要不學新字就沒有太大問題，最近對一組語言有缺失的八歲兒童的研究指出，這組孩子的非語文智慧沒有問題，但是語文能力比正常孩子延遲二年，而複誦出不熟悉的無意義字的能力則慢了四年。因為複誦出不熟悉的無意義字這個作業與語彙的發展有重大的關係，而且是評估未來語言和閱讀發展能力的一個很好的指標，所以語音迴路的發展被認為是語言學習的一個機制。

至於視覺空間描繪板的機制，我們了解得比較少，但是目前腦造影研究已指出，大腦中有四塊活化的地區，代表著「什麼」「哪裡」「中央控制」及「心像複誦」。

工作記憶使我們可以彈性地使用記憶系統，使我們可以用複誦的方式將一些訊息保留在心中，也使這些訊息可以跟過去已經學會的舊訊息連接起來，並計畫我們未來的行動。

本文作者

貝德利（Alan Baddeley）
英國布里斯托大學心理學教授。

兒期的意外使孩子失去四肢，這個地圖和身體就不吻合，會產生一種叫做「幻肢」的現象——主觀的認為他們還有身體的這個部分，其實已經沒有了。當地圖透過學習，重新繪製過，幻肢會慢慢淡去或消失，但是有時它們持續存在一生。相反的，內在地圖可能失去一肢或兩肢，使那個人覺得血肉真實的肢體不是他們的。這可能可以解釋一些

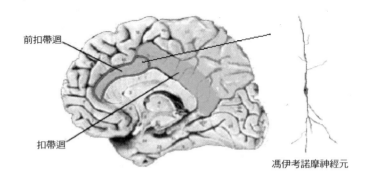

馮伊考諾摩神經元（Von Economo neurons, VENs）是很長的梭狀細胞（spindle cell），這是只有人類大腦才有的（一些高等靈長類也有一點）跟社會智能有關係的神經細胞（譯註：人類的要到出生四個月才出現）。它們在前扣帶迴處，也就是人類的腦島。當人在評估他們自己的行為時，前扣帶迴會活化起來，尤其在一個社交的場合時。當我們感受到同理心、信任、罪惡感和欺騙時，它也會活化起來。它似乎在測量一個人在做什麼、這個行為的效果、這樣做對達到目標有幫助嗎？以及提供一個回饋機制，使人可以馬上改正他們的錯誤，再馬上改正他們的行為。VENs是個橋梁溝通，連接前扣帶迴的底部邊緣系統的上端與皮質，所以它被認為可以確保內臟現在發生事情的反應的訊息安全無誤的送到皮質去，使意識的大腦在決定怎麼做時，會考慮到這些訊息。這是自我感覺出現的一個機制。在腦島，VENs的任務也是相似的橋梁功能，腦島跟內臟的自我（visceral self）有關，所謂內臟的自我就是監控我們身體的疆界，以及各個內臟器官所送出的訊息。

監控我們自己內在情形的大腦部位是在縱溝內側的前端。這是一條很深的峽谷，從大腦的前端一直通到後端。這個部分，外加前扣帶皮質，對身體各部位送來的訊息敏感，並對外在或內在送進來的訊息貼上標籤，當一個人感覺到痛時，它會劇烈的活化。當我們感受到情緒時，它也會很活化。的確，我們感受到身體的痛時，大腦上的反應跟我們感覺到情緒的痛很相似，這可能跟我們用非常相似的字眼來描述心理的痛和身體的痛很有關係。

奇怪的病例，病人想要說服醫生把他們健康的肢體截肢。

在大腦中創造一個人的身體，緊接著就是自我的發展成一個心智的個體，最早期顯現出來的就是個人觀點的發展。要有個人自己的觀點，先必須辨識它是一個觀點，也就是說，這是從某個角度出發的看法而不是這個世界唯一的看法。這表示一個人必須了解這個看法，即別人也有他們自己的看法，他們的看法不見得和自己的相同，並且知道了解別人跟自己有不同會帶來不舒服、不愉快的後果，但是這是事實，個人無能為力。

一旦我們發展出自我的感覺後，所有我們可以說得出來的經驗都經過它的過濾。大部分的時候我們並不覺識到它，只有當我們特意去反思時，自我的感覺才會變成我們有意識經驗的一部分。

思想

思想是將念頭放在心中並操弄，最基本的作用是位於背

自由意志與大腦

1985年時，已過世的加州大學舊金山醫學院神經科學家利比特（Benjamin Libet）著手一序列的研究，去檢視有意識的自主行為在大腦中的時間性效應。他尤其想知道一個有意識的決定跟它在大腦中被處理的歷程及最後被執行出來時的時間上的關係。

受試者頭上先戴好了測腦波的電極，來接受大腦皮質所發出來的電波。請他們自己決定去做出一個手指按鍵的動作，而不是因為外界的指示而做。腦波的測量被連接到一個計時器上，受試者看著鐘，要注意在什麼時候，他們有意識的決定要去按鍵。

從先前的實驗已經知道自動性的行為發生之前會先有一個大腦活動的腦波出現——叫作準備電位（Readiness Potential, RP），大約在動作出現之前500毫秒（半秒）在皮質上出現。反射反應並不會有RP，每一次手動之前，大腦處理這個運動手的指令，腦殼上的電極就會收集到RP的電波，就是在實際動作出現前的半秒發生。

假如一個自由意志的動作是發生在自動化大腦歷程之外，你會預期這個動的決定應該在發生在大腦第一次準備活動出現之前或同時，但是利比特發現的卻是學生一致性的報告他們作動手的決定其實是在RP之後。即RP已經啟動了，學生才報告他們動了念頭。幾乎每一個人都是說他們有意識、有慾望去動手是發生在腦波出現RP之後的300-400毫秒。運動本身發生在這之後的五分之一秒。

利比特實驗的重要性不可言喻。假如潛意識的大腦啟動了一個動作，而做那個動作的意識決定是在那之後，這表示大腦本身是啟動這個動作的力量，我們的意識僅是反映出大腦已經在做的事，假如這是真的，那麼所有的行為其實是自動化大腦歷程的結果而已——我們的「自由意志」（free will）其實是個錯覺（譯註：可以參考葛詹尼加所寫的《大腦比你先知道》〔遠哲基金會出版〕，這本書將自由意志解釋得非常清楚）。

側前額葉皮質（dorsolateral prefrontal cortex）區域，這個地方也是工作記憶運作的地方。「計畫」便在這裡進行，在不同的選項中加以「選擇」也是在這裡處理。有些研究認為，每一種訊息都有個別暫時儲存的地方，例如當一個東西暫時離開視線而你仍然要保留訊息時，右腦前額葉上端會亮起來，另外有個地方則是負責計算你這件事做了多少次的記憶。這可能是後設記憶（meta memory），也就是

我們真的有意識性的自由意志嗎？

本文作者

哈格德
（Patrick Haggard）

英國倫敦大學學院認知神經科學研究所及心理系教授。

利比特的實驗似乎顯示潛意識的大腦歷程引發我們的行為，我們只有在動手做之前才知道這個行為。利比特的實驗引起了很多的批評，有些科學家反對利比特用請受試者看鐘的方式來測量內在意識的流動，其他的人認為真正的自由意志是受試者決定要不要參加這個實驗。無論如何，這個實驗的基本發現近年來在不同的實驗室中都被重複獲得，所以看起來，人們的確可以報告一個在動作出現前幾百毫秒的經驗。

利比特的發現對神經科學家來說，並沒有那麼值得爭議，因為神經科學家視有意識的經驗為大腦活動的產物，而不是引起大腦活動的原因。但是我們的社會，尤其我們的法律系統是建構在一般人對意識行為的了解，而這個所謂自由意志的行為卻跟現代科學上的認知不同。一個很重要的問題是我們應該怎麼來看待利比特的實驗結果？它對我們所了解的人性又有什麼意義？

目前，心理學和神經科學的主流是決定論者的看法。根據這個看法，我們的行為是決定於先前的經驗及目前的情境。人有自由的意志可以控制自己的行為的想法只是一個錯覺而已（Wegner: The Illusion of Conscious Will, MITP 2002）。這個錯覺會產生是因為我們在內省（retrospect）時，把我們的行為歸因它是被我們先行的思想所引起的。所以假如我在想房間越來越暗了，我注意到我的手朝電燈開關移過去，我就認為我叫我的手去朝電燈開關移動。「有意識的自由意志」其實不是跟啟動動作有關的經驗，而是我們在內省時對自己說的話而已，內省法就是哲學家和早期的心理學家解釋自己的行為的一個方法。許多決定論者更認為我們的行為不是自動引發的，而是被我們周遭外界的事物即潛意識決定的。例如，社會心理學有好幾個實驗顯示我們行為大部分潛意識的改變是來自於別人行為的微小特質。的確，我們都知道別人一點點不符合社會規範的行為會使我們想走到下一節車廂去。但是這顯示了我們的社交天線是非常敏感的，卻沒有告訴我們個人的意圖是什麼，還有它和控制之間的關係。

這關鍵的問題在除了內省法的獨白以外，是否有任何我們稱之為自由意志的東西留下來：我們是否有任何跟我們自主行為有關而在這行為之前出現的經驗？這個經驗有什麼功能？還是它只是一個假象？我認為最令人信服的證據來自神經外科手術時直接刺激大腦的

病例。有時候，直接刺激病人的皮質會使病人報告他覺得有一股衝動或慾望想要移動身體的某一個部位。大腦中有兩個部位，被刺激時會產生這種慾望或衝動，一是前運動輔助區（Pre-Supplementary Motor Area, PSMA），另一個地方是頂葉皮質。單一區域受損的腦傷病人研究顯示這跟利比特實驗中判斷有意識意圖的區域是同一地方。這個實驗的對照組是正常人，但是用跨顱磁刺激（TMS）來暫時中斷大腦這個地方的神經細胞活動。這個人為製造出來同樣結果的實驗意義在哪裡？這實驗表示衝動或慾望不可能是內省法所說的那種推論，也不可能是動作的直接原因。因為它是在病人沒有真正移動的情況下發生的。它也不可能是實驗誤差或隨機產生的結果，因為用比較強的電流去刺激同一個地方時，會使身體同樣地方產生真正的動作。所以神經科學告訴我們，我們有意識的自由意志並不是我們動作的原因，它也不是我們解釋我們行為的故事。它可能是個假象，一個不相干的副產品，是大腦某個區域活化的副產品。另一個看法是，意識的自由意志除了引發立刻接著出現的動作外，它可能有一些功能。

　　我的看法是意識的自由意志可能在學習複雜動作的結果上扮演重要的角色。我們很多人都有這個經驗，就是在做某一個顯著動作的那一剎那有一個強烈的記憶。這一個動作有可能讓我們感到後悔，像說了不該說的話，或打了人。我們對說話和打人的有意識意圖並沒有使我們去說那句話，或打出那一拳。但是它提供了一個鮮明的記號，讓我們知道犯了那個錯的感覺是什麼。這個鮮明的經驗可以和這個行為後果的記憶聯結起來：大腦的運動皮質區控制我們動作的地方在動作的當下接受到很短暫的多巴胺閃光燈的照射，或許就是為了這個理由。一個很強烈的自主意識經驗可能跟我們所做的動作沒有很大關係，但是跟下一次我們遇到相似情境有關。在某一個情境下意識的自主意志可以提供很強烈的指引，使我們下一次會或不會再做同樣的行為。我認為利比特是對的，他看到意識的自主意志和抑制的自我控制之間的親密關係，像是一枚銅板的兩面。

慢波睡眠：此時整個大腦的波動振幅與有意識時完全不同，是個緩慢、有韻律的起伏。腦造影顯示，此時邊緣系統的活動減少。

催眠：腦造影圖顯示，催眠時運動和感覺區的活動增加，顯示心像（mental imagery）的增加。右前扣帶迴血流量的增加，顯示注意力集中在內在的刺激上。催眠狀態的大腦活動，與清醒或睡眠時的活動情形很不一樣。

精神分裂症：額葉缺乏活動力，顯示意識被干擾或減低。長期慢性精神分裂症患者的背側前額葉尤其沒有活化，這可能可以解釋為什麼他們會退縮、沒有自發性的行為或計畫性的行為。負責區辨內在和外在刺激的扣帶迴也顯示出低活動力，或許這是精神分裂症患者常混淆他自己的思想與外在聲音的原因。

作夢：影像鮮明的夢會使視覺皮質亮起來，夢魘會使杏仁核活化，海馬迴也會不時亮起來，將最近的訊息送上去。最常活化的區域是從腦幹運送警覺訊號的神經迴路，以及聽覺皮質的迴路，加上輔助運動區及視覺聯結區都有活化，便產生似真的夢境。背側前額葉的活動會減低，這個地方是掌管真實性測試及喚醒思考的地方。

禪坐，冥想：「老僧入定」時的大腦顯示，頂葉和前運動皮質區有「關閉」的現象，這些區域平常是用來偵測刺激的部位。

慢波睡眠

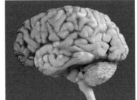

催眠

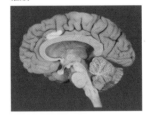 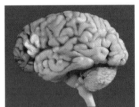

精神分裂症

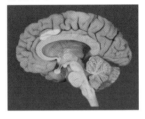 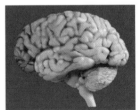

作夢

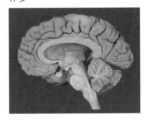 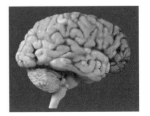

禪坐、冥想

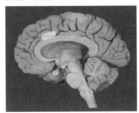 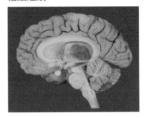

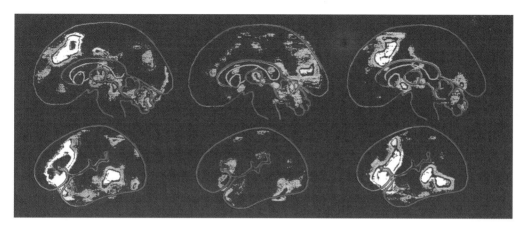

「知道你自己知道些什麼」的能力，並且知道你某個活動已經做得太多了。在額葉受傷的人身上，這兩種能力都會有缺失。

前額葉受傷會損壞這個人監控自己表現和從錯誤中學習教訓的能力，也可能破壞他的工作記憶，使這個人不專心，也不能做加法或連續接著做兩件事或三件事。但長期記憶可能不會受損，因為受傷處所破壞的是調整、安排記憶的能力，而不是記憶本身能力的受損。

前額葉受傷的人通常思考很慢、很遲頓，他們陷在原來的窠臼中，無法走出新的方向，即使原來的方法已行不通，他們還是勇往直前。

在威斯康辛卡片分類測驗（Wisconsin Card Sorting Task）中，這種情形看得最清楚。這個測驗是要病人按不同的顏色、形狀來分類。一開始時，病人依自己挑的某個條件來分類，實驗者會給提示，讓他知道這種分類法對或不對。在做對了一陣子後，實驗者改變分類的標準，但是並沒有明白告訴病人標準是什麼，而是跟病人說「這樣做不對」來提示他，原來對的方法現在已經不對了。正常人很快就

需要有所選擇的新行為，比舊的習慣化行為需要更多的大腦活動。左列圖為受試者正在選擇用哪一個字比較恰當，亮起來的地區跟作決策及注意力集中有關。中間圖顯示，受試者經過訓練後，對這個測驗已經覺得很熟悉、變成例行公事了，所以上述區域就關閉了。右列圖的受試者又開始選擇新字，所以大腦又開始活動了。

會放棄原來的方式，去試別的分類標準，但是前額葉受傷的病人無法這樣做，一旦得到實驗者的讚許說這樣是對的以後，即使告訴他們這個反應不再是對的，他們仍然繼續做下去，無視錯誤訊息的提示。你可以想像，這樣固執的人在日常生活上會遭到怎樣的挫折。

會做計畫卻不能執行也是枉然。蓋吉在出意外之後，無法繼續工作的原因就在於他每天做幾十個計畫，但是沒有一個可以完成。把事情做到完、有始有終的一個條件，就是能把會讓你分心的事放到一邊不予理會，直到事情完工為止。這個能力似乎落在眼眶皮質，在鼻梁後面的地區。

我們曾在前面看到，基本的動機如慾望、渴求是來自潛意識的腦，是必須有的反射性反應，也就是對環境刺激產生自動反應。假如你看到食物而你的下視丘正傳達出飢餓的訊息，那麼你潛意識的腦就會叫你去吃東西。

實際上，我們壓抑大部分這些原始反應，而去做比較複雜（因此比較有益）的行為。我們不會一看見食物就動手吃，而是會等到付過錢，或等食物放在你的盤子裡時才動手吃。假如你很想吃東西，你可能還會抵抗它的誘惑力而不吃。用這個方法，我們達到長遠的目標：不會被抓去關禁閉，維持身為一個文明人的風度，還可以保持身材、穿得上去年買的牛仔褲。

小孩常會很難抵抗衝動，尤其是還沒有學會自我控制前，而且前額葉要很慢才成熟。要等到前額葉完全成熟（大約要到二十歲以後），人們才會脫離邊緣系統的主控。所以「孩子沒有像大人那樣的有自由意志」這句話是對的。

眼眶皮質有非常多的神經通路通往潛意識的腦，慾望和情緒都從這裡產生。從皮質下達的指令會抑制抓攫等反射性動作，假如將這種抑制除掉，就如額葉受傷的人一樣，

潛意識就會重新獲得身體的主控權。我們在吸引力失用症
（magnetic apraxia）的病人身上會看到這種現象，這種病
人會自動搜索環境中的每樣東西，假如有東西吸引了他的
注意力，他會伸出手來抓住它而且抓得很緊無法自動放開
，必須由別人把他的手指一根一根扳開才能鬆手。

看起來，眼眶皮質是我們發動「自由意志」的所在地。

但是即便如此，仍不能構成一個完整的意識。意識最重
要的作用，不在於能作計畫、選擇、從一而終，或是不受
潛意識大腦的蠱惑去追求別的東西。相反的，意識最重要
的是對意義的直覺感，並能夠將各種知覺組合成一個天衣
無縫的整體，從中找出我們之所以能存在的意義。

我們也能在大腦中找到促成這種任務的地點嗎？

很令人驚奇的是，好像可以。「意義度」與「情緒」是
很精密的聯結在一起的。憂鬱症雖然有很多不同的症狀，
但是它的核心在於「覺得生命沒有意義」這一點。在嚴重
憂鬱情況下的人常無法看到生命是一個完整的形態，而把
它看成零散、無法了解、無意義的序列，社會的聯結、正
常的活動在他的心目中都變得沒有意義，每件事都變成灰
色、失望、崩潰；事實上，整個世界對病人來說都已到失
望、崩潰的田地。相反的，對躁症的人來說，生命從來沒
有這麼美好過，好像太陽專為他而昇起，鳥兒專為他而歌
唱，所有的事不論程度多少都有意義，而且這個意義只有
他才看得到。他充滿了精力，充滿了愛，也充滿了創意，
因為他看到兩件不相干事情的連接關係，而正常人根本看
不見，這兩件不相干的事情實在差距太遠，常人根本不能
將它們連在一起，但是當躁症的人發病時，許多新點子都
可能跑出來。

這兩種病人大腦中差異最顯著的地方是在前額葉的腹內

側皮質以及亞屬皮質（subgenual cortex），這正是大腦的情緒中心區。躁症病人發病時，這區域會特別的亮，而在憂鬱症病人發病時，這區域則特別暗、不活動（有些前額葉區也是如此）。這個區域和底下邊緣系統的來往非常密切，緊密的將意識的腦與潛意識的腦結合在一起。或許這樣的功能帶給它特別的地位：它將各部位整合成一個完整的自我，使我們的知覺有意義，並將兩者結合在一起，成為一個有意義的整體。

首要問題

綜合來說，前額葉的各個區域製造出各種我們認為「人之所以成為人」的特質：做計畫的能力、可以感受到情緒、控制我們的衝動、做出選擇、使我們的世界有意義等。那麼，這些額葉沒有作用及功能的人，會變成怎麼樣呢？

蓋吉的故事就是一個很好的例子。他是第一個完整報告的案例，讓我們得以知道，道德、自由意志及人的各種行為其實都是來自肉體（大腦），我們可以只去除「人之所以成為人」的部分，而不必去除「整個人」（使人死亡）。從蓋吉的案例以後，又有無數類似的個案出現。大部分人是中風患者，也有些是因為在發育過程中大腦受到損傷，以至於從來沒有機會達到高層次心智功能品質的狀態。

J.P.是一個典型的例子。小時候他的智商是正常的，只要他願意做的事（包括學校功課），他都可以做得跟別的同年齡朋友一樣好，但他的社會行為就完全不是這麼一回事了，他會說謊、欺騙、偷竊。有一次他向人借了一個棒球手套，竟然在上面大便後再送還給物主。所以在他成長的過程中，進進出出監獄、精神病院，被認為患有精神分裂症、躁症及心理病態症等。

當J.P.二十歲時，有兩位神經學家艾克力（S. S. Ackerly）和班頓（Arthur Benton）發現了他。他們注意到，J.P.完全沒有焦慮感，無法有領悟力，也無法從處罰中習取教訓。他們形容他是個「對其整個生活情況，包括今天和明天的生活，沒有任何『知覺』的人」。

　　他們用舊式的腦造影技術，將空氣打入大腦中來看內部的結構（譯註：這個方法使病人很痛苦，現在已經不採用了），發現J.P.的腦有很嚴重的生理缺失。他的左腦額葉嚴重萎縮，右額葉則已消失，可以說根本沒有。艾克力和班頓追蹤J.P.三十年，他們最後的報告是在J.P.五十歲時寫的，他們形容他「仍然像他二十歲時那樣，不複雜，直來直往，毫不感到羞恥的吹牛」。他們下結論說J.P.「是非常簡單的人類有機體，只有最基本的社會適應機制」。最後一句話是：「J.P.在他身處的世界裡是個陌生人，而他自己卻不知道。」

　　像J.P.這樣的額葉損傷是很少有的，但是前額葉失去功能在很多情況裡都可以看到。憂鬱症和躁症，我們在前面曾經提過，有顯著的額葉功能缺失，精神分裂症患者也是。的確，憂鬱症病人和退縮型精神分裂症病人的大腦掃描圖非常相似，躁症和精神分裂症患者的腦造影圖也非常相似。躁症是「妄想症」光明的一面，兩者在行為上很相像。妄想症患者也會把所有東西都聯繫在一起，不管有多誇大、不合理。精神分裂症患者妄想的幻覺也是圍繞著那些別人猜不透的連接打轉，但是他們的計畫通常是邪惡而不是光明的。自閉症患者也有前額葉的問題，暴力犯罪和攻擊性行為也被指出是前額葉功能缺失所致，監獄中犯人的腦造影片子顯示，有很大一部分犯人具有前額葉失常的現象。加州大學洛杉磯校區醫學院的佛瑞德（Itzhak Fried）

對於「忽略」的部分看法

這個病人的左半邊身體因中風而麻痺，但是他好像不知道。你可以從他與醫生的對話中看出端倪。

醫生：請你拍拍手好嗎？

（病人舉起右手在空中作出拍手的動作，再放下，臉上露出滿意的表情。）

醫生：那只是你的右手而已，你可不可以舉起你的左手一起來拍個手呢？

病人：我的左手？噢，今天左手有點僵硬，我有風濕症。

醫生：還是請你舉起左手好嗎？

（停頓，病人並沒有動。）

醫生（重複）：請你試試看舉起你的左手好嗎？

病人：我有呀，你難道沒看見嗎？

醫生：我沒有看到啊，你移動你的左手了嗎？

病人：當然有。你只是沒有看到而已。

醫生：請你再舉一次好嗎？

（病人沒有動。）

醫生：你舉了嗎？

病人：當然。

醫生（指著床上的左手）：那這是什麼？

病人（看著手）：噢，那個啊，那不是我的手，一定是別人的。

這個病人所顯示出不願面對事實的怪異行為，在臨床上叫做病覺缺失症，病人不覺得自己生病，這是因為大腦掌管「注意自己身體」的地方有了病變。這種病覺缺失症在因中風引起身體左半邊癱瘓的病人身上常看到，因為病變的區域非常靠近運動皮質區，使得右腦運動皮質區損傷（所以左半邊麻痺），影響了病人對自己身體的注意力。有的時候，身體沒有麻痺也有這種現象發生，病人就好像身體中線的另一半不存在似的，完全忘掉要移動另一邊的肢體，他們走路時，另一條腿就拖著，他們不梳另一邊的頭髮，有時甚至衣服只穿一半，另一邊不穿。這種現象叫忽略（neglect）。

忽略可以是針對左半邊的身體，或忽略了視野左半邊的所有訊息；通常是對左邊忽略，病人看不見或不知道他左邊所發生的事情。食物盤中左邊的食物沒有吃卻嚷餓，不理會站在左邊的人，只對右邊的人說話，假如請他們畫個時鐘，他們通常只畫半邊的鐘，把所

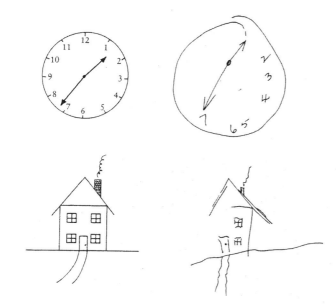

某幾種類型的腦傷病人只能感覺到一半的世界，所有東西在中央線的另外一邊都被忽略了（通常是左半邊被忽略）。右圖是一位病人嘗試把左圖畫出來所得到的結果。

有的數字擠在右半邊。這個只看到一半的情形，延伸到想像中也是如此。假如請他們閉上眼睛，想像在一條熟悉的街道上漫步，把所看到的街景描繪出來，他們通常只說右邊的建築物，完全不理會左邊的。要他們描繪左邊街景的唯一方法是要他們調頭轉回來走，這時，原來在左邊的建築物就到了右邊，他們就說得出來了。

這些人好像對一半的世界盲了，看不見了，但是大腦處理這些看不見訊息的地方（主要是視覺皮質區）卻是完好無損的，這可以從腦造影中看出，它們會正常運作處理送進來的影像。這種「看不見」發生在腦部的高層次上，在這個地方，感覺刺激輸入會形成概念，而不再只是刺激。

忽略症患者並不知道自己看不見左邊，在他們心目中，左邊根本不存在。「正常」的左腦半球偏盲的人會轉動他們的身體和頭朝向左邊，將看不見的地方的訊息納入視野中，但是有忽略症的人從來不覺得他們應該這樣做。當他們讀書時，他們從一頁的中間讀起，雖然這篇文章很明顯會文句不通、沒有意思，但他們完全不會想到左邊可能還有東西應該去看一下。

忽略症是注意力的缺失，大腦無法有意識地感覺到外在世界的另一半。你沒有意識到，你就覺得沒有缺失，因此這些病人並不知道

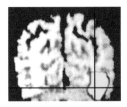

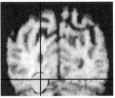

當注意力的主控權從左邊轉移到右邊時，腦部的活動也從一邊半球轉移到另一個腦半球。掃描結果顯示，有個視覺刺激從左邊進入，於是右腦亮起來（如上圖），一旦刺激轉到右邊腦部，活動就轉移到左腦（如下圖）。

他們少掉了什麼，也就不知道自己有病了。

我們每一個人都有一點視覺上的忽略（visual neglect）。在我們視野有個地方叫作盲點，這是視神經離開視網膜的地方，這裡沒有光的感受體，因此落在這個地方的訊息無法傳送到大腦去。這塊地方其實還蠻大的，但是平常我們是雙眼並用，因此不會感覺到。假如你閉住一隻眼睛，你會發現盲點在你視野的中央。

你可以用一隻眼注視本頁下方的一個「十」字（例如只睜右眼，看左下角十字，反之亦然），把書拿開約一個手臂遠，然後慢慢把書移近你自己，到了某一個點，另一個十字就會消失。但是這並不會造成任何眼盲的感覺，你的感覺還是完整的，這頁書只是少了個十字而已，它還是個完整的頁面。

魔術家常利用盲點，就在觀眾眼前變魔術。事實上，也只有在眼前才會受騙，遠一點的話，盲點所占的視野就太小了，成不了氣候，另一隻眼也會把看的功能接過去做。魔術師也很善於轉移你的注意力，製造出暫時的忽略症。

有些忽略症是來自頂葉的損傷，頂葉負責掌管我們內在的身體地圖與外在世界的地圖，所造成的狀況有點像觀念的截肢（conceptual amputation）。其他的注意力缺失症，可能跟額葉、扣帶迴（藏在兩個腦半球之間深溝裡的組織）以及基底核與控制動作有關的一部分地方發生損傷有關。忽略症患者最特別的一種注意力缺失是關於自動轉向刺激的能力，這在學理上叫作注意力轉向（orienting）。正如許多潛意識的行為一樣，注意力轉向主要由右腦負責，主要是因為右腦具有將注意力轉到左邊或右邊的能力，所以左腦受傷通常不會損壞到左或右的注意力轉向。然而，由於左腦只會將注意力轉向右邊，因此右腦受傷的病人就失去了轉向左邊的機制，所以右腦受傷的病人比左腦受傷的病人更容易有忽略的現象發生。

病覺缺失症最極端的例子是病人拒絕承認他看不見，這個現象叫作安東妄想（Anton's delusion），這種人很滿意他自己所建構的視覺世界，不承認他看不見。

在英國醫學期刊《刺胳針》（Lancet）發表的論文中提到，前額葉的功能缺失可能是促使一個人變成野獸的原因。他寫道：

「從歷史上，我們一再看到，一群人，通常是年輕人，在執政者的授意、鼓勵下，對其他社會分子做出殘暴、令人髮指的攻擊行為。這些受害者通常都沒有抵抗的能力，也對攻擊者沒有直接的威脅。在本世紀發生的著名事件中就有發生在1915到1916年的土耳其屠殺阿美尼亞人、二次世界大戰時屠殺歐洲猶太人、柬埔寨的屠殺、1990年非洲盧安達的種族屠殺等（譯註：外國人忘掉還有中國的南京大屠殺）。種族衝突、內戰、極端的情形通常在這些事件中扮演了角色，就像貧窮和缺乏衛生知識常引起瘟疫流行一樣。但是如果沒有某些人行為的明顯轉變的話，這些情形也不會發生。」

佛瑞德所謂的「轉變」（transformation），是指眼眶皮質和前額葉內側的過度激發和抽搐，他把這叫作「E症候群」。如此的過度激發產生非常多的訊息往下送，抑制了杏仁核，阻止情緒進入意識界。因此，這些患有E症候群的年輕人，可以做出非常殘忍的暴力行為而不會感到害怕或厭惡。在過度激發後，額葉會精疲力竭而進入低激發期，阻止了正常的自我覺識和反思，所以這些人不覺得他們的所作所為有多麼恐怖、可怕。

佛瑞德所說的前額葉與上述殘暴行為間關係的假說，現在還沒有被證實。然而，現在已經知道，前額葉病變的確會引起某種強迫性行為，甚至會導致反社會行為。法國的神經學家赫密特（François L'Hermitte）發現，有些額葉受損或沒有額葉的人有一個共同點：當他們看到一條線索或指示建議應該做某件事時，他們就一直被自己強迫去做。

有些人成為偷竊狂，假如一個皮包放在桌上無人看管，或一部車沒有上鎖，他們就覺得非偷不可。

赫密特把這種毛病叫做強迫性的「依賴環境症候群」（environment dependent syndrome）。在一個實驗裡，他請了兩名額葉被切除的病人到他家，沒有多加解釋。他把第一個男性病人請入他的臥室，臥室中有一張床，棉被鋪好備用，像在旅館中晚上女侍進來把棉被褶下一角，供人夜寢的那個樣子。當病人看到這個情形，他立刻脫掉衣服（包括脫下假髮），鑽進棉被中準備睡覺，雖然外面是大白天，艷陽高照。這顯示病人會極端自動地服從外在環境給他的提示。

當他好不容易把第一個病人從床上拖起來之後，他讓第二個病人進入他的臥室，這位病人是個女生，當她看到棉被已經被弄皺時，立刻便動手鋪床。在這兩個情況都顯示，在沒有受到任何一個字的指示或受任何鼓勵的情況下，病人看到暗示便立刻動手去做，無法抑制。這些無法抑制的行為似乎都是先前設定行為的結果：同樣是進入臥室，第一個病人會上床準備睡覺，而第二個病人則作出鋪床的舉動，這可能是反映了男／女性別角色的不同，而不是訊息處理上的差異。

在另一個研究裡，赫密特把病人帶到一個房間門口，他在開門之前先說「博物館」，門一開後，這個病人走進去，立即開始欣賞牆上掛的畫，就好像在博物館參觀一樣。當他走到一半時，發現牆上缺少一幅畫，在該處明顯的留有個空位。赫密特在鄰近地上放了一把槌子、一些釘子及一幅斜靠在牆上的畫。病人看到這個情形，二話不說就拿起槌子，釘上釘子，把畫掛上。

雖然額葉受傷的每個病人對環境提示情況的反應都不一

電腦可能具有理解力嗎？

很少人會說我們今天所使用的機器有很多或有任何理解能力，但是很多人會說，電腦或電腦控制的機器人遲早會擁有真正的智慧，因此它們就會了解自己在做些什麼。的確，擁護人工智慧（Artificial Intelligence, AI）的人認為，機器遲早會擁有我們認為人類獨有的所有特質，包括意識、自我覺識、反思的能力等等。假如他們是對，那就表示理解力以及其他的人類特質是可以被解析出來的，而不只是某些歷程的結果或現象。

對我來說，「理解」是需要覺識的，也就是說，要完全掌控某個情況的第一步就是先要了解它。許多的數據可能產生了理解的表象，然而要能夠真正的了解是需要很多的計算的，不過這兩者並不是相互替代，而是彼此互補的。

我不認為非生物的機器可以跨越計算和理解的鴻溝。如果要解釋「理解力」，我們必須先跳開現代物質世界的架構，轉而看一個全新的、包含了量子宇宙的物理世界；這個世界的數學結構尚未為人所知。這並不是說理解力與大腦無關，事實上，我認為要有特定的大腦部件組織才能產生理解力。

人體有一個構造叫作微小管（microtubules），這是在神經細胞內到處可見的小管。我認為，腦細胞中的這些微小管可以變成穩定的量子狀態，將大腦中神經細胞的活動結合起來而產生意識。這個狀態是電腦所無法複製的，而我的理論很複雜，也承認其中有些是臆測，但是我有一個很強烈的感覺，很顯然的，一個有意識的心智絕對不可能像電腦一樣地運作。這種感覺是電腦永遠不可能有的。

本文作者

潘羅斯爵士
（Sir Roger Penrose）

英國牛津大學數學講座教授。

樣，但是大部分的反應是很有普遍性的。男性若額葉受傷（尤其是傷到眼睛上面的腦部），在看到有關性的提示時，會有性壓抑或性挑釁的現象。最近有個人在車禍受傷後，無法抑制自己不向女士求婚，他在認識一個女士三天後便向她求婚，而另一位女士在第一次和他通電話時，便接到他求婚的訊息。法官聽說這個人以前是個充滿愛心、個

性溫和的人，在出了車禍後變成「性動物，不接受『不』為答案的怪獸」。法官同時也注意到，他變成一個完全不負責任的人，買東西像孩子一樣看到就買，買了就丟。法官最後判決命令加害人給他二百萬鎊的賠償金，而且由政

意識不是一個東西，而是一個歷程

本文作者

克里克（Francis Crick）

曾是美國聖地牙哥沙克生物研究所所長。他在1962年與華生（James Watson）一同榮獲諾貝爾生醫獎，他們發現DNA的結構。從那以後，他轉而研究另一個巨大的科學挑戰——大腦的意識。

「什麼是意識」，這是現代科學一個尚未解開之謎。的確，今天神經生物學最大的一個問題就是：腦與心智究竟是什麼關係？過去把心智（或靈魂）看成與腦不同，但又與腦有某些互動關係。但是現在大部分的神經科學家都認為，心智的所有層面，包括它最難解的意識（consciousness）或覺識（awareness），都可能可以用比較物質的方式來解釋（即從幾組神經元的互動行為來解釋）。就如美國心理學之父威廉·詹姆士（William James）在一百年前所說的：意識不是一個東西，而是一個歷程。

直到最近，大部分的認知科學家或神經科學家都覺得，意識實在太有哲學性或太捉摸不定，無法用實驗的方法來研究它。但是我完全不贊成這種說法，我覺得唯一可行的方法就是用實驗去攻城，除非我們遭遇到某些困境，非得用另一種思考方式不可。

神經科學家要回答的最主要問題是：在我們腦中，與意識相關的主動神經歷程和那些與意識無關的神經歷程，差別到底在哪裡？與意識有關的神經元有特定的形態嗎？它們的連接和激發方式有什麼特殊的地方？

雖然，從長遠看來，情緒、想像、夢、神祕的經驗等等都需要理論來解釋，我個人的研究是假設，意識的不同層面都有一個共同的基本機制（或許有多個）。我希望破解出一個層面的機制，可以幫助我們了解其他層面的運作機制。所以我的同事科克（Christof Koch）和我決定從最容易著手的意識層面切入。我們選擇了哺乳動物的視覺系統，因為，第一，人類是種非常倚賴視覺的動物，第二，因為視覺是我們了解得最清楚的一種感覺系統，前人已經打下了很厚實的根基了。

我認為，就生物性上的用處來說，人類視覺意識是產生對目前景

府指定一個監護人，以免獲償的錢被亂用光。

　　這些現代的蓋吉並不是自己要選擇這樣的命運，他們是受疾病或意外事件所迫。以任何常態的意義（常情）來說，你可以說他們並沒有自由意志。

象最好的解釋，這需要動用到我們過去的經驗，不論是我們自己的，或是我們祖先留在我們基因中的，都會對自主化的動作輸出，例如動作或說話，提供最好的資訊。

　　但是，實際上其中包含兩個系統：一是快速的連線反應（或叫作潛意識系統），另一種較慢的意識稱為「看到」系統。要能知道外面有個東西，大腦必須建構多層次的外在事物表徵，如線條、眼睛、臉孔等。一個物體或事件的表徵，通常是由許多相關的表徵組合而成的，所以很可能分布在視覺系統的不同部位。大腦建構一個表徵需要動用到很多神經元的活動，大部分的活動是潛意識的。

　　「視覺意識」這個名詞包含了很多種歷程。當一個人在看某個景色時，他的經驗是很生動的，而回憶這個景色所產生的視覺心像就沒有這麼生動；我這裡所指的是一般正常、生動的經驗。一些非常短期的記憶形式對意識來說是很重要的，這種記憶可能非常快速，只有幾分之一秒長。心理物理學的證據指出，假如我們對景色某個層面不加注意的話，記憶是非常短暫的，很快就會被後來的視覺刺激覆蓋過去了。

　　雖然工作記憶延長了這個意識的時間窗口，我們不知道這是不是真的很重要。工作記憶似乎是一種機制，用語言或默念的方式，把一個東西或一小串序列性的東西帶進生動鮮明的意識中。同樣的，事件記憶（主要是海馬迴系統）對意識來說並非絕對重要，但是一個人若沒有了它，生活就受到嚴重影響。 所以，意識的確受到視覺性注意力的滋潤，雖然對視覺意識來說，注意力並不是必要的。注意力是來自感覺的輸入，或來自大腦某個部位的計畫，而視覺性的注意力可以被導向視野中的某處，或導向一個或多個移動的物體上。達成這種行為的神經機制現在還有爭議，但是為了解釋視覺輸入，大腦必須聯合那些激發時最能代表外在景觀的神經元；這解釋通常要與其他具有可能性，但比較不恰當的解釋相互競爭。

那麼，他們是否要為他們的行為負責呢？這類人到底是「瘋狂」或是「邪惡」的辯論由來已久，雙方都有很多的理由和支持者。那麼，現在新的腦科學探索方法，能否為這個老問題添加一些新證據呢？當然可以。

　　目前，人類的法律和道德都還是建立於我們每個人內在都有一個獨立的「我」來控制我們行為的基礎假設上，基本上跟笛卡兒最初提出心物二元論時的看法是一樣的。它一直沿用到現在，主要因為大家覺得這看法在「感覺上」是對的：除了我們這血肉之軀，怎麼可能還有別的東西可以製造出像愛、意義、熱情這種崇高的經驗來？

　　只要我們的感覺和行為都是從「腦」這個黑盒子產生，對於「心智」的這種直覺的解釋就會一直持續下去。但是現在，這個黑盒子已經被打開了，二元論已經明顯的不適用了。就如本書中所舉的實驗例子所示，我們的行為是根據我們的知覺而來，我們的知覺是來自大腦的活動，而大腦的活動依神經的結構而定，神經的結構又是來自基因和環境的交互作用。我們現在沒有看到任何笛卡兒學派的天線可以跟另一個世界（心靈的世界）相聯絡。

　　很多人說，假如人們不需要為自己的行為負責，那麼每一個人都會放棄責任，隨心所欲，不接受任何規範。

　　這問題的其中一個答案是「是的」，或許我們會如此——假如我們可以的話。但是機制並不是這樣運作的。如我們前面所看到的，有些錯覺是深深烙在我們的腦海中，即使只憑經驗知道錯覺是假的，也無法改變我們對它的看法。自由意志就是這樣的一種錯覺。我們可以理性的接受我們是部機器，但是我們仍然繼續會感受，會做出行為。我們（即人之所為「人」）最重要的部分，即在於超越機械式的命令而不受其拘束。

自由意志的錯覺會演化出來可能是因為它的內在警察的功能。用創造一個自我決定的「我」的感覺，它鼓勵我們去懲罰那些得罪我們的人，同時也讓我們將大腦的失功能視為非物質的「自我」的軟弱，而不是身體的病變。這些扭曲的看法以前會有用，因為它會把反社會和有病的人驅離部落，現在它只會引起痛苦而已。

在我看來，假如那些犯罪的人的不良行為是由於腦中電線走火所引發，就好像手骨折斷是個生理上的問題一樣，那麼似乎不太可能繼續懲罰他們。我希望並期待能夠應用我們對大腦的知識或了解來治療這些生病的腦；目前通常採用冗長、未能預測是否有效或尚無把握的心理治療方法，比較起來，新的方法更有效果，但只限制用在那些心理治療無效的人，或是給那些寧願失去自由也不願失去舊習慣的人。

我也希望能夠修正、調節那些用在大腦的技術，能夠更廣泛地應用來強化心智品質，並提高我們生活的幸福和意義，同時希望能除去具有破壞性的特質。這個想法現在被認為是不食人間煙火，覺得不可能，但是我想未來的世代對控制我們的心智不會覺得那麼可怕，就像我們現在都在追求控制我們的身體一樣。我認為它不會使人類滅絕，反而會帶給我們生活不可測量的好處。

本書所勾畫出的輪廓僅是心智的簡圖而已，要畫出細節那是以後的事了。但是我認為有一件事已經很清楚：這個地球上沒有任何一個地方是被火龍所統治，古堡中沒有鬼，樹林深處也沒有怪獸。今天這趟心智航程所發現的不是鬼、怪獸或火龍，而是非常複雜的生物系統。我們不需要用幻影來滿足我們的感官需求，我們腦海裡的世界比我們所能想像的任何一個東西還要精彩萬分！

專書

Aleksander, Igor *The World in My Mind, My Mind in the World: Key Mechanisms of Consciousness in People, Animals and Machines* (Exeter, Imprint Academic, 2007)

Baddeley, Alan D. *Your Memory: A User's Guide* (London, Carlton Books, 2004)

The Blackwell Dictionary of Neuropsychology (Oxford, Blackwell, 1997)

Blakemore, Colin *The Mind Machine* (London, BBC Books, 1988)

Baron-Cohen, Simon et al *Understanding Other Minds: Perspectives from Autism* (Oxford, Oxford University Press, 1999)

Broks, Paul *Into the Silent Land: Travels in Neuropsychology* (London, Atlantic Books, 2004)

Calvin, William H. *How Brains Think* (London, Weidenfeld and Nicolson, 1997)

Chadwick, Peter *Schizophrenia – The Positive Perspective* (London, Routledge, 1997)

Coombe, George *Elements of Phrenology* (MA, Marsh, Capen and Lyon, 1834)

Cytowic, Richard *Synaesthesia: A Union of the Senses* (New York, Springer-Verlag, 1989)

Damasio, Antonio R. *Descartes' Error: Emotion, Reason and the Human Brain* (London, Picador, 1995)

Dennett, Daniel C. *Consciousness Explained* (Harmondsworth, Penguin, 1993)

Donaldson, Margaret *Human Minds: An Exploration* (Harmondsworth, Penguin, 1992)

Dudai, Yadin *The Neurobiology of Memory: Concepts, Findings, Trends* (Oxford, Oxford University Press, 1989)

Eccles, John C. (ed.) *The Evolution of the Brain: Creation of the Self* (London and New York, Routledge, 1989)

Farah, Marthe J. *Visual Agnosia: Disorders of Object Recognition and What They Tell Us About Normal Vision* (Cambridge, MA, MIT Press, 1991)

Fine, Cordelia *A Mind of its Own: How the Brain Distorts and Deceives* (London, Icon Books, 2007)

Frackowiak, Richard et al (eds.) *Human Brain Function* (New York, Academic Press, 1998)

Frank, Lone Mindfield: *How Brain Science is Changing Our World* (Oxford, Oneworld, 2009)

Franzini, Louis R. and Grossberg, John (eds.) *Eccentric and Bizarre Behaviours* (New York, John Wiley, 1995)

Freeman, Walter J. *Societies of Brains: A Study in the Neuroscience of Love and Hate* (Hillsdale, NJ, Lawrence Erlbaum Associates, 1995)

Frith, Chris *Making Up the Mind: How the Brain Creates our Mental World* (Oxford, Blackwell Publishing, 2007)

Frith, Uta *Autism: Explaining the Enigma* (Oxford, Basil Blackwell, 1989)

Gardner, Howard *Frames of Mind: the Theory of Multiple Intelligences* (New York, Basic Books, 1993)

Gazzaniga, Michael S. *Nature's Mind: The Biological Roots of Thinking, Emotions, Sexuality, Language and Intelligence* (Harmondsworth, Penguin, 1992)

Goodglass, H. and Kaplan, D. *The Boston Diagnostic Aphasia Examination* (Philadelphia, Lea and Febiger, 1983)

Greenfield, Susan (ed.) *The Human Mind Explained: The Control Centre of the Living Machine* (London, Cassell, 1996)

Gregory, Richard L. (ed.) *The Oxford Companion to the Mind* (Oxford University Press, 1987)

Gregory, Richard L. *Eye and Brain*, 4th ed. (Oxford, Oxford University Press)

Halligan, Peter W. and Marshall, John C. (eds.) *Method in Madness: Case Studies in Cognitive Neuropsychiatry* (Hove, Psychology Press, 1996)

Hilts, Philip J. *Memory's Ghost: The Nature of Memory and The Strange Tale of Mr M* (New York, Simon and Schuster, 1996)

Humphreys, Glyn W. and Riddoch, M. Jane *The Fractionation of Visual Agnosia in Visual Object Processing* (London, Lawrence Erlbaum Associates, 1997)

Kosslyn, Stephen M. and Koenig, Oliver *Wet Mind: The New Cognitive Neuroscience* (New York, Free Press, 1992)

LeDoux, Joseph *Synaptic Self: How Our Brains Become Who We Are* (Penguin Books, 2003)

LeVay, Simon *The Sexual Brain* (Cambridge, MA, MIT Press, 1994)

Loftus, Elizabeth F. *The Myth of Repressed Memory* (New York, St Martin's Press, 1994)

Luria, Aleksandr *The Mind of a Mnemonist* (London, Jonathan Cape, 1969)

McGilchrist, Iain *The Master and his Emissary* (Yale University Press, 2010)

Metzinger, Thomas (ed.) *Conscious Experience* (Exeter, Imprint Academic, 1999)

Mithen, Steven *The Pre-History of the Mind* (London, Thames and Hudson, 1996)

Morton, William H. *The Cerebral Code* (Cambridge, MA, MIT Press, 1996)

Nabokov, Vladimir *Speak, Memory* (London, Weidenfeld and Nicolson, 1967)

Ojemann, G.A. *Subcortical Language* in H.A. Whitaker (ed.), *Studies in Neurolinguistics,* Vol. 1 (New York, Academic Press, 1976)

Parkin, Alan J. *Explorations in Cognitive Neuropsychology* (Oxford, Blackwell, 1996)

Penrose, Roger *The Emperor's New Mind* (Oxford, Oxford University Press, 1989)

Piatelli-Palmarini M. *Inevitable Illusions* (New York, John Wiley, 1994)

Posner, Michael and Raichle, Marcus E. (eds.). *Images of Mind* (New York, W.H. Freeman, 1994)

Ratey, John J. and Johnson, Catherine (eds.) *Shadow Syndromes* (London, Bantam Press, 1997)

Redfield Jamison, Kay *Touched with Fire: Manic-depressive Illness and the Artistic Temperament* (New York, Free Press, 1995)

Rose, Steven *The Making of Memory: From Molecules to Mind* (London, Bantam Press, 1993)

Rymer, Russ Genie: *A Scientific Tragedy* (Harmondsworth, Penguin, 1993)

Sacks, Oliver *An Anthropologist on Mars* (London, Picador, 1995)

Sacks, Oliver *The Man Who Mistook His Wife for a Hat* (New York, Summit Books, 1985).

Sacks, Oliver *Seeing Voices* (London, Picador, 1991)

Schacter, Daniel, L. *The Seven Sins of Memory: How the Mind Forgets and Remembers* (New York, Mariner Books 2002)

Schatzman, Morton *The Story of Ruth* (London, Gerald Duckworth, 1980)

Schmitt, F.O. and Worden, Frederic G. (eds.) *Neuroscience: Third Study Program* (Cambridge, MA, MIT Press, 1974)

Shallice, Tim *From Neuropsychology to Mental Structure* (Cambridge, Cambridge University Press, 1989)

Shorter, Edward *A History of Psychiatry: From the Era of the Asylum to the Age of Prozac* (New York, John Wiley, 1997)

Silk, Kenneth R. *Biological and Neurobehavioural Studies of Borderline Personality Disorder* (Washington, American Psychiatric Press, 1994)

Springer, Sally P. and Deutsch, Georg (eds.) *Left Brain/Right Brain*, 4th ed (New York, W.H. Freeman, 1993)

Tanner, J.M. Foetus into *Man: Physical Growth from Conception to Maturity* (Ware, Castlemead Publications, 1989)

Temple, Christine *The Brain* (Harmondsworth, Penguin, 1993)

Toates, Frederick *Obsessional Thoughts and Behaviour* (Thorsons, 1990)

Weiskrantz, Lawrence *Blindsight: A Case Study and Its Implications* (Oxford, Clarendon Press, 1986)

Wolf, Maryanne *Proust and the Squid: The Story and Science of the Reading Brain* (Harper Perennial, 2008) Articles and Reports

論文、報告

Barbur, J.L. et al 'Conscious visual perception without V1', *Brain,* 116 (1993), 1293–302

Baron-Cohen, Simon 'Is there a language of the eyes?', *Visual Cognition*, 4:3 (1997), 311–31

Bellugi, Ursula 'Williams syndrome and the brain', *Scientific American*, December 1997, 42–7

Binder, J.R. et al 'Human brain areas identified by fMRI', *Journal of Neuroscience*, 17:1 (1997), 353–62

Bishop, D.V.M. 'Listening out for subtle deficits', *Nature*, 387:6629 (1997), 129

Bisiach, E. and Luzzatti, C. 'Unilateral neglect of representational space', *Cortex*, 14, 129–33

Blount, G. 'Dangerousness of patients with Capgras syndrome', *Nebraska Medical Journal*, 71 (1986), 207

Blum, Kenneth et al 'Reward deficiency syndrome', *American Scientist*, 84 (1996)

Brambilla, Riccardo et al 'A role for the Ras signalling pathway in synaptic transmission and long-term memory', *Nature*, 390:6657 (1997), 281

Bremner, J.D. et al 'MRI-based measurement of hippocampal volume in post-traumatic stress disorder', *Biological Psychiatry*, 41 (1997), 23–32

British Nutrition Foundation, Institute of Food Research report, January 1998

Brown, Phyllida. 'Over and over', *New Scientist*, 155:2093 (1997), 27

Cohen, Philip 'Hunting the language gene', *New Scientist*, 157:2119 (1998)

Coren, S. and Helpern, D.F. 'Left-handedness: a marker for decreased survival fitness', *Psychological Bulletin*, 109 (1991), 90–106

Cotton, Ian 'Dr Persinger's God machine', *Independent on Sunday,* 2 July 1995

Cytowik, Richard. 'Synaesthesia: phenomenology and neurophysiology', *Psyche,* 2:10 (1995)

Daily Telegraph report, 8 November 1997

Damasio, Antonio R. 'Neuropsychology: towards a neuropathology of emotion and mood', *Nature*, 386:6527 (1997), 769

Donnan, G.A. et al 'Identification of brain region for co-ordinating speech articulation', *The Lancet*, 349:9047 (1997), 221

Drevets, Wayne et al 'Subgenual prefrontal cortex abnormalities in mood disorder', letter to *Nature*, 386:6527 (1997), 824-7

Farnham, F.R. 'Pathology of love', *The Lancet*, 350:9079 (1997), 710

Finn, Robert 'Different minds', *Discovery*, June 1991

Fischer and Frederikson 'Extraversion, neuroanatomy and brain function – a PET study of personality', *Personality and Individual Differences*, 23, 345–52

Fletcher, Paul et al 'Other minds in the brain – a functional imaging study', *Cognition*, 57 (1995), 109–28

Forstl, H. and Beats, B. 'Charles Bonnet's description of Cotard's delusion and reduplicative paramnesia in an elderly patient (1788)', *British Journal of Psychiatry*, 160 (1992) 416–18

Frank, Paul and Ekman, Paul 'Behavioural markers and recognizability of smile of enjoyment', *Journal of Personality and Social Pychology*, 64:1 (1993), 83–93

Fried, Itzhak 'Electrical current stimulates laughter', *Nature*, 391:6668 (1998), 650

Fried, Itzhak 'Syndrome E', *The Lancet*, 350:9094 (1997), 1845-7

Frith, C.D. et al 'Functional imaging and cognitive abnormalities', *The Lancet*, 346:8975 (1995), 615–20

Frith, Uta 'Autism', *Scientific American*, special issue, April 1997, 92

Gainotti, G. et al *Cognitive Neuropsychology*, 13:3 (1996), 357–89

Gur R.C. et al 'Differences in the distribution of gray and white matter in human cerebral hemispheres', *Science*, 207:4436 (1980), 1226–8

Hepper, P.G. et al 'Handedness in the human foetus', *Neuropsychologia*, 29:11 (1991), 1107–11

Hess, U. et al 'The facilitative effect of facial expression on the self-generation of emotion', *International Journal of Psychophysiology*, 12:3 (1992), 251–65

Hobbs M. 'A randomized controlled trial of psychological debriefing for victims of road traffic accidents', *British Medical Journal*, 313:7070 (1996), 1438–9

Hohman, G. et al 'Some effects of spinal cord lesions on feelings', *Psychophysiology*, 3 (1966), 143–56

Kartsounis, L.D. and Shallice, Tim 'Modality specific semantic knowledge loss for unique items', *Cortex*, 32:1 (1996), 109–19

Katz, Joel 'Phantom limb pain', *The Lancet*, 350:9088 (1997), 1338

Kim, K.H.S. et al 'Distinct cortical areas associated with native and second languages', letter to *Nature*, 388:6538 (1997), 171

Kinsbourne, M. and Warrington, E.K. 'Jargon aphasia', *Neuropsychologia*, 1 (1963), 27–37

Kolb, B. et al 'Developmental changes in the recognition and comprehension of facial expression: implications for frontal lobe function', *Brain and Cognition*, 20 (1992), 74–84

L'Hermitte, François 'Human autonomy and the frontal lobes', *Annals of Neurology*, 19 (1986), 335–43

Lane, R. Letter in Journal of Neurology, *Neurosurgery and Psychiatry*, 63:2 (1997)

LeDoux, Joseph, Wilson, D. H. and Gazzaniga, Michael 'A divided mind', *Annals of Neurology*, 2 (1977), 417–21

Loftus, Elizabeth F. 'Creating false memories', *Scientific American*, September 1997, 51–5

Maguire, E. et al 'Recalling routes around London: activation of the right hippocampus in taxi drivers', *Journal of Neuroscience*, 17 (1997), 7103–10

McNaughton, N. et al 'Reactivation of hippocampal ensemble memories during sleep', *Science*, 19 July 1994, 676–9

McNeil, J.E. and Warrington, E.K. 'Prosopagnosia: a reclassification', *Quarterly Journal of Experimental Psychology*, A, 43:2 (1991), 267–87

Melzack, R. 'Phantom limbs', *Scientific American* supplement, 7:1 (1997), 84

Miles, Marshall 'A description of various aspects of anencephaly', Lafayette College, USA

Mineka, S. et al 'Observational conditioning of snake fear in rhesus monkeys', *Journal of Abnormal Psychology*, 93 (1984), 355–72

Morris, J.S. et al 'A differential neural response in the human amygdala to fearful and happy facial expressions', letter to *Nature*, 383:6603 (1997), 812–15

New Scientist 'Emotions' supplement, 27 April 1996

Nisbett, Richard and Wilson, Timothy 'Telling more than we can know – verbal reports on mental processes', *Psychological Review*, 84 (1977), 231–59

North, A.C. et al 'In-store music affects product choice', *Nature*, 390:6656 (1997), 132

Nystrand, A. 'New discoveries on sex differences in the brain', National Institute of Ageing, NIH Bethesda, *Lakartidningen* 93:21 (1996), 2071–3

O'Connell, R.A. 'SPECT imaging study of the brain in acute mania and schizophrenia', *Journal of Neuroimaging*, 2 (1995), 101–4; also Ian Daly,

'Mania', *The Lancet*, 349:9059 (1997), 1157–9

Olsho, L.W. 'Infant frequency discrimination', *Infant Behaviour and Development*, 7 (1984), 27–35

Oomura, Y., Aou, S., Koyama, Y. and Yoshimatsu, H. 'Central control of sexual behaviour', *Brain Research Bulletin*, 20 (1988), 863–870

Pantev, C. et al 'Increased auditory cortical representation in musicians', *Nature*, 392:6678 (1998), 81

Paulesu, E. et al 'The physiology of coloured hearing', *Brain*, 118 (1995), 661–76

Paulesu, E., Frith, U. et al 'Is developmental dyslexia a disconnection syndrome?', *Brain*, 119 (1996), 143–7

Pendick, Daniel 'The New Phrenologists', *New Scientist*, 2091 (1997), 34–47

Penfield, W. and Perot, P. 'The brain's record of auditory and visual experience', *Brain*, 86 (1963), 595–696

Phillips, M.L. et al 'A specific neural substrate for perceiving facial expressions of disgust', letter to *Nature*, 389:6550 (1997), 495–7

Putnam, F.W. 'Dissociative phenomena', *American Psychiatric Press Review of Psychiatry*, 10, 145–60

Raine, A. et al 'Brain abnormalities in murderers indicated by positron emission tomography', *Biological Psychiatry*, 42 (1997), 495–508

Ralph, Sage and Ellis 'Word meaning blindness: a new form of acquired dyslexia', *Cognitive Neurology* 13:5 (1996), 617–39

Reading, P.J. and Will, R.G. 'Unwelcome orgasms', *The Lancet*, 350:9093 (1997)

Rees, G. 'Too much for our brains to handle', *New Scientist*, 158:2128 (1998), 11

Rothenberger, A. et al 'What happens to electrical brain activity when anorectic adolescents gain weight', *European Archives of Psychiatry and Clinical Neurosurgery*, 240:3 (1991), 144–7

Sieveking, Paul 'Then I saw her face...', *Sunday Times*, 2 November 1997

Sperry, R.W. 'Hemisphere disconnection and unity in conscious awareness', *American Psychologist*, 23 (1968), 723–33

Stuss, D. and Benson, D. 'Neuropsychological studies of the frontal lobes', *Psychological Bulletin*, 95, 3–28

Tiihonen, J. et al 'Increase in cerebral blood flow in man during orgasm', *Neuroscience Letters*, 170 (1994), 241–3

Van der Ster, Wallin G. et al 'Selective dieting patterns among anorectics and bulimics', *European Eating Disorders Review*, 2 (1994), 221-32

Vargha-Khadem, Farana 'Differential effects of early hippocampal pathology on episodic and semantic memory', *Science*, 277:5324 (1997), 376–80

Weltzin, Kaye 'Serotonin activity in anorexia and bulimia', *Journal of Clinical Psychiatry*, 52, supplement (1991), 41–8

Williams, L.M. 'Recovered memories of abuse in women with documented sexual victimization histories', *Journal of Traumatic Stress*, 8, 649–73

Wing, Lorna 'The autistic spectrum', *The Lancet*, 350:9093 (1997), 1762

Wright, Lawrence 'Double mystery', *New Yorker*, 7 August 1995

國家圖書館出版品預行編目（CIP）資料

大腦的祕密檔案／Rita Carter著；洪蘭譯. -- 二版.
-- 臺北市：遠流, 2011.04
面； 公分. --（生命科學館；31）
譯自：Mapping the mind

ISBN 978-957-32-6767-6（平裝）

1.腦部 2.神經生理學 3.生理心理學 4.通俗作品

394.911   100004020

生命科學館31
大腦的祕密檔案

作者／Rita Carter
譯者／洪蘭
主編／林淑慎
責任編輯／廖怡茜
美術設計／陳春惠

發行人／王榮文
出版發行／遠流出版事業股份有限公司
臺北市100南昌路二段81號6樓
郵撥／0189456-1
電話／2392-6899　傳真／2392-6658

著作權顧問／蕭雄淋律師
2011年4月1日　二版一刷
2019年12月1日　二版七刷

售價新台幣400元（缺頁或破損的書，請寄回更換）
有著作權・侵害必究　Printed in Taiwan
ISBN　978-957-32-6767-6
（英文版ISBN　978-0-7538-2795-6）

遠流博識網
http://www.ylib.com　e-mail:ylib@ylib.com